バイオマスを利用した発電技術
Biomass Power Generation Technologies

監修:吉川邦夫
　　　森塚秀人

シーエムシー出版

刊行にあたって

　新エネルギーにバイオマスが新たに加えられ，平成14年末に，「バイオマス・ニッポン総合戦略」が閣議決定されてから，にわかにバイオマスのエネルギー利用が注目されるようになりました。最近では，政府予算でも，バイオマスの利活用に相当な予算が配分されています。しかし，予算がついたからと言って，バイオマスを本格的に利用するためのファンダメンタルズに何か変化が起こっているわけでは決してありません。新エネルギーとしてのバイオマスが経済性を持ち得るには，製造される電力などのエネルギーを高く買い取る仕組みを整備するか，処理費がもらえる廃棄物系バイオマスを利用するしか方法はありません。前者については，欧州では再生可能エネルギーからの発電電力に対して，電力会社に高い価格での買い取りを義務付けていることから，風力発電やバイオマス発電が相当程度普及してきています。しかしわが国の場合，ようやくRPS法が制定されたものの，まだまだ新エネルギーの買い取り価格は低く，当面は，廃棄物系バイオマスの利用に重点を置かざるを得ないと考えられます。ただここには，「廃棄物処理法」の大きな壁があります。処理費用をもらってバイオマス発電事業をやろうとすると，廃棄物処理に関わる様々な規制の適用を受けることとなり，特に「環境アセスメント」が要求されると，計画から事業開始まで相当の期間を要することとなり，民間事業者が取り組むことは困難となります。

　しかし，一方で，他の新エネルギーに比べてのバイオマスの特徴は，上述のように廃棄物処理の問題，すなわち「衛生」とか「安全」といったキーワードとリンクしているということにあります。数年前に，肉骨粉を牛に食べさせることが狂牛病発生の原因になっているとして，肉骨粉の飼料としての利用は全面的に禁止されました。それ以降，国は補助金を出して，肉骨粉の焼却処理を進めており，単なる焼却ではなく，エネルギー源としての肉骨粉の利用が求められています。一方，最近では「鳥インフルエンザ」が世界的に流行し，ウィルスが変異して，人間への本格的な感染が始まるのは時間の問題であると言われています。鳥の間をウィルスが伝播するメカニズムの一つに，鶏糞を介しての感染が指摘されており，今後，鶏糞の適正な処理が大きな問題になることが予想されます。鶏糞はその大半がコンポスト処理され，養鶏場の外に肥料として売られていますが，ウィルスを殺すためには，70℃以上の高温で鶏糞を処理する必要があり，通常のコンポスト処理では，鶏糞を介してのウィルスの伝播を十分防ぐことができません。現在ですら，鶏糞から製造した肥料はなかなか売れないという問題があるのに加えて，鳥インフルエンザのウィルスに汚染される可能性が高まれば，いずれは，鶏糞のコンポスト処理が行き詰まる恐れがあります。したがって，今後は，「国家安全保障」の観点から，鶏糞の自家処理・自家利用を

推進せざるを得なくなると考えられ，養鶏場での鶏糞のエネルギー源としての利用が広まっていくことが予想されます。こうした例は，バイオマスの場合，単なる経済性だけではなく，別のドライビングフォースが働いて，エネルギー源としての利用を推進せざるを得なくなることが有り得ることを示しています。

　再生可能エネルギーの中でも，風力発電は近年，著しく経済性が向上しています。その結果，我が国でも風車がそれほど珍しくはなくなってきましたが，よく見てみると，ほとんどの風車が欧州からの輸入品です。欧州諸国が国策として風力発電の普及に努めたおかげで，風車のコストダウンが進み，国内に風車メーカーがなかなか育たない中で，国からの補助金が欧州の風車メーカーを潤すという構図ができあがってしまっているのです。そして今，同じようなことがバイオマスの分野でも起ころうとしています。

　欧州にはバイオマスのガス化プロセスだけでも50ほどあるといわれています。それだけニーズが高いということなのでしょうが，日本の企業はというと，欧州詣でをして，有望と思われるプロセスを何とかお金で手に入れようとしています。その結果，ただでさえ経済性が低いバイオマスのエネルギー利用にライセンス料の支払いが加わって，ますます経済性が低下し，自前の技術を開発するだけの余裕がなくなるという悪循環に陥る恐れがあります。どうして，日本のメーカーは独自プロセスの開発にもっと注力しないのでしょうか。

　本書を企画した背景にはこんな私の思いがあります。バイオマス発電技術については，バイオマスを燃焼させて，その燃焼熱で高温・高圧の水蒸気を生成して，蒸気タービンで発電する，いわゆる燃焼発電以外は，まだまだ技術的な成熟度が低く，発展途上にあります。また多様なバイオマス資源から発電を行うためには，その前処理が重要ですが，特に，高含水のバイオマス資源については，まだ確立された前処理技術はありません。そこで，本書では，前処理から発電設備まで，バイオマス発電に関わる最新の技術を紹介しました。適切な技術の調査や選定，また新たな技術の開発にあたって，本書が参考になれば幸いです。

2006年6月

東京工業大学大学院総合理工学研究科
環境理工学創造専攻
教授　吉川邦夫

普及版の刊行にあたって

本書は 2006 年に『バイオマス発電の最新技術』として刊行されました。普及版の刊行にあたり，内容は当時のままであり加筆・訂正などの手は加えておりませんので，ご了承ください。

2011 年 10 月

シーエムシー出版　編集部

―――― 執筆者一覧（執筆順）――――

吉川　邦夫	東京工業大学　大学院総合理工学研究科　教授
森塚　秀人	(現)㈶電力中央研究所　エネルギー技術研究所　上席研究員
河本　晴雄	(現)京都大学　大学院エネルギー科学研究科　准教授
村岡　元司	(現)㈱NTTデータ経営研究所　社会環境戦略コンサルティング本部　本部長・パートナー
善家　彰則	㈱ファーストエスコ　グリーンエナジー事業部　事業部長 (現)三菱電機プラントエンジニアリング㈱　電力産業システム技術部　次長
永冨　　学	(現)三菱重工業㈱　ボイラ統括部　ボイラ技術課　主任
横式　龍夫	(現)三菱重工業㈱　原動機事業本部　ボイラ統括技術部　次長
山本　洋民	三菱重工業㈱　横浜製作所　環境ソリューション技術部　サーマルリサイクルグループ　主席技師
堤　　哲也	(現)ハリマ化成㈱　加古川製造所　環境品質管理室　室長
堤　　敦司	(現)東京大学　エネルギー工学連携研究センター　センター長
渡辺　健吾	(現)㈱サタケ　技術本部　産業システムグループ　グループリーダー
柏村　　崇	(現)㈱サタケ　技術本部　産業システムグループ　主査
笹内　謙一	(現)中外炉工業㈱　バイオマスグループ　グループ長
浅野　　哲	㈱荏原製作所　環境事業カンパニー　環境プラント事業本部　環境エネルギー技術室　開発グループ　主任
杉田　成久	㈱日立エンジニアリング・アンド・サービス　ES推進本部　電源エンジニアリング部　主任技師

(つづく)

佐々木 幸一	㈱日立製作所　電機システム事業部　電機システム部　主任技師
後 藤 　 悟	(現) 新潟原動機㈱　技術センター　技術開発グループ　グループ長
麦 倉 良 啓	(現) ㈶電力中央研究所　エネルギー技術研究所　上席研究員
田 島 　 彰	(現) バイオ燃料㈱（東京電力㈱出向）　代表取締役社長
波 岡 知 昭	東京工業大学　大学院総合理工学研究科　助手
日 野 俊 之	鹿島建設㈱　技術研究所　建築環境グループ　上席研究員
美 藤 　 裕	㈱神戸製鋼所　技術開発本部　石炭・エネルギープロジェクト室　次長
松 村 幸 彦	広島大学　大学院工学研究科　機械システム工学専攻　助教授 (現) 広島大学　大学院工学研究院　教授
多田羅 昌 浩	鹿島建設㈱　技術研究所　地球環境・バイオグループ　主任研究員
後 藤 雅 史	(現) 鹿島建設㈱　技術研究所　主席研究員
浜 野 信 彦	㈱荏原製作所　風水力機械カンパニー　民需営業統括部　営業企画室　MGT営業グループ　副参事
渡 邊 昌次郎	荏原環境エンジニアリング㈱　環境エンジニアリング事業統括部　主任
吉 岡 　 浩	富士電機アドバンストテクノロジー㈱　環境技術研究所　グループマネージャー

執筆者の所属表記は，注記以外は2006年当時のものを使用しております。

目　　次

\<総論編\>

第1章　バイオマス発電システムの設計　　河本晴雄

1　はじめに …………………………………… 3	4　バイオマス発電システムの特徴と
2　バイオマス発電システム ………………… 4	課題 ……………………………………… 10
3　バイオマスの燃料特性 …………………… 5	4.1　直接燃焼-水蒸気タービン発電 …… 10
3.1　含水率 ……………………………… 5	4.2　混焼 …………………………………… 10
3.2　化学組成 …………………………… 6	4.3　ガス化発電 …………………………… 11
3.3　発熱量と燃焼挙動 ………………… 7	4.4　バイオガス（メタン発酵）発電 … 12
3.4　窒素，硫黄含有量 ………………… 8	4.5　ランドフィルガス発電 ……………… 12
3.5　かさ比重 …………………………… 9	5　おわりに ………………………………… 12
3.6　灰分 ………………………………… 9	

第2章　バイオマス発電の現状と市場展望　　村岡元司

1　バイオマス発電のビジネス環境 ……… 14	3　公共市場の現状と見通し ……………… 21
1.1　3つのバリア …………………… 14	4　市民市場の現状と見通し ……………… 23
1.2　バイオマス発電のビジネス環境 … 15	5　民間企業のとるべきポジション ……… 24
2　民間市場の現状と見通し ……………… 17	

\<ドライバイオマス編\>

第3章　バイオマス直接燃焼発電技術

1　木質チップ利用によるバイオマス発電	1.2　発電設備概要 ……………………… 28
………………………………善家彰則… 27	1.2.1　設備構成 ……………………… 28
1.1　はじめに ……………………………… 27	1.2.2　燃料選定理由 ……………… 28

I

1.2.3 燃焼設備の選定 …… 29	ムの概要と特長 …… 40
1.2.4 ボイラー概要 …… 30	3.2.1 システム概要 …… 40
1.2.5 タービン発電機 …… 31	3.2.2 システムの特長 …… 41
1.3 運転実績 …… 31	3.3 木質系バイオマス炭化・ガス化発電
1.4 バイオマス直接燃焼発電の経済性に	施設の初号機概要 …… 42
ついて …… 31	3.4 運転状況 …… 42
1.5 燃料収集システム …… 32	3.4.1 ガス化性能 …… 43
1.6 おわりに …… 33	3.4.2 運転安定性 …… 44
2 流動床ボイラ・バイオマス発電	3.4.3 排ガス性状 …… 44
…… 永冨 学, 横式龍夫 …… 34	3.5 炭化物の用途 …… 44
2.1 直接燃焼の燃焼方式と特徴 …… 34	3.5.1 炭化物の粉砕性 …… 44
2.2 バイオマス燃料の種類と特徴 …… 35	3.5.2 炭化物の自然発火性 …… 45
2.3 気泡型流動床ボイラの特徴と設備	3.5.3 炭化物の燃焼性 …… 45
概要 …… 36	3.6 まとめ …… 46
2.3.1 環境対策 …… 36	4 粗トール油を利用したバイオマス発電
2.3.2 燃料供給 …… 38	…… 堤 哲也 …… 47
2.3.3 高効率化 …… 38	4.1 はじめに …… 47
2.3.4 灰処理装置 …… 38	4.2 バイオマス燃料について …… 47
2.3.5 その他 …… 38	4.3 バイオマス発電の特徴 …… 50
2.4 実缶運転状況 …… 39	4.3.1 マツを原料とする燃料油による
2.5 まとめ …… 39	安定発電設備 …… 50
3 間接加熱キルン式炭化・ガス化発電シ	4.3.2 トール油副産品の物性 …… 50
ステム(木材チップ燃料)	4.3.3 新型ボイラーの開発 …… 51
…… 山本洋民 …… 40	4.3.4 RPS法による設備認定を前提と
3.1 はじめに …… 40	した発電事業 …… 51
3.2 木質系バイオマスガス化発電システ	4.4 おわりに …… 51

第4章 バイオマスガス化発電技術

1 ガス化発電技術の海外動向	学院) …… 55
…… 森塚秀人 …… 53	1.1.2 ウィナノイシュタット(Weaner
1.1 固定床ガス化技術 …… 55	Neustadt) …… 56
1.1.1 上部開口型ガス化炉(インド科	1.1.3 パイロフォース炉(Pyroforce)

…… 57	ステムの実施例 ……………………… 86
1.1.4 フェルント炉 (Volund) …… 58	2.5 おわりに ……………………… 87
1.1.5 デンマーク工科大学 (デンマーク・コペンハーゲン) ……… 59	3 バイオマスガス化におけるタールの発生挙動とその対策…………堤 敦司… 88
1.2 流動床ガス化技術 ……………… 60	3.1 バイオマスのガス化における問題点
1.2.1 ギュッシング (Guessing) … 60	…………………………………… 88
1.2.2 ルルギ炉 (Lurgi) …………… 61	3.2 タールの性状と分析方法 ………… 89
1.2.3 カルボナ社 (CARBONA) … 62	3.3 タールの成分 ……………………… 90
1.2.4 ベルナモ (Varnamo) ……… 64	3.4 タール発生機構 …………………… 93
1.2.5 アーブレエナジー社 (ARBRE)	3.5 ガス化条件によるタール生成の違い
………………………………… 66	…………………………………… 97
1.3 噴流床ガス化技術 ……………… 67	3.6 タール除去の方法 ……………… 97
1.3.1 コーレン社 (CHOREN) …… 67	3.7 タールの接触改質 ……………… 98
1.3.2 フューチャーエナジー社	3.7.1 ドロマイト触媒 ……………… 99
(Future Energy) …………… 68	3.7.2 アルカリ金属 ……………… 99
1.4 バイオマスガス化ガス用原動機 … 69	3.7.3 Ni改質触媒 ………………… 100
1.4.1 デマッグデラバルインダストリアルターボ機械社 (Demag Delaval Industrial Turbomachinery Inc./DDI) ………… 69	3.7.4 メソ多孔質アルミナ ………… 101
	3.7.5 その他の金属触媒 …………… 101
	4 バイオマスによるオープントップダウンドラフト方式バイオマスガス化発電
	………………渡辺健吾, 柏村 崇… 105
1.4.2 フィレンツェ大学 ………… 70	4.1 はじめに ……………………… 105
1.5 各種バイオマスガス化発電の比較… 70	4.2 バイオマスガス化発電システムの概要
2 バイオマスの低カロリーガス化と分散型発電………………吉川邦夫… 74	…………………………………… 105
	4.2.1 バイオマスガス化発電の特徴… 105
2.1 はじめに ……………………… 74	4.2.2 オープントップダウンドラフト
2.2 ガス化技術 …………………… 75	方式の特徴 ……………… 106
2.2.1 ガス化・改質の原理 ………… 75	4.3 実証試験結果 ………………… 113
2.2.2 ガス化発電システム ………… 79	4.3.1 設備概要・構成 ……………… 113
2.3 発電技術 ……………………… 80	4.3.2 試験結果 …………………… 115
2.3.1 混焼ディーゼルエンジン …… 80	4.4 稼動施設の例 ………………… 118
2.3.2 スターリングエンジン ……… 83	4.5 おわりに ……………………… 118
2.4 小型分散型バイオマスガス化発電シ	

5 森林バイオマスのガス化発電
　　　　　　　　……笹内謙一… 121
　5.1 はじめに ………………… 121
　5.2 バイオマスのガス化発電とは …… 121
　5.3 熱分解ガス化の方法 ………… 122
　5.4 山口市にある森林バイオマスガス化
　　　発電実証試験プラント ………… 124
　5.5 実証試験における課題とその対策… 126
　　5.5.1 原料水分の問題 ………… 126
　　5.5.2 ガス中のダストの問題 …… 128
　　5.5.3 立ち上げ時のタール発生の問題
　　　　　　　　………………… 129
　　5.5.4 自動運転 ……………… 129
　5.6 連続発電運転試験 …………… 130
　5.7 今後の予定 ………………… 131
　5.8 おわりに …………………… 131
6 内部循環型流動床ガス化炉を利用した
　下水汚泥のガス化発電システム
　　　　　　　　……浅野 哲… 132
　6.1 はじめに …………………… 132
　6.2 内部循環型流動床ガス化炉 …… 133
　6.3 下水汚泥ガス化発電システム …… 135
　　6.3.1 背景 …………………… 135
　　6.3.2 設備概要 ……………… 135
　6.4 下水汚泥ガス化発電実証試験 …… 136
　　6.4.1 試験概要 ……………… 136
　　6.4.2 下水汚泥について ……… 137
　　6.4.3 生成ガスについて ……… 137
　　6.4.4 ガスエンジン発電について … 138
　　6.4.5 温室効果ガス削減効果について
　　　　　　　　………………… 139
　6.5 まとめ ……………………… 140

7 非天然ガス燃料対応ガスエンジン
　　　　　　　　……杉田成久, 佐々木幸一… 141
　7.1 はじめに …………………… 141
　7.2 GEイエンバッハ社の概要 …… 141
　7.3 GEイエンバッハ社ガスエンジンの
　　　特徴 ………………………… 141
　　7.3.1 天然ガス：メタンを主成分 … 142
　　7.3.2 バイオガス：メタンと二酸化炭
　　　　　素等の不活性ガスの混合 …… 142
　　7.3.3 特殊ガス：一酸化炭素や水素を
　　　　　含む ……………………… 142
　7.4 ガスエンジン性能に影響するガス
　　　燃料の特性 ………………… 143
　　7.4.1 燃料発熱量 …………… 143
　　7.4.2 メタン価 ……………… 144
　　7.4.3 層流火炎速度 ………… 144
　7.5 ガスエンジン燃料ガスの条件 …… 145
　7.6 ガスエンジン系統 …………… 146
　7.7 非天然ガス ガスエンジン例 …… 147
　　7.7.1 ごみ埋立地発生ガス利用例 … 147
　　7.7.2 バイオガス利用例 ……… 147
　　7.7.3 木材ガス化ガス利用例 …… 148
　7.8 おわりに …………………… 149
8 ガスエンジン ………………後藤 悟… 150
　8.1 はじめに …………………… 150
　8.2 各種ガスエンジン性能の推移と燃焼
　　　技術 ………………………… 150
　　8.2.1 直接火花点火方式 ……… 151
　　8.2.2 予燃焼室火花点火方式 …… 151
　　8.2.3 デュアルフューエル …… 152
　　8.2.4 マイクロ・パイロット …… 152
　　8.2.5 高圧ガスインジェクション … 152

8.3　22AG型マイクロパイロット・ガスエンジンの紹介 …………… 152
　8.3.1　マイクロパイロット着火方式の燃焼概念 ………………… 152
　8.3.2　22AG型ガスエンジン ……… 153
8.4　マイクロパイロット・ガスエンジンへのバイオガスの適用 …………… 155
　8.4.1　バイオガスおよび熱分解ガスの燃焼試験 ………………… 155
　8.4.2　廃棄物熱分解ガス発電 ……… 157
8.4.3　バイオガス発電用ガスエンジン …………………………… 159
8.5　まとめ …………………………… 162
9　燃料電池 ………………… **麦倉良啓** … 163
9.1　はじめに ………………………… 163
9.2　電池性能への低H_2・高CO濃度燃料の影響 …………………………… 166
9.3　電圧安定性へのH_2S不純物の影響 … 167
9.4　バイオマスガス化高温形燃料電池発電システムの検討 ……………… 169

＜ウェットバイオマス編＞

第5章　バイオマス前処理・ガス化技術

1　石炭火力混焼利用のための下水汚泥炭化燃料化技術 ……… **田島　彰** … 177
　1.1　はじめに ……………………… 177
　1.2　炭化燃料の生成方法 ………… 177
　　1.2.1　炭化技術 ………………… 177
　　1.2.2　炭化燃料 ………………… 178
　1.3　炭化燃料の発電用燃料としての適用評価方法 …………………… 179
　　1.3.1　STEP1－炭化燃料性状評価 … 179
　　1.3.2　STEP2－ハンドリング性，安全性，燃焼性，環境性の評価 … 179
　　1.3.3　STEP3－石炭火力実機試験による評価 ………………… 179
　1.4　炭化燃料貯蔵設備計画 ……… 180
　　1.4.1　自己発熱特性 …………… 180
　　1.4.2　粉塵爆発特性 …………… 181
　　1.4.3　設備計画 ………………… 181
　1.5　各種評価 ……………………… 181
　　1.5.1　燃料価格 ………………… 181
　　1.5.2　温室効果ガス …………… 182
　1.6　適用法令について …………… 182
　1.7　汚泥炭化事業 ………………… 183
2　水蒸気加熱処理による下水汚泥の燃料化前処理技術 … **波岡知昭，吉川邦夫** … 184
　2.1　背景 …………………………… 184
　2.2　水蒸気加熱処理プロセスの概要 … 184
　2.3　本プロセスの特徴とメカニズムの検討 ……………………………… 185
　　2.3.1　粉砕と均一な混合 ……… 185
　　2.3.2　乾燥速度増加効果 ……… 188
　　2.3.3　臭気低減特性 …………… 188
　2.4　エネルギー投入量の考察 …… 190
　2.5　想定される実用化の形態 …… 191
　2.6　今後の課題 …………………… 192

3 高含水バイオマスの省エネルギー乾燥技術 …………………日野俊之… 194
　3.1 背景と目的 ………………………… 194
　3.2 省エネルギー蒸発脱水技術 ……… 197
　3.3 WETバイオマスのVCC乾燥プロセス ………………………………… 201
　3.4 将来展望 …………………………… 202
4 油中脱水技術による高含水バイオマスの脱水 ……………………美藤　裕… 207
　4.1 はじめに …………………………… 207
　4.2 油中脱水技術の概要 ……………… 209
　4.3 高含水バイオマスの油中脱水実施例と特徴 ………………………………… 210
　　4.3.1 高い脱水率の実現 …………… 210
　　4.3.2 高い伝熱効率の実現による装置のコンパクト化 ……………… 212
　　4.3.3 高いエネルギー回収効率の実現 ………………………………… 212
　　4.3.4 スケールアップが容易 ……… 213
　　4.3.5 課題 …………………………… 213
　4.4 まとめ ……………………………… 213
5 超臨界水によるガス化プロセス
　………………………………松村幸彦… 215
　5.1 概要 ………………………………… 215
　5.2 原理 ………………………………… 216
　5.3 反応 ………………………………… 217
　5.4 装置 ………………………………… 218
　5.5 開発状況 …………………………… 220
　5.6 展望 ………………………………… 221

第6章　バイオマス消化ガス発電技術

1 生ごみ等廃棄物系バイオマスのバイオガス化発電…多田羅昌浩, 後藤雅史… 223
　1.1 はじめに …………………………… 223
　1.2 生ごみのバイオガス化技術 ……… 224
　1.3 バイオガス利用発電技術 ………… 226
　1.4 実施例 ……………………………… 226
　1.5 バイオガス化発電施設のLCOO$_2$評価 ………………………………………… 228
　1.6 バイオガス化発電の問題点 ……… 229
　1.7 おわりに …………………………… 230
2 マイクロガスタービンによる消化ガスコージェネレーションシステム
　　………………浜野信彦, 渡邊昌次郎… 232
　2.1 はじめに …………………………… 232
　2.2 消化ガスの現状 …………………… 232
　　2.2.1 下水処理場の電力消費量 …… 232
　　2.2.2 消化ガスの利用状況 ………… 232
　　2.2.3 消化ガス発電の現状 ………… 233
　2.3 マイクロガスタービンの概要 …… 234
　　2.3.1 マイクロガスタービンの定義
　　　…………………………………… 234
　　2.3.2 マイクロガスタービンの特長
　　　…………………………………… 234
　　2.3.3 マイクロガスタービンの機器構成, 原理 ………………………… 234
　2.4 消化ガスコージェネレーションシステム ………………………………… 236
　　2.4.1 排熱回収用途と消化槽加温方式 ………………………………… 236
　　2.4.2 システムフロー ……………… 237

2.4.3 消化ガスの成分 ……………… 237	2.6 おわりに …………………………… 241
2.4.4 消化ガスの前処理装置 ……… 238	3 バイオマス発電への燃料電池の適用
2.5 マイクロガスタービン消化ガスコー	………………………吉岡　浩… 243
ジェネレーションシステムの実例	3.1 はじめに ………………………… 243
……………………………………… 238	3.2 リン酸型燃料電池発電システム … 243
2.5.1 システム構成・仕様 ………… 238	3.3 生ごみバイオガス化燃料電池発電
2.5.2 性能 …………………………… 238	設備 ……………………………… 244
2.5.3 維持管理 ……………………… 240	3.4 下水消化ガス燃料電池発電設備 … 247
2.5.4 導入効果 ……………………… 240	3.5 おわりに ………………………… 248

総論編

第1章 バイオマス発電システムの設計

河本晴雄*

1 はじめに

　近年，バイオマス，バイオエネルギー，バイオマス発電などの用語を新聞などで目にすることが多くなってきたことからもわかるが，エネルギー資源としてのバイオマス利用に注目が集まっている。これには地球温暖化問題が背景にある。現在の大気中二酸化炭素濃度の上昇の主な原因として化石燃料の燃焼があるが，これ以上大気中の二酸化炭素濃度を増大させないためには，化石燃料の使用を減らし，二酸化炭素を大気中に放出しない"カーボンニュートラル"な資源への代替が必要である。バイオマスは，大気中の二酸化炭素と水から光合成をもとに生合成され，枯死した後に再び二酸化炭素と水に分解される地球生態循環系の中に組み込まれた資源であり，適正に利用することで，カーボンニュートラルな資源となりうる。1970年代に2度のオイルショックを経験したが，近年のエネルギー問題は，このように地球環境問題との関連が深く，石炭，天然ガスなどの化石燃料は，枯渇の問題を別にしても利用することが困難になってきた点で，オイルショックとは決定的に異なる。

　地球温暖化が危惧されるなか，1997年に「気候変動枠組み条約第3回締約国会議（COP3）」が京都で開催され，二酸化炭素を中心とする温室効果ガスの2008～12年における削減目標が先進各国に対して取り決められた（京都議定書）。また，2005年2月には京都議定書が批准され，削減目標を具体的に達成することが求められるようになってきた。わが国は，-6％の削減（90年ベース）を達成する必要があり，これは現在の排出量からは-14％の削減に相当する。

　バイオマスのエネルギー利用に対する取り組みは欧米と比べて遅れていたが，21世紀に入り，わが国においても重点的に進められるようになってきた。2002年1月に「新エネ法」の一部改正がなされ，バイオマスが初めて"新エネルギー：New energy"として認知され，2002年12月には，「バイオマス・ニッポン総合戦略」が閣議決定され，1府5省あげてのバイオマス利用の取り組みが開始された。なお，諸外国では，バイオマスは"再生可能エネルギー：Renewable energy"に分類されている。

＊ Haruo Kawamoto　京都大学　大学院エネルギー科学研究科　エネルギー社会・環境科学専攻　助教授

また，法規制の面からも，「家畜排泄物の管理の適正化及び利用の促進に関する法律」（1999年11月施行，2004年11月適用），「食品リサイクル法」（2001年5月施行），「建築リサイクル法」（2002年5月施行）が施行されることで，食品廃棄物，家畜糞尿，木質建築廃材などのバイオマス資源の投棄が制限され，これらの再資源化が義務づけられるようになってきた。さらには，2003年4月に「電気事業者による新エネルギー等の利用に関する特別措置法（RPS法）」が施行され，電力会社（電気事業者）は，販売電力量に応じて一定量以上の新エネルギーなどの電気を利用することが義務づけられるようになった。

このような背景から，バイオマスを用いた発電（バイオマス発電）が注目されてきている。ここでは，まず化石資源と比較したバイオマスの燃料特性について解説した後に，バイオマス発電システムの概略と設計における留意点について述べる。

2 バイオマス発電システム

図1に，バイオマス発電システムを示す[1]。バイオマスの種類，変換方式，発電設備との組み合わせにより，種々のバイオマス発電システムが可能である。すなわち，バイオマス発電に利用される変換方式には，直接燃焼，ガス化，メタン発酵があり，直接燃焼により熱に変換される場合には水蒸気タービンを用いた発電が，ガスに変換される場合にはガスエンジン，ガスタービンを用いた発電が組み合わされる。ガスタービン発電では，さらに高温の排ガスを利用して水蒸気を発生させ，水蒸気タービン発電をあわせて行うことで，高効率な"複合発電；Combined cycle"が可能である。また，将来的には，生成ガスを用いた燃料電池発電も，高効率な分散型電源として期待されている。その他の発電システムとして，"混焼；Cofiring"（バイオマスを既存の火力発電所（主に石炭火力）において化石燃料と混合して利用する方式），ランドフィルガ

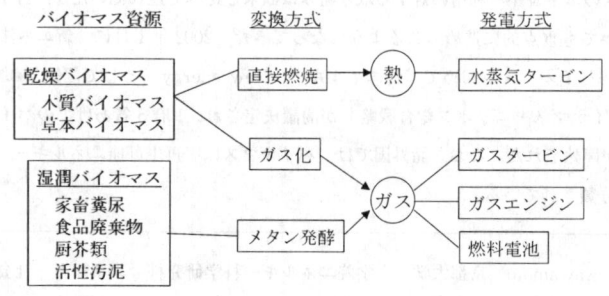

図1　バイオマス発電システム

ス-ガスエンジン発電(ごみ埋め立て地よりメタン発酵と同様の原理により生成するメタンを利用した発電)がある。

このように種々のバイオマス発電システムが存在するが,現在,主に行われている発電システムは直接燃焼-水蒸気タービン発電とメタン発酵(あるいはランドフィルガス)-ガスエンジン発電であり,これらについては国内外において多数の実施例があるが,ガス化発電についてはまだ実証段階である。たとえば,米国では,1989年の時点ですでに516のバイオマス発電所が存在し,それらの総発電量は8,421MWeに上るが,これらの大部分は直接燃焼-水蒸気タービン発電システムである[2]。

水蒸気タービン,ガスタービン,ガスエンジンは,すでに石油,石炭,天然ガスなどの化石燃料ベースで実用に供されている技術であり,バイオマス発電においてはこれらを直接,あるいは仕様変更することで利用されている。したがって,バイオマス発電システムの構築における重要なポイントは,バイオマスの変換技術および発電設備との組み合わせにある。

3 バイオマスの燃料特性

石油,天然ガスは,いずれも炭化水素系の燃料であり,これらはそれぞれ液体および気体燃料として利用される。これに対し,石炭とバイオマスは固体燃料という点で類似しており,石炭の技術がバイオマスに転用されることが多い。しかしながら,バイオマスは石炭とはまったく異なる化学組成をもち,種々の点で石炭と異なる燃料特性を示す。これにより,バイオマスの変換および発電設備との組み合わせにおける特性は,石炭のものとは異なる。石炭で実証済みのシステムがバイオマスではうまくいかないことが多いのも,この燃料特性の相違に起因する。また,バイオマスの種類によっても燃料特性は大きく異なる。

したがって,バイオマス発電システムを計画するうえで,まず利用可能なバイオマスの量を把握することも重要であるが,バイオマスの種類および特性を十分に理解し,適切な変換,処理方法および発電方式を選ぶことが必要である。以下に,種々の観点からのバイオマスの燃料としての特徴を,主に石炭と比較して示す。

3.1 含水率

石炭と比較した種々のバイオマス資源の含水率,元素組成,灰分量,発熱量(高位発熱量)を表1[3]にまとめて示す。木材の含水率は,一般的に,[(水分重量)/(水を含まない木材重量)×100]で示されるので注意を要する。本章では,他のバイオマスと統一する意味で,[(水分重量)/(総重量)×100]に換算した値を示す。

表1 種々のバイオマス資源の含水率，元素組成，発熱量

	木材 (マツ)	草本植物 (ケンタッキー ブルーグラス)	海藻 (ジャイアント ケルプ)	家畜糞尿 (ウシ)	活性汚泥	石炭 (イリノイ産)
含水率 (wt%)	5-50	10-70	85-95	20-70	90-98	7.3
元素組成 (wt%)						
C	51.8	45.8	27.7	35.1	43.8	60.9
H	6.3	5.9	3.7	5.3	6.2	5.4
O	41.3	29.6	28.2	33.2	19.4	14.3
N	0.1	4.8	1.2	2.5	3.2	1.6
S	0	0.4	0.3	0.4	1.0	1.0
灰分	0.5	13.5	38.9	23.5	26.5	8.7
高位発熱量 (MJ/dry kg)	21.2	18.7	10.0	13.4	19.9	28.3

(文献[3]より作成)

　生物資源であるバイオマス全般の特徴として，水を含みやすいことがあげられる。これは，バイオマスが水酸基などの親水性の官能基を多数有する成分より構成されることに起因する。燃料に含まれる水は燃焼において蒸発熱を奪うことになり，バイオマスの有効発熱量は含水率の増大とともに直線的に減少し，含水率60～70％以上では一般的に自燃することはできない。したがって，図1で湿潤バイオマスに分類した家畜糞尿，厨芥類，活性汚泥などには直接燃焼，ガス化は適さず，メタン発酵によるバイオガスへの変換が用いられる。なお，乾燥バイオマスに分類される木材の繊維飽和点(木材細胞壁に結合した水(結合水)が飽和した状態)は20～25％の範囲にあり，十分に乾燥した木材でも，使用あるいは保管中に温度，相対湿度により決まる平衡含水率に達しており，最大25％程度の水分を含む[4]。このように，木材の直接燃焼においても，含まれる水による有効発熱量の低下は避けられない。また，生材の含水率は30～60％に達し[4]，その直接燃焼には前処理としての乾燥工程が必要である。

3.2　化学組成

　表2[3]に，木材，草本植物，海藻の成分組成の例を示すが，バイオマスの種類によりその化学組成は大きく異なる。表には示していないが，メタン発酵に供される厨芥類，活性汚泥などは，糖類，タンパク質，脂質などの発酵の容易な成分を主要構成成分として含み，化学組成の観点からもメタン発酵に適したバイオマス資源である。一方，木材はセルロース，ヘミセルロース(以上多糖類)とリグニン(芳香族高分子化合物)を主要構成成分として含み，これらは乾重量ベー

第1章 バイオマス発電システムの設計

表2 木材,草本植物,海藻の主要構成成分

	木 材 (マツ)	草本植物 (バミューダグラス)	海 藻 (ジャイアントケルプ)
セルロース	40.4	31.7	4.8
ヘミセルロース	24.9	40.2	—
その他糖質	—	—	33.8
リグニン	34.5	4.1	—
タンパク質	0.7	12.3	15.9

(文献[3] より作成)

スで木材の95%程度を占める[5]。なお,これらはC,H,Oのみから構成される成分である。このうちセルロースは,D-グルコースがβ-1,4結合した直鎖上の結晶性高分子であり,酵素に対するアクセシビリティーが低く,メタン発酵などの発酵処理に対して強い抵抗性を示す。また,フェニルプロパン(C6-C3)の重合物であるリグニンは,メタン発酵など発酵の基質にならないのみならず,むしろ酵素活性を阻害する作用のある成分である。このような,木材の生物に対する高い安定性は,もともと木材が,巨大な樹木を重力などの外力に対して物理的に支持する目的で生合成されていることに関連する。木材は,結晶性で剛直なセルロースよりなるエレメンタリーフィブリルと,マトリックスや充填物質として機能するヘミセルロース,リグニンより構成される強固な細胞壁をもつ中空の円筒形細胞の集合体であり,材料としては軽くて強い特徴をもつが,微生物,酵素変換および化学変換に対しては高い抵抗性を有する。なお,肥大成長しない草本植物ではリグニン含量が少なく,重力のかからない水中に生育する海藻はリグニンを含まず,セルロース含量も少ない。

3.3 発熱量と燃焼挙動

水を含まない木質および草本バイオマスの高位発熱量は,約20MJ/dry kg程度であり,石炭(約30MJ/dry kg)の2/3程度である(表1)。これは,木質および草本バイオマスの主成分が酸素を多く含むことによる。実際には,木質,草本バイオマスは石炭よりも多量の水を含むことから,石炭と比べて有効発熱量はさらに低い。このような低発熱量は,直接燃焼および石炭火力発電における混焼において,ボイラー効率を低下させる要因となる一方,燃焼温度の低温化により,空気中の窒素の酸化に起因する窒素酸化物の排出量を減少させ,環境面では有利である。

石炭,木質,草本バイオマスなどの固体燃料の燃焼では,まず乾燥,熱分解が起こり,揮発成分(Volatile)と炭化物(Char)を生成する。次いで,これらと酸素との反応により,揮発成分は発炎燃焼(Flaming combustion)し,炭化物は発光燃焼(Glowing combustion)する。前者では燃焼速度が大きく即座に燃焼が完了するが,後者は表面反応であることから燃焼速度が遅

表3 バイオマスと石炭のV/FC比の比較

	のこくず	廃木材	草本植物		石炭 (イリノイ#6)
			スイッティグラス	アルファルファ茎	
V/FC比*	5.89	4.20	5.35	4.35	0.79

*V/FC：Volatile/Fixed carbon　　　　　　　　　　　　　　（文献[6]より作成）

く，ゆっくりと進行する。このような不均一な燃焼は，燃焼炉の設計，制御，一次/二次エア量の決定などにおいて重要である。

表3[6]に，木質，草本バイオマスと石炭の揮発成分（Volatile）/固定炭素（Fixed carbon）（V/FC）比を比較して示す。木質，草本バイオマスのV/FC比は4～6であり，石炭のV/FC比（1以下）と比べて著しく高い値を示す。すなわち，木質，草本バイオマスは，石炭と比べて揮発成分（発炎燃焼）の割合が著しく大きい燃料である。このような違いは，もちろん石炭とバイオマスの熱分解挙動，さらには化学組成の相違に起因する。

3.4 窒素，硫黄含有量

バイオマスは，石炭などの化石燃料と比べて窒素，特に硫黄含有量が少なく，酸性雨の観点から有利であるといわれる。この点を生かした施策に硫黄税があり，ヨーロッパ，特に北欧において硫黄税はバイオマス利用の促進に大きな役割を果たしてきている。しかしながら，硫黄含有量がほぼゼロであるバイオマス資源は主に木材であり，その他のバイオマスは種類により含有量は異なるが，ある程度の窒素，硫黄を含む（表1）。また，木材でも樹齢が低いほどこれらの含有量は高い。これは，窒素，硫黄が主にタンパク質，補酵素などの生命活動に必須の成分に由来するものであり，樹木においても生命活動の活発な葉や幹の形成層周辺には多く存在するが，ほとんどが死んだ組織である木材での存在量は著しく小さいことに対応する。したがって，バミューダグラスなどの草本バイオマスでは，タンパク質，窒素，硫黄含量のいずれも木質バイオマスよりも高い（表1，2）。

バイオマス中の窒素，硫黄含有量は，酸性雨の観点のみならず，バイオマスの持続的な生産の観点からも重要である。すなわち，バイオマス生産における農地，林地からの肥料分の持ち出しの問題である。長伐期の林業では，肥料分の大部分は林地内で循環することで問題にならないが，短伐期あるいは草本植物のエネルギープランテーションでは，窒素，無機成分などの肥料分の持ち出し量が多く，生産性を持続させるためには肥料の投入が必須である。したがって，エネルギープランテーションで報告されているエネルギー収支（産出エネルギー/投入エネルギー）は，長伐期の林業と比べて低い。

第1章 バイオマス発電システムの設計

表4 バイオマスと石炭のかさ比重の比較

	かさ比重（m^3/トン，dry, ash-free）
木　材	
広葉樹チップ	4.4
針葉樹チップ	5.2-5.6
のこくず	6.2
かんなくず	10.3
ペレット	1.6-1.8
わ　ら	
裁断物	12.3-49.5
Baled	4.9-9.0
Cubed	1.5-3.1
石　炭	1.1-1.5

（文献[2]より作成）

3.5 かさ比重

バイオマスのかさ比重は，輸送，貯蔵性と関連して重要である。木質および草本バイオマスのかさ比重を石炭と比較して表4[7]に示す。石炭のかさ比重が1〜1.5m^3/トン（乾重量ベース）であるのに対し，木材チップ，のこくず，かんなくず，わらでは，それぞれ4〜6，6.2，10.3，10〜50m^3/トンと大きな値を示す。バイオマスの高いかさ比重は，その貯蔵に多くのスペースを要し，運搬，輸送が困難であることを意味する。これが，バイオマス発電所が小規模分散型となるゆえんである。たとえば，米国では，経済的な木質，草本バイオマスの輸送距離として120km程度を想定しており，イギリスARBREプロジェクトにおけるエネルギープランテーションからの収集範囲は75km以内と想定されている。このような背景から，バイオマス発電所の最大規模は10〜100MWe程度と考えられている。

なお，かさ比重を上げることで，バイオマスの貯蔵，輸送性は著しく改善される。ヨーロッパを中心に進められている急速熱分解によるバイオオイルへの変換も，最近ではエンジン用燃料としてよりもむしろ貯蔵，輸送性の改善にその目的が置かれている。また，バイオマスを熱圧成形したペレットのかさ比重は1.4〜1.8m^3/トンであり，ペレットも輸送，貯蔵性の改善されたバイオマス燃料である。

3.6 灰分

バイオマス中の灰分は，燃焼およびガス化における配管の目詰まり，腐食の問題と関連して重要な成分である。表1からもわかるが，バイオマス中の灰分量は，バイオマスの種類により大きく異なる。木材は一般的に1％以下と低い灰分含量を示すが，わら，イネのもみがらなどはシリ

カ（SiO_2）の含有量が多く，草本バイオマスは一般的に比較的高い灰分含量を示す。バイオマスには，石炭と比べてアルカリ金属（ナトリウム，カリウム）の含有率が高いものが多く，これらは比較的低温で溶融することから，燃焼炉，ガス化炉でのスラッジ形成に注意が必要である。また，アルカリ金属は，シリカとの反応で溶融塩を形成しやすく，配管の目詰まりを引き起こす危険性がある[2]。（Na_2O+K_2O）/SiO_2 比が 2 以上であれば配管の目詰まりに注意が必要であり，この値が 0.2 以下の場合には，腐食に対する注意が必要であるといわれている[2]。

4 バイオマス発電システムの特徴と課題

4.1 直接燃焼-水蒸気タービン発電

水蒸気タービン発電では，蒸気の初温，初圧が高くタービン排圧を低くするほど，発電効率は高くなる。したがって，高価な高温に耐える材料の利用などが可能な大規模な発電所ほど，より上質の水蒸気を得ることができ，発電効率は高い。一方，前述のように小規模に限定されるバイオマス発電所では，建設コストの制約から上質の水蒸気を発生することができず，一般的に発電効率は低い。たとえば，石炭火力発電所の発電効率が 40% 程度であるのに対し，米国カリフォルニア州でのバイオマス発電所の発電効率は 14～18% であり，わが国の例ではさらに発電効率は低い。このように発電効率が低いことから，直接燃焼-水蒸気タービン発電では，副生する熱の利用，すなわちコジェネレーションがどこまでできるかが重要なポイントである。しかしながら，バイオマスが廃棄物である場合（無償か逆有償の場合），廃棄物規制を受けることになり，立地条件の点から近くに熱需要が十分にない場合が多い。木材工業（木材の乾燥）などの熱需要の多い産業との併設が有効である。

4.2 混焼

混焼は，バイオマスを既存の大規模石炭火力発電所で混合して利用する方式であり，最もコストのかからないバイオマス発電方式と考えられており，欧米を中心に多くの実施例がある。前述したように，石炭ボイラーに発熱量の小さなバイオマスを添加することでボイラー効率が低下することが予想され[6]，どこまでバイオマスのエネルギーが発電に利用できるかがポイントである。逆に，燃焼温度の低下により窒素酸化物の排出量が削減されることが報告されており，これは環境面から有利である。また，バイオマス中の灰分による腐食，目詰まりなどについても十分に注意する必要がある。なお，フィンランド Lahti では，バイオマスをガス化した後に生成ガスをボイラーに吹き込むシステムの検討も行われている。このようなガス化混焼方式は，天然ガスの複合発電システムとの混焼も将来的には可能となる柔軟性に富む方式である。

第1章 バイオマス発電システムの設計

4.3 ガス化発電

　ガス化発電は，小規模でも高効率な発電方式として注目されている。小規模（5～10MWe 以下）の発電にはガスエンジンが，規模の大きい（10～30MWe 以上）発電にはガスタービンが用いられる[8]。ガスタービン単独での効率は高くないが，高温（400～600℃）の排ガスを利用して水蒸気を発生し，水蒸気タービン発電を組み合わせることで，高い発電効率を達成できる（複合発電）。ブラジル，スウェーデン Vrnamo，イギリス ARBRE プロジェクトなどでガス化-複合発電の実証試験が進められており，1993年から2001年まで実証試験の行われた Vrnamo の加圧ガス化，複合発電プラント（6MWe）では，32%の発電効率が報告されている。

　ガスタービンはクリーンなガスの使用を要求する。したがって，タール，微粉炭，アルカリ金属などの除去を目的としたガス洗浄の技術は重要な工程である。特に"タールトラブル"は，ガス化発電の実用化のためには解決を要する重要な課題である。バイオマスのガス化において，ガスとともに液体（タール）の蒸気が生成し，それが凝集，炭化することで，配管の目詰まりやタービンの焼き付けなどのトラブルを起こす。タールの除去法として，ドロマイトやニッケルベースの触媒下での高温処理によるタールのクラッキング，水洗，電気集じん機の利用などが検討されているが，効率的なタールの除去法の開発が望まれている。小規模発電ではガスエンジンが一般的に用いられるが，ガスエンジンはガスタービンと比べて燃料ガス中のコンタミの許容範囲は広く，タール分30ppm程度[8]までであれば運転が可能であるといわれているが，ガスエンジン発電においても，タールトラブルの解決が必須の状況にある。なお，ガスタービンでは燃料ガス中の硫黄濃度を1ppm以下にする必要があり，石炭のガス化では脱硫が必要であるが，木質バイオマスをガス化する場合には硫黄含量が少ないことから，脱硫は不要である。

　バイオマスのガス化では，燃焼と同様に，まず乾燥，熱分解が進行し，揮発物と炭化物が生成し，次にこれらがガス化剤（酸素，水蒸気，二酸化炭素などの酸化剤）と反応することで，最終的なガス化生成物へと変換されると考えられている。このときの未反応物として，タールと炭化物が副生する。加熱の方式としては，部分酸化（燃焼に必要な量より少ない酸素量に相当する空気あるいは酸素を導入）と間接加熱があり，これらの方式は生成ガスの発熱量に大きく影響する。一般的に，間接加熱ガス化では $10\sim15\mathrm{MJ/Nm^3}$ 程度の比較的高い発熱量をもつガスが生成するが，部分酸化ガス化では，$10\mathrm{MJ/Nm^3}$ 程度（酸素を用いた場合），$5\mathrm{MJ/Nm^3}$ 程度（空気を用いた場合）と相対的に低い発熱量をもつガスを生成する（いずれも高位発熱量）[8]。ちなみにこれらの値は，メタンの高位発熱量（$39.7\mathrm{MJ/Nm^3}$）の10～25%程度である。なお，低位発熱量 $4.5\mathrm{MJ/Nm^3}$ 以下では自燃できず，補助燃料が必要になる[8]。

　バイオマスのガス化には，固定床（アップドラフト方式とダウンドラフト方式），流動床，循環型流動床などが用いられており，炉のタイプによりタールの生成量も大きく異なる。一般的に，

小規模では固定床が，大規模では流動床が用いられる。アップドラフト方式ではダウンドラフト方式と比べてタールの生成量は著しく少ないが，変換効率が低い，ガス温度が高い（顕熱の利用が必要），運転の安定化が困難などの点で不利である。

4.4 バイオガス（メタン発酵）発電

どちらかというと，廃棄物処理，悪臭などの環境問題対策の観点から行われる意味合いが強い。わが国では，八木バイオエコロジーセンターなどでの実施例がある。メタン発酵では，一般にメタン（60〜70%）＋二酸化炭素（30〜40%）のバイオガス（低位発熱量は20〜25MJ/Nm^{3}程度）が生成し，脱硫の後に主にガスエンジンを用いた発電がなされている。メタン発酵の方式として中温発酵，高温発酵があり，後者は発酵時間が短く発酵槽が小さくできる，殺菌効果が期待できるなどの利点を有するが，発酵槽からの熱損失が大きい，発酵の制御が難しいなどの欠点がある。前述したように，セルロースの発酵速度は遅く，リグニンは発酵されないことから発酵残渣が副生するが，これは堆肥としての利用が可能である。現時点での最大の課題は，投入糞尿と同量の消化液が副生し，その再処理にコストがかかることがあげられている。消化液を液肥として利用することも検討されているが，排出量に対して需要が少ないなどの問題が指摘されている[9]。

4.5 ランドフィルガス発電

ゴミ埋め立て地より嫌気性発酵（メタン発酵）により生成するガスを，硫化水素，水分などを除去した後に，主にガスエンジンを用いて発電するシステムである。主な目的は，単位モル当たりの温室効果が二酸化炭素の21倍と強い温室効果を示すメタンの，大気中への放出を抑制することにある。わが国では，嫌気性の埋め立てが従来行われてきていないことから重要な発電システムとはならないが，京都議定書において数値目標を達成するための仕組みとして導入されているクリーン開発メカニズム（CDM）との関連で，海外での実施を見据えた検討がなされている。クリーン開発メカニズムとは，温室効果ガス削減の数値目標のない途上国において削減した場合，その削減量の一部を自国の削減量としてカウントできるシステムである。

5 おわりに

バイオマス発電システムを設計するうえで，バイオマス資源の特性をよく理解し，適切な変換，処理方法および発電設備との組み合わせなどを選択することが重要である。現時点では，バイオマス発電は，税の優遇措置や補助金に頼らなければ経済的に成り立ちにくい状況にあるが，その原因は主にバイオマスの燃料としての特性に起因するものであり，今後，バイオマスの生産，変

第1章 バイオマス発電システムの設計

換技術が進展することで、経済性は確実に改善されていくものと思われる。たとえば、バイオマスの脱酸素はバイオマスの有効発熱量を大幅に向上させ、液化は貯蔵、運搬性を著しく改善することになる。

バイオマス研究は古くて新しい学問分野であり、まだまだ発展する余地の残されている分野である。本文中でも述べたように、木材の燃焼およびガス化技術の基礎原理として木材の熱分解があるが、木材の分子レベルでの熱分解機構については、驚くほど限られた知見しか明らかにされていない。筆者らは、"バイオマスが液体、固体、気体へと変換される過程で鍵を握る熱分解反応は何なのか?""これらの反応を制御し、気体のみ、液体のみ、固体のみあるいは特定のケミカルスのみに変換することはできないだろうか?"という疑問から、木質バイオマスの分子レベルでの熱分解機構研究を進めている[10]。バイオマスの科学、技術が発展することで、バイオマス発電の効率、経済性も格段に向上することを願ってやまない。

文　献

1) 河本晴雄, "バイオマス発電", in "バイオマス・エネルギー・環境", 坂志朗編著, p347-355, アイピーシー, 東京 (2001)
2) J. L. Easterly, M. Burnham, *Biomass and Bioenergy*, **10** (2-3), 79-92 (1996)
3) D. L. Klass, "Biomass for Renewable Energy, Fuels, and Chemicals", Academic Press, New York (1998)
4) 今村祐嗣, 川井秀一, 則元京, 平井卓郎編著, "建築に役立つ木材・木質材料学", p29-33, 東洋書店 (1997)
5) 中野準三, 樋口隆昌, 住本昌之, 石津敦, "木材化学", ユニ出版, 東京 (1983)
6) D. A. Tillman, *Biomass and Bioenergy*, **19**, 365-384 (2000)
7) P. Mckendry, *Bioresource Technology*, **83**, 37-46 (2002)
8) A. V. Bridgwater, *Fuel*, **74** (5), 631-653 (1995)
9) 中川悦光, "家畜排せつ物などの中・高温メタン発酵処理および消化ガス発電システムの運転実績と液肥利用", in "家畜排せつ物の処理・リサイクルとエネルギー利用", エヌ・ティー・エス, 東京 (2004)
10) 河本晴雄, *Cellulose Commun.*, **12** (1), 1317 (2005)

第2章　バイオマス発電の現状と市場展望

村岡元司*

1　バイオマス発電のビジネス環境

1.1　3つのバリア

　バイオマス発電に限らず，一般に環境ビジネスを立ち上げるためには，次の3つのバリアを克服する必要がある。①規制バリア，②技術バリア，③市場バリアである。

　第1の規制バリアとは，環境ビジネスからみた規制や制度のあり方を指摘したものである。土壌汚染対策法が整備されることにより土壌汚染対策ビジネスが急速に立ち上がったように，環境分野の規制や制度は，ビジネスに大きな影響を与える。環境ビジネスを立ち上げる場合，この規制や制度が新たな環境ビジネス立ち上げをサポートするように整備されているか，あるいは最低限でも環境ビジネス立ち上げの障害となっていないことが必要である。

　第2の技術バリアとは，具体的なサービスを提供するに足る技術が確立されているか否かを指摘したものである。汚染土壌の規制値が導入されたとしても，その規制値のレベルにまで汚染土壌を浄化するだけの技術がないとビジネスは成立しない。技術が存在しない場合には，技術開発を推進するなどの方策が必要になる。

　第3の市場バリアとは，新たな環境サービスを受け入れるだけのマーケットが存在しているか否かを指摘したものである。土壌汚染対策法が整備され，法制度に示された目標値を実現するだけの技術があり，同技術を活用したサービス提供会社が存在したとしても，サービスを購入するマーケットがないとビジネスは成立しないのである。

　もちろん，これら3つのバリアは相互に関係性を有している。各種のリサイクル法がリサイクル市場を創出したり，技術開発支援プログラム制度が競争力のある新技術創出に役立ったりという具合である。3つのバリアという考え方は，これから立ち上がってくる新たな環境ビジネスについて，どこに課題があり，規制，技術，市場のどこをどのように刺激すると最も効果的に課題を解決することが可能か，という視点を与えてくれるものなのである。

＊　Motoshi Muraoka　㈱NTTデータ経営研究所　社会・環境戦略コンサルティング本部パートナー

第 2 章　バイオマス発電の現状と市場展望

1.2　バイオマス発電のビジネス環境

　この3つのバリアの観点からバイオマス発電のビジネス環境を評価してみよう。まず規制について，障害はかなり排除されているといえる。国レベルでもバイオマス・ニッポン総合戦略（2002年12月）が策定され，2003年4月にはRPS法が施行。電気事業者は販売電力量のうち一定割合以上を新エネルギーで賄うことが義務づけられた。もちろんバイオマスも新エネルギーの範疇に入っている。RPS法により電気事業者という電力の供給側に対する規制が導入される一方，グリーン電力プログラムといった電力の需要者に対する制度の検討も進められ，グリーン電力基金，グリーン電力証書などの仕組みが具現化されている。加えて自治体の施策も活発化し始めており，東京都は公的施設の電力の5％をグリーン化する施策を展開する。このように，国，自治体双方において一定の施策が展開されつつあり，バイオマス発電を阻害する障害という意味では，かなり解消されつつあるのがわが国の現状であろう。ただし，あくまで阻害要因が解消されたというレベルであり，ドイツなどのヨーロッパ諸国にみられる"新エネ電力の固定価格買い取り制度"やバイオマス利用を有利にする環境税のような仕組みは，わが国には導入されていない。

　このように，バイオマス発電ビジネスを推進するうえで，規制面での障害は排除されつつあるものの，ビジネス展開を加速させるような制度的な支援策は必ずしも十分ではないのが，規制に関する現状であろう。

　では，技術についてはどうだろうか。バイオマス発電の燃料は幅広い。木質，生ごみ，糞尿，汚泥など多様な物質がバイオマス燃料となりうる。これらのバイオマスを，たとえば水分含有率で分類してみると，そのエネルギー利用方法は図1のようになる。木質系バイオマスなどに代表される直接燃焼方式，生ごみや汚泥などの生物化学的分解によるメタンガス発酵・ガス抽出・ガスを利用したエネルギー利用など主な技術については，国内の技術のみならず海外の技術まで視野に入れると，研究開発段階のものもあるが，おおむねメニューはそろっているといえよう。経済性という制約条件を無視すれば，技術的に対応不能なバイオマスはそれほど多くないのが技術の現状であろう。一般論ではあるが，バイオマス発電の技術的な課題は，既存の発電所により生み出される電気と同程度の価格で電気を生み出せるだけのコスト競争力のある技術やシステム（社会システムを含む）が，必ずしも実用化されていないという点にある。

　こうした課題を解決するために，技術開発支援プログラムや各種の技術実証サポート制度が国を中心に準備されており，技術についても，時間を要するものもあるが，解決できない大きなバリアが立ちはだかっているというほどではないものと考えられる。

　一方，市場については，コストと需要確保という大きなバリアが横たわっている。まずコストについてであるが，一般にバイオマスは広大な地域に薄く広がっているという性格をもつ。したがって，間伐材などを山間地域から搬出するコスト，家庭からの廃食油を燃料化する場所まで集

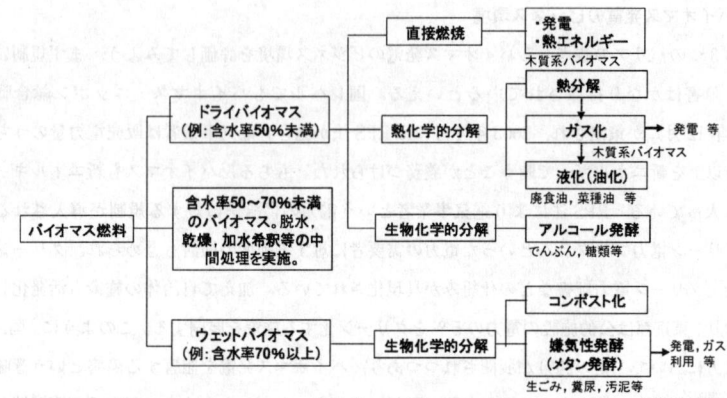

(資料：バイオマスハンドブック，NEDO 公表資料等)

図1 主なバイオマスとそのエネルギー利用方法

約するコストなど，バイオマス燃料の収集・運搬に相当のコストを要する。この収集・運搬コストを含めた社会システム全体のコストをいかに低減し，既存発電所による電力と同レベルの競争力を実現するかは，バイオマス発電にとって大きな課題である。このコストバリアと関連して，需要確保という点も大きな課題となる。特にバイオマス発電の場合，電力を生み出すと同時に熱も生み出すケースが多く，この熱需要を発電所近くにいかに確保するかが事業のために重要なポイントとなる。

では，コストと需要という課題を抱えたままバイオマス発電はまったく進展していないかというと，そうではない。昨今の化石燃料の高騰は一部のバイオマス燃料のコスト競争力を高める結果となっており，ペーパースラッジ，廃木材などを燃料として収集し，発電する施設も生まれている。また，木質系バイオマスや汚泥由来バイオマスを石炭などの化石燃料に混合させる動きも始まっている。ヨーロッパにみられるバイオマスで発電した電力の固定価格買い取り制度など市場刺激型，需要創出型の制度的なバックアップは必ずしも十分ではないものの，バイオマス発電はそれなりに活発な動きを示しているのである。

以降では，活発な動きをみせつつあるバイオマス発電ビジネスについて，サービスの購入者はだれかという観点から市場を民間市場，公共市場，市民市場の3つに分類して，各市場の展望を明らかにしていくこととしたい。

第2章 バイオマス発電の現状と市場展望

2 民間市場の現状と見通し

　具体的な事例からみていこう。表1には，民間企業をサービス購入者とするバイオマス発電プロジェクトをリストアップしている。

　表1より，民間市場では，もともと電力と熱の需要がある場所にバイオマス発電所を設置するオンサイト型発電事業が主流を占めていることがわかる。上述のとおりバイオマス発電事業の課題の一つは需要確保であり，もともと需要のある場所に発電所を整備する現実的なビジネスが立ち上がっているのだ。表1の大栄環境グループの三重中央開発のガス化炉では，電力・熱に加えて，副生成物として得られる炭化物までも有効活用する用途を確保している点が特徴的である。同様に，富山グリーンフードリサイクルでは，メタン発酵により得られる廃液の利用用途が確保されている。

　ところで，オンサイト型発電事業の場合，発電規模は需要先である工場などの電力および熱需要に見合った規模が選択されることになる。この場合，ユーザーである民間企業がバイオマス発電施設の設計・施工（試運転を含む）までをプラントメーカーなどに外注し，プラントの運転維持管理は基本的にはユーザーの責任で実施するパターンが典型的であろう（もちろん，部品の調達やメンテナンスなどについてはプラントメーカーの協力が不可欠である）。この典型的なビジネスパターンが，最近，いくつかの点で変わりつつある。変化は大きく以下の5点にまとめることができる。

　第1の変化はESCO型発電ビジネスの普及である。すなわち，従来と同様にたとえばユーザーの工場敷地内に木質バイオマス発電施設を建設し，得られる電力と熱は同工場で100％利用する場合でも，バイオマス発電施設の設計・施工・運転維持管理はすべてサービス提供事業者が行い，施設の所有権もサービス提供事業者が保有するパターンのサービスが生まれている（図2参照）。この場合，ユーザーは自社の工場敷地を貸与する代わりに，サービス提供事業者からバイオマスを原料とする電力と熱を購入することになるのである（施設は購入しない）。サービス提供事業者には，ハードウェアの整備・運営に加えて，電力と熱を安定的にユーザーに供給するためのノウハウが必要となる。こうしたノウハウは従来，電力会社しか保有していなかったものであるが，電力自由化に伴い，みずから発電・売電事業を営む企業が生まれ，ノウハウを蓄積した民間企業が育ってきたからこそ，実現できるビジネスモデルといえよう。

　第2の変化は，自家消費から売電への変化である。たとえば，表1のサミット明星パワー。同社は5万kWのバイオマス発電（30％程度は石炭）を行い，発電所が立地している工場向けに電力と熱を供給したうえで，余剰電力は売電する。さらに，ESCO事業であるファーストエスコは，木質バイオマスを燃料とする電力のほぼ100％を売電する事業を全国3カ所程度で立ち上げ

バイオマス発電の最新技術

表1　民間市場における主なバイオマス発電プロジェクト

事業者	燃料および規模	概　要
南国興産 （宮崎県）	・燃料：宮崎県内の養鶏農家から排出される鶏糞約9万トン/年 ・規模：1,500kW（投資約22億円） ・補助等：50％国庫補助，16.6％県補助	・設備：流動床燃焼方式ボイラー，2001年稼働開始 ・設置場所：宮崎県北諸県郡高城町 ・用途：蒸気・電力ともに場内利用，焼却灰は造粒して販売 ・その他：家畜排泄物の適正処理とエネルギーコスト削減
富山グリーンフードリサイクル （富山県富山市）	・燃料：生ごみ（食品廃棄物），剪定技（メタン発酵により得られる廃液を活用した堆肥化） ・規模：90kW（リサイクル事業としての位置づけが中心，投資約15億円） ・補助等：50％国庫補助，1％市補助	・設備：メタン発酵およびマイクロガスタービン発電 ・設置場所：富山市（エコタウン内） ・用途：廃熱・電力ともに場内利用，発酵で得られるガスを将来はエコタウン内の他施設に販売予定 ・その他：地元食品関連会社，鹿島等12社の出資。4年目で単年度黒字，11年目で累損解消の計画。
三菱製紙 八戸工場 （青森県八戸市）	・燃料：工場で発生するペーパースラッジ，可燃物や周辺地域で発生する廃木材等，廃タイヤは首都圏から海上輸送で年間約4万トン購入の計画 ・規模：1万8,000kW（投資約45億円）	・設備：リサイクル発電設備，施設完成 ・設置場所：八戸工場（青森県八戸市） ・その他：10億は国の補助金，7年で投資回収予定，GHGsは8.5％削減
三重中央開発 （三重県上野市）	・燃料：建設廃材（チップ化した廃材約96トン/日） ・規模：1,400kW（投資約22億円） ・補助等：経済産業省補助金を活用	・設備：三菱重工製ガス化炉（間接加熱式ロータリーキルン） ・設置場所：三重中央開発（三重県上野市） ・完成予定：2005年4月 ・用途：ガス利用の電力・熱は場内利用，炭化物は焼却灰や汚染土壌の焼成炉の還元剤として利用
大王製紙 三島工場	・燃料：木くずや建築廃材，パルプ再生不可能な古紙や廃プラを原料とする固形燃料（RPF），廃タイヤチップ ・規模：3万4,000kW（投資約35億円）	・設備：気泡型流動床ボイラー，稼働開始 ・設置場所：三島工場内（その他既設の3基のボイラー） ・用途：GHGs排出量削減，廃棄物有効利用 ・その他：全エネルギーに占めるバイオマス比率は39％
東濃ひのき製品流通協同組合 （岐阜県白川町）	・燃料：端材，間伐材，おがくず等 ・規模：600kW（投資約5億5,800万，国庫補助対象） ・その他：6人で運転	・設備：直接燃焼燃却，蒸気ボイラー，2004年3月稼働 ・設置場所：岐阜県白川町 ・用途：自家消費および売電 ・その他：廃掃法による既存焼却炉の断念が契機。産廃・一廃の処理許可を取得，高圧線と変電所の近隣に立地できるメリットあり。
バイオエナジー社・東京都スーパーエコタウン （城南島）	・燃料：産業系，一般系の生ごみなど食品廃棄物 ・規模：110トン/日の処理能力	・設備：ベース発電用のMCFC（米フュエルセルエナジー社製，250kWh）と負荷変動用のガスエンジン2基を組み合わせ ・用途：熱は場内利用で電力は一部を売電 ・その他：発電規模は24,000kW
電源開発松浦火力発電所	・燃料：下水汚泥由来のバイオソリッド燃料 ・その他：既存の石炭火力発電所においてバイオソリッド燃料を混焼	・設備：バイオソリッド燃料化設備（下水汚泥を減圧下で廃食用油と混合，水分5％で5,000～6,000kcalで100℃の石炭と類似の性状を示す） ・設置場所：長崎県松浦市 ・その他：2003年8月から実験を実施。2004年5月から木質バイオマス燃料の実験にも着手。
FESCO木質バイオマス発電事業 （山口県岩国市）	・燃料：残材，端材等による木質チップ（8万トン/年） ・規模：1万kW	・設備：循環流動床ボイラー ・設置場所：山口県岩国市 ・用途：売電 ・その他：従来実施してきたオンサイト発電事業をグリーン・オンサイト発電事業として展開するもの。日本樹木リサイクル協会と業務提携。発電効率29％をめざす。
サミット明星パワー （富山県糸魚川市）	・燃料：建築廃材と石炭の混合燃料 ・規模：5万kW（約70億円） ・バイオマス燃料の混燃率：70％ ・発電効率：35％	・設備：住友重機械工業が米フォスターウイラーと提携して導入した循環流動床ボイラー ・設置場所：明星セメント糸魚川工場内 ・用途：場内利用および売電 ・運転開始：2005年1月

第2章　バイオマス発電の現状と市場展望

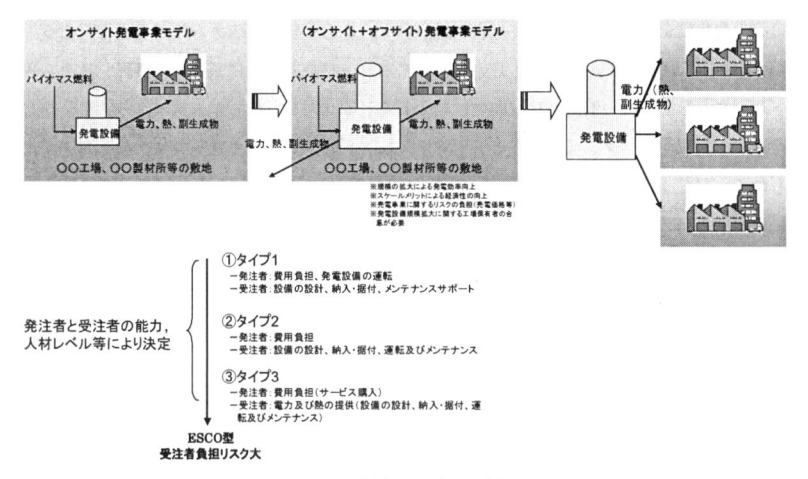

図2　ビジネスモデルの変化

ている。このように，自家消費と売電，さらには売電のみを目的としたバイオマス発電所が建設され始めているのだ（図2参照）。

第3の変化は混焼の動きである。この主役は既存の電気事業者で，たとえば四国電力は，石炭火力発電所である西条発電所（愛媛県西条市）において，燃料の一部に木質系バイオマスを利用する。混合するバイオマス比率は重量比で2～3％以下とされるが，それでも使用する木材量は年間1万5,000トン程度になるという。このほか，電源開発，中国電力などにおいても混焼の計画が示されている。

第4の変化はアライアンスである。たとえば，三井造船，三井物産，鹿島の3社が進める首都圏における大規模バイオマス発電事業（出力5万kW，燃料は木材チップとRPF）では，3社が合弁で設立する千葉グリーンパワーが，首都圏におけるリサイクル企業11社が設立した新会社である新エネルギー供給から廃建材の供給を受ける。また，発電した電力はほぼ全量を東京電力が受け入れる見通しであるとされる。また，上述のファーストエスコは日本樹木リサイクル協会と提携することにより，バイオマス燃料である木くずを調達することに成功している。このように，バイオマス発電を成功させるためには，採算よく燃料となるバイオマスを調達する必要があり，そのためのアライアンスが非常に重要な要素となっている。同様に，既述のとおり需要確保も重要であり，入り口と出口の両面を円滑化するために，いかに適切なパートナーと戦略的な提携を実現するかがビジネス成功の鍵を握っている。逆に，この戦略的な提携に成功した企業群が，今後のビジネスで伸びていく可能性が高いといえよう。

バイオマス発電の最新技術

　第5の変化は企業から個人事業主（大規模システムから小規模システム）への変化である．表1には記載していないが，2005年1月の発表によると，荏原製作所は家畜糞尿処理システム「バイトレック」を愛知県の個人養豚家向けに納入した．同システムは，家畜糞尿からメタンなど可燃性ガスを回収するメタン発酵装置と6kWガスエンジンコージェネレーションをシステム化したもので，日量10.7トンの糞尿を処理し，排熱は発酵槽加温用などに有効利用，電力は施設内用に利用するほか余剰分は売電するという．個人養豚家向けとして初めてRPSの指定も獲得したとされる．また，川崎重工は加圧流動層ガス化炉とガスタービン発電機を組み合わせ，日量数トン程度と少量の木質バイオマスのガス化・発電システムを開発している．小規模でも発電効率は高く，20％程度を確保できるという．このように，バイオマス発電のユーザーとして一定規模以上のシステム需要のある大手・中堅の企業に加えて，小規模需要のある個人事業主を対象としたサービスも実現し始めている．今後，小規模需要のある個人事業主向けについては，複数の個人事業主をグループ化したバイオマス発電サービスや個人事業主向けのESCO型サービスあるいはバイオマス発電設備のリースやレンタルといったビジネスも想定される．個人事業主や小規模需要者は新たな潜在マーケットとなりうるのである．

　以上のとおり，化石燃料価格の高騰，京都議定書の発効に伴う企業における温室効果ガス削減に向けた強いニーズの発生，RPS制度，各種のハードウェア整備に係る補助制度などを背景として，ドイツなどにおける爆発的な勢いはないにせよ，わが国でもバイオマス発電はしだいに動き始めている．そして，民間企業はそれぞれにビジネスモデルに工夫を加えながら，バイオマス発電ビジネスの拡大に注力しているのである．この動きは今後も継続していくものと考えられる．すなわち，ビジネスモデルはますます多様化し，バイオマス発電サービスのユーザーの選択肢が増加する．その分，サービス提供者となる民間企業は自社の得意技術に磨きをかけ機能分化することが求められ，自社にない機能は他社から調達することで補完し，ユーザーの高い要求に応えていくようになる．すなわち，機能分化とアライアンスが，今後ますます活発化していくことが予想される．

　では今後，伸びていくのはどの種類のバイオマス発電ビジネスだろうか．次にこの点をまとめておこう．NTTデータが提供し，当社もその運営を支援している環境ナレッジサービス"エコロジーエクスプレス"に登場するトピック数などから判断すると，今後活発化することが予想されるのは，木質系バイオマス発電と，家畜排泄物処理法や食品リサイクル法の影響を受けて増加が予想されるメタンガスを利用した発電の2つであると推定される．前者は発電ビジネスが主であり，後者は発電もさることながら安全な廃棄物処理やリサイクルの実現という点も重視されるという違いがある．もちろん，これら2つ以外にも下水汚泥の燃料化なども注目に値するが，ビジネス拡大の勢いという点では，いましばらくの時間が必要であろう．

第2章 バイオマス発電の現状と市場展望

3 公共市場の現状と見通し

続いて,公共市場に目を転じよう。ここでも民間市場の場合と同様に,具体的な事例からみていく。表2には,自治体をサービス購入者とするバイオマス発電プロジェクトをリストアップしている。

表2より,公共市場については次の3つの特徴を指摘することができる。

① 民間市場に比較して,公共市場では生ごみ,家畜糞尿などの処理を対象とする事業が多い傾向がみられる。

② 生ごみ,家畜糞尿などを対象とした場合,対象物の処理を行うことそのものが目的となり,発電事業単独でのとらえ方は必ずしも適切ではない可能性が高い。

③ 発電事業も含めた事業全体からの副生成物については,これを有効利用できることが事業

表2 公共市場における主なバイオマス発電プロジェクト

事業者	燃料および規模	概要
宮城県白石市	・燃料:生ごみ ・規模:30kW(3トン/日のごみ処理が主)(投資約5億5,000万,国庫補助の対象)	・設備:メタン発酵,マイクロガスタービン発電,2003年4月稼働 ・設置場所:宮城県白石市 ・用途:電力・熱の場内利用 ・その他:残留油脂分の問題,利用者確保の困難性のためコンポスト化を断念
中空知衛生施設組合 (北海道滝川市,芦別市,赤平市,新十津川町,雨竜町)	・燃料:家庭系・事業系生ごみ ・規模:400kW(55トン/日のごみ処理が主)(投資約17億円,約3億円は国庫補助)	・設備:メタン発酵および堆肥化・発電,2003年8月事業開始 ・設置場所:北海道滝川市 ・用途:電力・熱の場内利用(場内の冬季ロードヒーティングを含む) ・その他:実績のある技術を前提に入札により企業を選定。液肥,堆肥等は有効利用。
熊本県鹿本町	・燃料:家畜糞尿,下水汚泥,生ごみ ・規模:400kW	・設備:メタン発酵および堆肥化・発電 ・設置場所:熊本県鹿本町 ・用途:電力・熱の場内利用 ・その他:液肥,堆肥等は有効利用
農林水産省・バイオマスタウン構想	・全国で13地区を選定済み(北海道留萌市,北海道瀬棚町,青森県市浦村,福岡県大木町,熊本県白水村,秋田県小坂町,山形県新庄市,山形県立川町,神奈川県三浦市,新潟県中条町,福井県三方町,長崎県西海町,沖縄県伊江村)	・バイオマスタウン:地域の関係者が連携しつつバイオマスの発生から利用までを効率的なプロセスで結び,総合的利活用システムが構築されている地域 ・実施主体:地方自治体(NPO,事業協同組合,大学等が加わることも可) ・その他:地域特性に合致したバイオマスの利用が条件

成立の一つの条件となっている可能性が高い。
　また，公共事業として実施することによる特徴として，以下の2点を指摘することができる。
① 　実績のある技術が好まれる傾向が民間市場の場合よりも強いものと推察される。
② 　先行事例として取り上げられることで，当該自治体への来訪者の増加，地域の活性化などの付帯効果もみられ，むしろ地域の活性化を大きな目的の一つとして位置づけている自治体もみられる。

　ところで，昨今の公的財政難から，公的事業についてはその効率性が厳しく問われるようになっている。その結果，PFIやPPPなどの公共事業に民間ノウハウを取り入れた事業が増加しているのは周知のとおりである。筆者の知る限り，自治体が実施するバイオマス発電事業のPFIはわが国には存在していない。ただし，発電は行わないものの，神奈川県藤沢市において家畜糞尿，剪定枝，食品残渣などの堆肥化および有効利用を行う事業のPFIが推進されている。事業開始は2006年の予定だ。こうした動きをみる限り，近い将来，自治体主導のバイオマス発電事業のPFIあるいはPPPが実施される可能性はある。PFIやPPPでは，民間事業者が施設の整備・運営・資金調達に責任をもつことになり，民間市場におけるESCO型発電ビジネスに近いビジネスモデルが公共市場でも実現されることになろう。

　仮に，自治体の計画するバイオマス発電規模が基本的に自治体の自家消費を念頭に置いた規模であったとしよう。PFI事業者となる民間事業者の判断で発電規模を拡大し，上乗せ分の発電規模分は外部に売電することも原理的には可能である。実はすでに類似の事例として，一般廃棄物ごみ処理事業において，ごみ処理施設の施設規模を一般廃棄物のために必要な規模から拡大し，拡大分は産業廃棄物処理に充当するPFIが国内で行われている。こうしたPFI事業が可能になると，その事業は民間市場における，たとえばサミット明星パワーの自家消費と売電を組み合わせた発電事業と類似の事業となる。さらに，既述のとおり東京都は電気をグリーン購入の対象とし，都有施設の電力の5％以上を再生可能エネルギーとする方針を発表しており，バイオマス発電による電力販売の機会は着実に増大する。

　以上のことより，実は民間市場におけるビジネスモデルの多様化は，公共市場においても生じていることがわかる。すなわち，公共市場においても，サービス提供者となる民間企業にとって機能分化とアライアンスが，今後ますます活発化していくことが予想される。加えて，公共市場においては当該自治体の特徴を十分踏まえたうえで，自治体の活性化という視点も重要になる。地元雇用の創出効果，地元経済への寄与度なども含めたトータルな視点がサービス提供者となる民間企業には求められる。さらに，留意することがある。現在，農水省はバイオマスタウンのフィールドとして，全国で13ヵ所を指定している。このバイオマスタウンでは，地域内のバイオマス資源を地域内で利活用することが望ましいものとされている。すなわち，今後バイオマス

第2章 バイオマス発電の現状と市場展望

発電を検討していくうえで,入り口と出口の確保という重い課題に加え,地域内のバイオマス資源をいかに有効活用するかという視点が求められることになる。たとえば農業工学研究所は,バイオマス資源の循環利用に係るビジョン策定においてLCAからのアプローチを提案している。このように,バイオマス発電の資源となるバイオマスの輸送エネルギーは小さいほど望ましい。今後,バイオマス発電のサービス提供者となる民間企業は,燃料輸送のエネルギー消費まで視野に入れた活動が求められているのである。

4 市民市場の現状と見通し

続いて,市民市場をみてみよう。まず,本章でいう市民市場とは何かを明らかにする。現在,わが国の太陽光発電は世界一の規模を誇る。これは,わが国で太陽光発電システム付き住宅の普及が進んでいるからだ。住宅の購入者は企業ではない一般の市民である。このように事業者ではない一般市民がユーザーとなる市場を,本章では市民市場と呼称したい。市民市場の特徴は,一つ一つの規模は小さいものの,いったん動きが始まると大きなマーケットが一気に動きだす点にある。では,市民市場におけるバイオマスの現状はどうかというと,バイオマス利用の市場は拡大しつつあるものの,バイオマス発電市場はいま一つといったところだ。現在,各地で木質バイオマスを活用したペレットストーブが開発されている。ペレットストーブはバイオマスの熱利用の一形態ということができ,市民市場への普及が始まろうとしている。また,菜の花エコプロジェクトに象徴される廃食油を利用したBDFの輸送車両燃料としての利用も活発化しつつある。廃食油の収集には市民の協力が不可欠で,得られたBDFを市民が利用する場合には純粋な市民市場ということができよう。ただし,BDFの場合,その利用先が公的機関となるケースも多く,その場合には純粋な意味で市民市場とは呼称できない可能性がある。いずれにしても,バイオマスの利用という面では市民市場は活発化しつつある。

しかしながら,バイオマス発電ということになると必ずしもそうではない。2004年にNPO法人化された"おうみ木質バイオマス利用研究会"が森林発電プロジェクトを計画している例があるが,太陽光発電のような爆発的な普及には至っていない。今後,電力自由化が進み,市民が購入するエネルギーの種類を選択できるようになると,直接的に市民がみずからバイオマス発電電力を供給するか間接的にバイオマス発電電力を購入するかは別にして,市民市場が拡大する可能性が期待できよう。

5 民間企業のとるべきポジション

　以上，民間市場，公共市場，市民市場について，それぞれの現状と今後の見通しを整理した。市場全体でみると，市民市場はビジネス規模も小さく，当面は民間市場，公共市場がサービス提供民間企業の主戦場になる。

　この主戦場において，民間企業はバイオマス発電ビジネスの多様な選択肢の中で自社の強みを発揮できるものを見いだしていかなくてはならない。たとえば，バイオマスの燃料となりうる木質，生ごみ，汚泥，糞尿のうち，どれにターゲットを当てて自社技術を開発するのか。また，開発した技術をサービス提供する場合，あくまでハードウェアの販売にこだわるのか，SPC（特別目的会社）を設立して技術を活用したサービス提供まで責任をもつのか，あるいはESCO型の完全サービス提供に乗り出すのかなど，数多くの事業形態の選択肢の中から自社がとるべきものを選定していかなくてはならない。こうした選択を行うためには，自社資源，市場動向，市場における競合状況などの正確な把握（いわゆるSWOT分析など）が必要である。そのうえで選択と集中を行い，自社の得意分野を強化し，自社にない機能はアライアンスにより調達するなどの工夫が必要になる。

　一方，既述のとおり，バイオマス発電を成功させるためには入り口と出口に加えて，地域資源の有効活用，バイオマス資源の輸送量の最小化などの工夫が必要になる。地域に存するバイオマス資源はそれこそ千差万別であり，これらの資源を当該地域にとって最も適切な形でいかに組み合わせ，効率的な発電事業を実現するかを検討するためには，対象とする地域全体におけるバイオマス資源の発生量・賦存量・移動量に関する評価，需要の把握，副生物の有効利用用途の把握などを行ったうえで，最適な技術の選択を行い，事業性を評価する必要がある。こうした評価を行うソフトパワーが，意外に企業の差別化ポイントとなる可能性がある。従来から努力してきたハード技術に加えて，ソフトパワーにも磨きをかけることが，立ち上がりつつあるバイオマス発電市場で勝者となる条件なのである。

文　　献

1) バイオマスハンドブック
2) NTTデータ環境ナレッジサービス，"エコロジーエクスプレス"
3) 新建まちづくり新聞，2005. 4. 15
4) 宮城県白石市ホームページ
5) 熊本県鹿本町ホームページ

ドライバイオマス編

第3章　バイオマス直接燃焼発電技術

1　木質チップ利用によるバイオマス発電

善家彰則*

1.1　はじめに

　当社は平成9年に設立され省エネルギー支援サービスを事業の核として取り組んで来ており，その主な事業内容は，民間工場内でのオンサイト発電サービスをはじめとして，スーパー店舗での空調機，冷凍機，照明を一括で省エネ診断し最適な省エネ方策を顧客に提案，施工するものである。一方，平成14年に国の施策として「バイオマスニッポン総合戦略」が決定され，バイオマスの利活用が注目を集めたが，そこで当社は顧客指向型の省エネルギー事業のみならず，総合エネルギーサービス企業として未利用バイオマスに着目し発電事業としての事業性を検討した結果，国の法的支援制度やバイオマス発生地域における地元協力体制が取り込めることが分かり，バイオマス発電の事業化を決定した。現在㈱ファーストエスコは図1に示すように顧客指向型ESCO，環境再生型ESCO，市場取引型ESCOを事業の3本柱に位置づけて環境と経済の両立を目指している。

図1　事業の3本柱

---

*　Akinori Zenke　㈱ファーストエスコ　グリーンエナジー事業部　事業部長

バイオマス発電の最新技術

写真1 概観写真

1.2 発電設備概要

㈱岩国ウッドパワーは，平成15年度に国の新エネルギー事業者支援対策事業の補助金を得て事業計画を始めて，平成18年1月に山口県岩国市内において木質バイオマス発電所の商業運転を開始した。写真1に概観写真を示す。

1.2.1 設備構成

発電出力	10MW
ボイラー	循環流動層ボイラー
燃料	木質チップ100％専焼（生木及び建設廃材をチップ化したもの）
タービン発電機	水冷式復水タービン
公害対策設備	バグフィルター，消石灰脱塩
メーカー	JFEエンジニアリング株式会社による一括請負契約

1.2.2 燃料選定理由

バイオマス資源のエネルギーへの変換については，各種の技術が実証されているが，経済的に成立するものは数少ない。本事業は形態としては発電事業として燃料を購入する立場をとっている。長期の商業運転を前提に考えると燃料が長期に亘り安定的に確保できること，設備面では運転実績があり信頼性が確保できることが重要である。そこで使用するバイオマスの選択は，建築解体現場から毎年一定量排出される木質廃材や開発工事現場から排出される土木残材，製材所端材等の生木を採用することとした。これらはいずれも従来は多くが焼却・減容処理されていた。バイオマス発電ではただ焼却のみ行うのではなく熱回収し発電に利用することで地球温暖化防止

第3章 バイオマス直接燃焼発電技術

に貢献することができる。尚、木質資源としては現在でも森林の保護育成の観点から間伐材や林地残材の利活用が課題となっているが、急峻なわが国の国土形態や道路の未整備、従事者確保難から林地残材収集コストが嵩み、今のところ発電利用は困難である。しかしながら長期的には国の支援策も仰ぎながら取り組むべき課題である。また、木質バイオマス事業以外に、その他バイオマス資源を活用する事業としては、比較的収集しやすいものとして、下水処理場から排出される活性汚泥の脱水ケーキもあるが、成分面から比較的塩分濃度が高かったり、重金属類の問題があることから灰処理の問題や、ボイラー設備への悪影響が懸念されるため今回は見送ったが、中長期的活用課題として取り組むべきテーマであると考えている。

1.2.3 燃焼設備の選定

燃料は生木だけでは水分が40%以上と高くなり、燃焼効率の悪化を招くと同時に燃焼排ガス量の増大につながり、燃料系、排ガス系設備の大型化要因となる。従って建設系廃材と生木をバランスよく混焼させることで全体の水分率を30%程度に抑える計画とした。こういう状態の燃料であれば従来から固体燃焼で実績のある循環流動層ボイラーが最適であり、比較的高い燃焼効率が期待できる。循環流動層ボイラーは炉内に一定量の熱媒体を維持・循環しながら、この熱媒体がボイラー水管に接触伝熱、輻射伝熱をさせながら蒸気を発生させるものである。この熱媒体に熱を伝える熱源が木質チップの燃焼熱である。炉内での固体燃料は比較的低温燃焼でかつ滞留時間が長く取れるのが特徴であり、局部高温燃焼による窒素酸化物の生成を抑えることが可能である。

木質バイオマスは材料中に酸素を多く含んでいるため、温度を発火域まで上昇させると比較的燃えやすく、ごみ燃焼などの他の固体燃料に比べ燃焼の際の過剰空気は少なくてすむ。従って重油噴霧ボイラーなどとほぼ同等なボイラー効率が実現できる。

<ボイラー設計諸元>

- ・ボイラー型式　　　　　循環流動層自然循環単胴型（屋外式）
- ・蒸発量　　　　　　　　45t/h
- ・蒸気圧力（過熱器出口）　5.7Mpa
- ・蒸気温度（過熱器出口）　453℃
- ・通風方式　　　　　　　平衡通風
- ・ボイラー効率　　　　　90%
- ・補助燃料　　　　　　　低硫黄A重油
- ・燃料供給方式　　　　　スクリュウコンベヤ2基により炉内投入（常時2基運用）

<循環流動層ボイラーの一般的特徴>

- ・多様な燃料を効率よく燃焼でき、コンパクトな炉体設計が可能である。

・低温燃焼，多段空気吹き込み，多段燃焼等の複合作用によりNO$_x$の排出を低く抑えることができる。

・脱硫剤の炉内吹き込みにより炉内脱硫が可能である。

1.2.4 ボイラー概要

　循環流動層ボイラーは投入燃料の数十倍の循環媒体を炉内に保有しており，大部分はこの熱が接触伝熱により水管中の水が水蒸気に変換される。さらに水蒸気は後部伝熱部で高温の燃焼排ガスと熱交換することで過熱蒸気となる。循環流動を維持するために炉底からエアーを吹き込むがこれは燃焼空気の供給源ともなる。木質チップ中には循環媒体となるべき無機成分が少ないため補助的に外部からケイ砂などの径がそろった粒子を投入している。これは伝熱設計上必要な粒子循環量と粒子径が決められているからである。燃焼室から吹き上げられた循環粒子を含む燃焼排ガスは高温サイクロンによって大きい粒子が分離・捕集され，再び燃焼室に戻され再利用される。小粒子を含む燃焼ガスはバグフィルターで粒子を捕集し，清浄化されたあと煙突から排出される。バグフィルターで捕集された小粒子は，フライアッシュとしてサイロに貯蔵したあとセメント会社に移送されてセメント原料として有効活用される。一方，燃焼残渣のうち比較的大きい粒径の灰はボイラーの底に蓄積されるので随時抜き取り，フライアッシュと同様にセメント原料として有効活用される。灰はカルシウム，シリカ成分を多く含んでおりセメントの原料に最適で

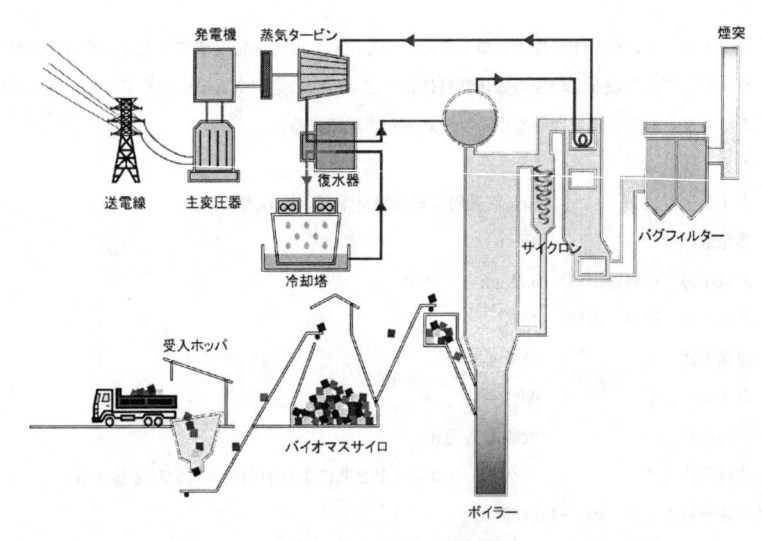

図2　プロセスフロー概念図

第3章 バイオマス直接燃焼発電技術

ある。図2に全体のプロセスフロー概念図を示す。

1.2.5 タービン発電機

ボイラーで作られた過熱蒸気は蒸気タービンに導入され，発電所内で消費される蒸気を抽気した後，大部分の蒸気は復水になるまでの熱落差で最大1万KWを発電する。発電された電気は発電所内の自己消費分をまかなった後，大部分は電力会社の66KV特別高圧送電線を通して需要家に届けられる。安定操業できるように各種の工夫を凝らしており，例えば落雷等で送電線が一時的に故障しても，ボイラー負荷への急変を避けつつ最低自立運転できるよう制御システムを構築している。

1.3 運転実績

2006年1月1日から商業運転を開始している。循環流動層ボイラーで木質チップを効率よく燃焼させることについては概ね計画どおりの推移となっており，環境関係数値も届出値に対してクリアーしているが，環境にやさしい電気を作る発電所であるため，より一層の製造過程での環境改善の努力を継続していく予定である。

木質バイオマス直接燃焼のメリットは，燃料の前処理が比較的簡単で複雑な加工工程が省けることであるが，その反面自然に近い燃料を効率よく燃やすことが求められるので，ボイラーの大型化が避けられず，プラント全体も複雑になる。そこで運転要員も習熟されたスキルと一定の人数が必要となる。プラント全体の監視操作は計器室からDCSコンソールにより為されるが，緊急時の操作判断や定常時の監視ポイントは日ごろからの訓練により習熟が必要であるため，設備教育や保安訓練の充実を行っている。

1.4 バイオマス直接燃焼発電の経済性について

事業費総額のうちプラント建設費用の3分の1は，経済産業省の新エネルギー事業者支援対策の補助を受けている。また電気事業者による新エネルギー等の利用に関する特別措置法（RPS法）による新エネ価値取引があり，これらが経済性成立条件の大きな要因になっている。

燃料となる木質チップは有価で買い付けているが，長く木質資源リサイクルの促進活動を行う全国組織，NPO法人日本樹木リサイクル協会加盟のもと長期安定的な確保を計画した。

プラント総合効率は約29％強であり，ごみ発電等に比べると有利である。一般的に原燃料を燃やしやすい形に加工すれば，発電設備としては安価な設備投資ですむが，加工コスト分だけ燃料コストがアップし経済性が損なわれる。バイオマスのあり姿であれば燃料そのものは安価となるが，発電設備側の設備コスト，オペレーションコストがかさむ。何を燃料にするのかによって事情が変わるため，個々の具体的案件ごとに最適な事業形態を検討することが必要となる。

また，プラント効率を高めるために可能な限り蒸気を高温，高圧化しているが，燃焼排ガス中に含まれる塩素成分による蒸気過熱器の高温腐食等が懸念される。これは今後の修繕経費・保守経費への影響もあることから，定期点検等でのデータ採取・解析をしていき，最適な中長期保守計画を策定する必要があると考えている。

今回の岩国発電所は国の事業者支援制度，また，地元岩国市の新事業創出等促進制度など，国の総合的な新エネ支援制度や地元振興策のうえに成り立っており，このような評価に応えるためにも効率的な事業運営を行い本事業をまっとうする責任がある。

また，後発事業者のためにも同様の制度が存続されることを期待する。

1.5 燃料収集システム

バイオマス資源は広く薄く存在しているのが特徴であり，いかに効率よく収集できるかが事業の命運を握る。岩国市及びその周辺地域での建物解体木屑と，工事現場や製材所で発生する生木を中間処理業者が所定の大きさのチップに破砕したものを，発電所が燃料として買い付ける。弊社からみると燃料供給業者は1社であるが，2次，3次の供給業者がネットワークに参加しており，参加業者全体と協調体制を築く組織力とマネジメント力が必要となる。図3に燃料収拾システムを含む全体の事業概念図を示す。燃料品質については水分率，大きさ，形状，異物混入，防腐剤制限等を設けているが，安定運転維持のために特に気を遣う項目は水分率や異物混入であ

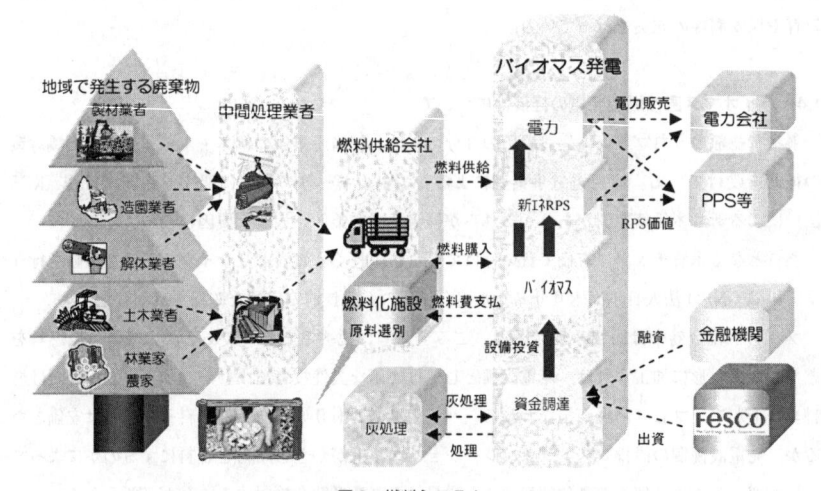

図3 燃料システム

第3章 バイオマス直接燃焼発電技術

る。これも供給業者の協力により解決すべき課題である。木質バイオマスは石油系燃料と違って発生場所が一定しないため，輸送と破砕処理の全体最適化を都度考えねばならない。さらに燃料嵩比重は0.3程度と小さく運搬効率も悪いため，運送車両の大型化や車両数の確保ができなければならない。また処理業者，収集運搬業者間の適切なネットワーク交流も不可欠である。

1.6 おわりに

原油高が今後も予想される中，石油からの燃料転換が進められてきており，木質バイオマス発電の新増設計画が相次いで発表されている。国の政策として打ち出したバイオマスエネルギーの目標比率の設定は意味のあることであるが，燃料収集については経済合理性の成立が困難となる懸念もある。目標値までの到達プロセスの中に，林地残材の開拓や他のバイオマス資源開発等の直接的な国の支援が望まれる。また技術面では欧米先進技術の積極的導入や安定操業のための，運転支援サポート体制の構築が望まれる。このためにはプラントメーカーも含めた民間事業者間での技術交流，情報交流が今後益々重要であると思われる。

岩国発電所は平成18年11月で運転開始後約1年経過するが，定期検査も控えており，1年間の運転履歴結果の評価を行うことになる。バイオマスエネルギー普及のためには，こういう情報の社会的共有と事業へのフィードバックが大切である。本節が今後増えてくるであろう木質バイオマス発電事業計画の一助になれば幸いである。

2 流動床ボイラ・バイオマス発電

永冨　学[*1]，横式龍夫[*2]

2.1 直接燃焼の燃焼方式と特徴

バイオマス燃料の直接燃焼方式は主にストーカ燃焼と流動層燃焼が従来から採用されており，各燃焼形態は火炉内のガス流速との関係により図1に示される。流動層燃焼は流動材（砂）と燃料粒子を燃焼空気によって流動化した固体粒子層を形成し，流動形態により気泡型流動床と循環流動層に分類され下記の特徴を有している。本節で紹介する気泡型流動床ボイラは一般に小・中容量規模の設備に適しており，燃料の前処理の容易さによる設備経済性の面で優れている。

(1) 多種燃料の燃焼が可能

流動層燃焼は粒子の移動・衝突により熱の伝わりが早いため，ストーカ燃焼に比べ難燃性の燃料の燃焼に適している。更に流動層部の保有熱量が大きく，投入された燃料は流動層内で水分の蒸発・乾燥が行われるため，高水分で水分変動の大きい製紙スラッジやバーク（木材皮）類の燃焼にも適している。

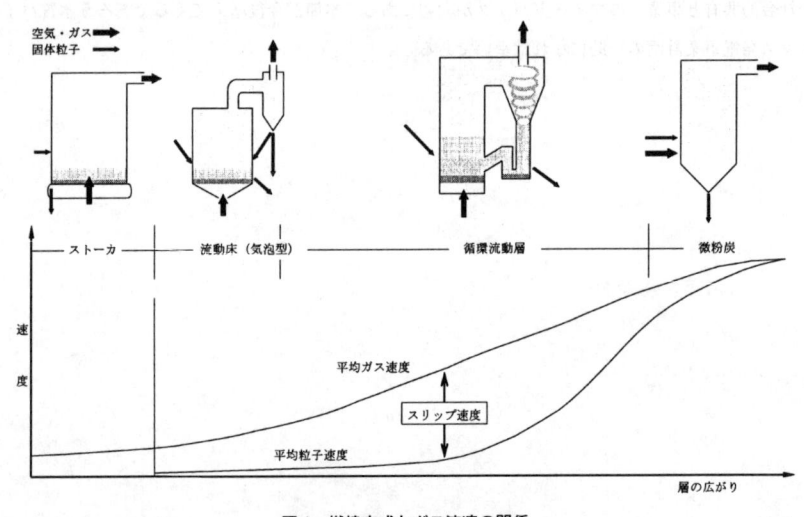

図1　燃焼方式とガス流速の関係

---

*1　Manabu Nagatomi　三菱重工業㈱　ボイラ技術部　ボイラ技術二課
*2　Tatsuo Yokoshiki　三菱重工業㈱　ボイラ技術部　ボイラ技術二課　課長

第3章 バイオマス直接燃焼発電技術

表1 燃料性状分析値例

		木材チップ	スラッジ
水分	%	15~35	55~65
灰分	%	1~10	15~20
炭素	%	30~40	25~30
水素	%	4~6	3~4
酸素	%	40~45	25~28
窒素	%	0.4~1	0.6~0.9
硫黄	%	0.03~0.1	0.2~0.3
塩素	%	0.05~0.3	0.1~0.2
使用時HHV	MJ/kg	13~16	3.5~3.7
使用時LHV	MJ/kg	11~14	1.8~2.0
備考		水分,灰分,発熱量は到着ベース 他は絶乾ベース	

(2) 環境負荷が低い

火炉内の燃焼温度が800~900℃程度と低いためサーマルNO_xの発生が抑えられ,また炉内や煙道での乾式脱硫も可能であり脱硝・脱硫などの排ガス処理設備が基本的に不要である。

(3) 経済性が高い

燃料の前処理が他の燃焼方式に比べ簡潔であり,排ガス処理設備が不要である。また流動層部の低空気比燃焼が可能であり火炉のコンパクト設計が図れる。

2.2 バイオマス燃料の種類と特徴

発電用のバイオマス燃料は木材チップ,建築廃材,間伐材,バーク等の木質系廃棄物が代表的であり,更には産業系廃棄物の製紙スラッジや農畜産系の廃棄物もバイオマス資源として分類されている。バイオマス燃料は石炭,石油,天然ガスの化石燃料に比べ,燃料性状や水分,発熱量,サイズ,形状等が各燃料で異なる特徴を持っており,更に変動も大きい。また一部のバイオマス燃料には異物類が混入する場合がある。従ってこれらに如何に対応し燃料種類に依らず安定した燃焼・ハンドリングを確保し,低環境負荷・高効率を達成することがバイオマス発電の普及にとって不可欠と言える。表1にバイオマス燃料の代表的な燃料分析値例を示す。

(1) 木質系バイオマス

実運転の中で利用されている木質系バイオマスは,水分15~35%,灰分1~10%,高位発熱量13~16MJ/kg程度のばらつきがあるものの,揮発分が高く着火温度は200~250℃程度と低いた

バイオマス発電の最新技術

| 木材チップ | 木材中異物 | 製紙スラッジ |

写真1　燃料サンプル

め燃焼速度が速く燃焼性が優れている。かさ比重は0.2～0.3程度と軽く，サイズは大小不均一であるため十分な燃料貯蔵スペースの確保が必要である。木質系バイオマスには，石ころや金属片(針金，釘，鉄片等)の異物が混入しており，流動層内での堆積防止のためベッドドレン抜きが必要である。

(2) 製紙スラッジ

製紙工場で発生するスラッジは高位発熱量が3.5～3.7MJ/kgと他の燃料と比較して最も低く，水分約60％，灰分約20％と高く難燃性の燃料である。高水分による流動層温度の低下を招くため，他の助燃燃料が必要である。

2.3　気泡型流動床ボイラの特徴と設備概要

バイオマス発電設備における気泡型流動床ボイラの特徴を下記に示し，一般的なプラント全体系統図を図3に示す。

2.3.1　環境対策

(1) 多段燃焼方式

環境値低減のための燃焼法としては図2に示す多段燃焼方式が最適である。この方法は燃焼用空気を流動層部に投入する1次空気とフリーボード部に多段に投入する2次空気に分け，燃料をガス化させ徐々に完全燃焼し環境値低減を図る方法である。流動層部は還元雰囲気かつ800～850℃程度に保つことによりNO_xを抑制し，フリーボード部で2次空気(OFA, L-AA, U-AA)の最適投入により800℃以上の高温域を形成し，長い滞留時間を確保することでCO，ダイオキシン類の発生を同時抑制する燃焼法である。

(2) 煙道環境対策設備

バグフィルタの設置により煤塵とダイオキシン類を捕集・除去することが可能である。必要に応じて活性炭を注入しダイオキシン類を低減させる場合もある。また通常ボイラ出口のSO_2排

第3章 バイオマス直接燃焼発電技術

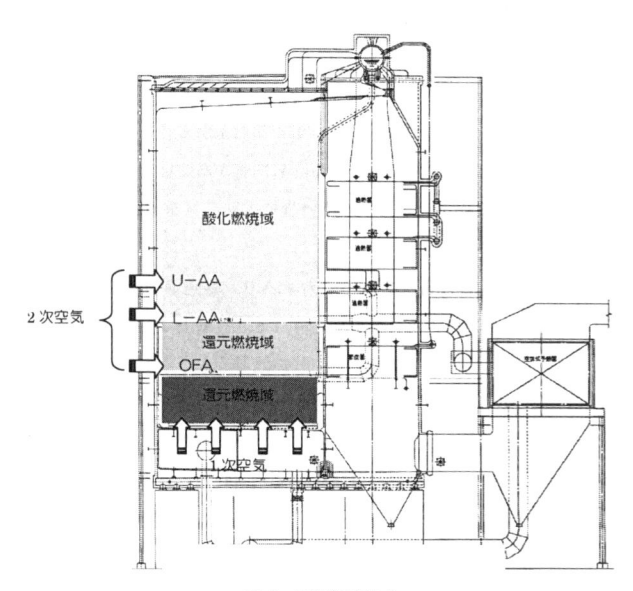

図2 多段燃焼方式

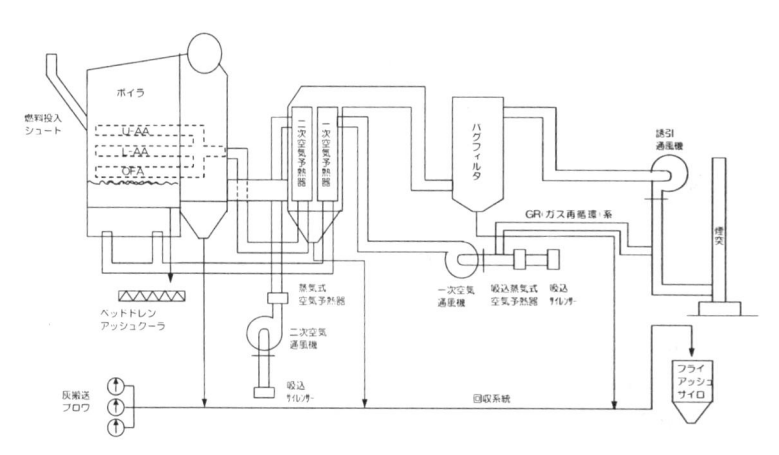

図3 プラント系統図

出量が低いので消石灰吹き込みによる乾式脱硫が可能である。これらの対策と前述の多段燃焼方式の組合せにより環境性能を満足することが可能である。

2.3.2 燃料供給

木質燃料は通常トラックで搬入されサイロに貯蔵される。サイロから払出した木質燃料は移送コンベアで搬送され，ボイラへの均一投入のためボイラ側壁からロータリーバルブを介して燃料シュートによる重力落下によって炉内に投入する。層内管がある場合は流動層内での燃料分散性を考慮し，投入位置及びシュート1本当りの燃料量や入熱割合を極力均等にすることが望ましい。

木質燃料には稀に大型の木片が混入される場合もあり，搬送途中で引っ掛かり詰まりが発生し，燃料供給が一時遮断される等の不具合も起こりうる。設備上は搬送経路に狭小部が無いようにシュート形状に留意し，非常時の掻き出し用点検口設置等も考慮する必要があるが，連続安定供給の点からは燃料供給サイズを使用者側で管理することも必要と考えられる。

2.3.3 高効率化

ボイラからの排ガスは節炭器と鋼管式空気予熱器で熱回収している。流動層内を還元燃焼とすることによりボイラ出口空気比は1.2～1.3程度の低空気比燃焼が可能である。更なる燃焼効率向上のためフライアッシュを炉内にリサイクルし未燃分を低減させることも可能である。またアッシュリサイクルによって流動層部の還元雰囲気が促進されるためNO_x低減の効果もある。

2.3.4 灰処理装置

バイオマス燃料中に異物が混入される場合があるため，ベッドドレンとして砂と共に炉底から抜き出しベッドアッシュクーラにより冷却し排出される。ベッドドレンは分離器で異物と砂に分離した後，炉内へ再投入する場合もある。フライアッシュは節炭器・空気予熱器下のホッパとバグフィルタで捕集されフライアッシュサイロへ収集される。

2.3.5 その他

(1) 層内管

バイオマス燃料には水分が多く発熱量の低いバーク，スラッジ類や建築廃材のようにある程度乾燥し発熱量が比較的高いものもある。発熱量が高いバイオマスを使用する場合は層内温度が高くなるので，層内温度抑制のために層内管を設置する。層内管は磨耗・腐食防止のため耐火材で被覆することで信頼性の高い構造となる。

(2) 排ガス再循環（GR）系統

上述の通りバイオマスの種類によって燃料中の水分が異なり，水分が高い燃料はガス量が多く，水分が低い燃料はガス量が少なくなる。これらを燃料として使用する場合には両者で流動層内の空塔速度に大きな差があるため，空塔速度を維持するためにGR系統を設置する。プラント

第 3 章 バイオマス直接燃焼発電技術

運用において低負荷運用がある場合にも GR の投入が必要になる。また GR 投入により層内の酸素濃度が低下し燃焼が抑制されるため NO_x 低減及び層内温度低下の効果もある。

2.4 実缶運転状況

当社では近年自家発電用のバイオマスボイラを 5 缶納入し，高温高圧の蒸気条件の元で性能・環境値ともに良好な結果を確認し実用化されている。NO_x 濃度は燃料構成によっても異なるが 70〜150ppm（6 % O_2 換算）程度であり規制値を十分に満足している。また CO，ダイオキシン類も各々100ppm 未満，0.1ng-TEQ/m^3N 未満（12% O_2 換算）を達成している。

2.5 まとめ

バイオマス燃料のエネルギー変換技術は CO_2 排出量低減による地球温暖化防止と化石資源の節約に寄与し，今後も太陽光発電や風力発電とともに新エネルギー技術として有望視され，導入の拡大が望まれており各メーカーは技術課題を掲げ改善を進めている。直接燃焼技術としての気泡型流動床ボイラは燃料前処理でのエネルギー損失がないため，総合的なエネルギー効率の観点では他の変換技術に比べメリットを生み出せる設備である。これらの特徴を生かし更なる高効率化，品質及び経済性の向上がバイオマス発電普及への重要な要素になるものと考える。

3　間接加熱キルン式炭化・ガス化発電システム（木材チップ燃料）

山本洋民[*]

3.1　はじめに

　地球温暖化防止に向けて温室効果ガスである CO_2 発生量の削減，循環型社会の形成に向けた廃棄物の有効利用の観点より，当社は種々のバイオマス資源とその変換物用途ニーズに対応し，燃焼，ガス化，炭化，生物変換といった各種エネルギー変換技術の開発，実用化に取り組んでいる。本節では木質系バイオマスを対象とした国内初の100t/d規模のガス化発電施設の初号機概要を紹介する。本施設は間接加熱式ロータリキルンを採用し，ガス化発電及び炭化物の有効利用を図っており，木質系バイオマスの持つエネルギーを複合的に利用できる新たな実用的システムとなっている。また，生成した炭化物をバーナー燃焼用の燃料として利用するに当たっての適用性を評価した結果も示す。

3.2　木質系バイオマスガス化発電システムの概要と特長

3.2.1　システム概要

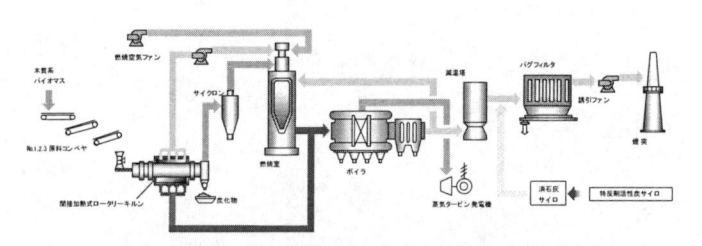

　図1に木質系バイオマス炭化・ガス化発電システムのフロー図を示す。チップ化された原料を間接加熱式ロータリキルンに供給し，酸素が遮断された雰囲気下で高温間接加熱することにより熱分解ガスと炭化物を得る。熱分解ガスはサイクロンにて微細炭化物を回収した後，燃焼室に導入され，1,100℃の高温で燃焼される。高温燃焼排ガスは，一部を間接加熱式ロータリキルンの加熱源として利用し，多くはボイラ熱源として利用する。ボイラで発生する蒸気を利用して蒸気タービンによる発電を行う。

　炭化物は固体燃料のほか，還元剤，吸着剤，融雪材，土壌改良剤等として利用可能である。

図1　木質系バイオマス炭化・ガス化発電システムのフロー図

---

[*]　Hirotami Yamamoto　三菱重工業㈱　横浜製作所　環境ソリューション技術部
　　サーマルリサイクルグループ　主席技師

第3章 バイオマス直接燃焼発電技術

3.2.2 システムの特長
本システムは以下の特長を有する。

(1) 高温間接加熱による高いガス化率
キルンシェルの構成材料には耐熱性，耐腐食性の高い超合金を採用することにより，1,100℃の高温燃焼排ガスにより直接キルンシェルの外表面を加熱することを可能にしている。これにより約700℃の雰囲気で木質系バイオマスを熱分解ガス化することができ，炭化物中の揮発分を約10％以下とすることができる。この結果，カロリーベースのガス化率は，従来の500℃程度の間接加熱熱分解方式と比較して約2％増加させることができる。なお，キルンシェルは施設運用期間中の交換は基本的に不要である。

(2) 容易な運転管理と安定した熱分解ガス化
木材チップは，間接加熱式ロータリキルン内を酸素が遮断された雰囲気下で約1時間掛けて移動しながら，木材中の水分の蒸発とともに加熱昇温され，熱分解ガス化される。この方式は部分酸化式の熱分解ガス化反応に比較して水分蒸発および加熱昇温が緩慢で，木材チップの含水率や灰分割合の変動に対しても熱分解条件や，熱分解ガスの燃焼条件等に急激な変動を起こすことがなくその運転管理は容易である。また，本キルンはキルン外周の加熱ガス用外筒の内部を長手方向に複数の区画に分割した構造としており，それぞれの加熱ガス量の調節が可能な特長を持つ。本構造の採用により原料中の水分に応じた適正な熱量配分が可能となるため，安定した熱分解ガス化により，一定品質の炭化物を得ることができる。

(3) 異物混入に強いシンプルな構造
キルン内部には伝熱管等の構造物はなく，キルンシェルの内外面で伝熱させるシンプルな構造であるため，木材チップに金物などの異物が混入していても機械的障害の発生や熱分解ガス化反応への悪影響はなく，異物は炭化物とともに系外へ安定して排出される。木材チップ中に存在する金属類を事前に分離するのは非常に難しいが，炭化処理後は単純な機械分別等で容易に分離できる。分離された金属類は酸素の遮断された雰囲気下で処理されたため，未酸化であり，再利用も可能である。

(4) 炭化物の燃料利用
本システムは，上述のガス化発電による本施設外への電力供給と併せて，得られた炭化物を固体燃料としてエネルギー利用を図ることが可能である。炭化物は燃料として貯留が可能なため，電力供給に加え，エネルギー利用施設側の熱等の需要変動にも柔軟な対応が可能となり，施設のエネルギー需要に対応した熱電併給システムを構築可能となる。

(5) 高い環境保全性能
本システムでは木材チップを熱分解ガス化した，熱分解ガスを燃焼させるため，木材チップを

バイオマス発電の最新技術

表1　木質系バイオマス発電施設の主仕様

型式	間接加熱ロータリキルン式熱分解ガス化炉
燃料供給量	木材チップ　4,000kg/h
発電	抽気復水タービン発電　最大1,400kW 蒸気条件　3.0MPa 300℃
炭化物利用用途	施設内灰処理用還元剤
排ガス処理	減温塔＋乾式反応集塵装置

写真1　100t/d規模の炭化・ガス化発電施設の初号機外観

直接燃焼するのに比べ，低空気比での燃焼が可能となる。これにより，燃焼温度を1,100℃の高温にでき，有機塩素系有害物質を分解できる。また排ガス冷却過程で有機塩素系有害物質の再合成を促進させる灰中の金属分などの大半は，炭化物とともに回収されるため，それらの再合成を抑制できる。さらに，低温バグフィルタ式排ガス処理設備や脱硝触媒装置を付帯することで，排ガス中の微量有害物質の除去や窒素酸化物の排出を抑制することも可能であり，高い環境保全性能を発揮できる。

3.3　木質系バイオマス炭化・ガス化発電施設の初号機概要

当社が建設した国内初の100t/d規模の施設概要について述べる。写真1は施設外観である。

表1に施設の主な仕様を示す。本施設では木質系廃棄物から再生ボード化等で再利用可能な木質系バイオマスを取り除いた後の，合板等を対象としている。熱分解ガスの燃焼により，熱分解ガス化に必要な熱を賄った上で，ボイラで発生させた3.0MPa，300℃の高温高圧蒸気は全量蒸気タービンに送られて1,400kWを発電する。この電力は事業所内他施設で利用される。

本施設で得られる炭化物は，同事業所内他施設で還元剤として外部から購入している細粒炭の代替利用を図る。また，それ以外に固体燃料としての利用も検討されている。

このように，本施設は事業所内他施設への電力と炭化物の供給が主な役割である。蒸気タービンの出力を減らして，事業所内の白煙防止設備や廃水処理設備へ蒸気を供給することも可能である。また，低温バグフィルタを用いた反応集塵式排ガス処理設備を備えて環境保全に配慮している。

3.4　運転状況

本施設は試運転を経て2005年4月から商用運転を開始した。以下に運転状況の概要を述べる。

第3章 バイオマス直接燃焼発電技術

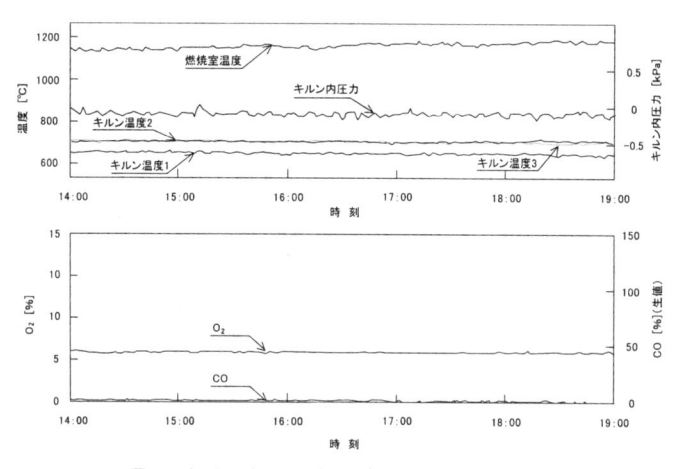

図2 ガス化温度，燃焼室温度と排ガス性状の経時変化

表2 受入れ木材チップ及び炭化物の性状

	木材チップ	炭化物
水分 [wt.%-WB]	28.2	—
灰分 [wt.%-DB]	2.1	7.1
揮発分 [wt.%-DB]	82.5	8.0
固定炭素 [wt.%-DB]	15.4	84.9
炭素 [wt.%-DB]	49.5	87.1
水素 [wt.%-DB]	6.12	1.64
総発熱量 [kJ/kg-DB]	19,700	31,510
真発熱量 [kJ/kg-DB]	18,320	31,130

表3 煙突排ガス性状

項 目		測定値	規制値
CO_2	(%)	11.6	—
NO_x (@$O_2$12%)	(ppm)	118	210
HCl (@$O_2$12%)	(mg/m^{3}N)	13	250
SO_x	(ppm)	18	283 (K値=3以下)
DXNs (@$O_2$12%)	(ng-TEQ/m^{3}N)	0.0084	0.1

3.4.1 ガス化性能

図2には間接加熱式ロータリキルンのシェル外表面温度，燃焼室温度及び炉出口排ガス性状の経時変化を示す。キルンシェル温度は650～700℃，燃焼室温度約1,100℃，炉出口O_2濃度約6％，CO濃度0～2ppmと安定的に炭化，ガス化とその燃焼が行われている。

表2には受入れ木材チップと得られた炭化物の性状を示す。木材チップは揮発分が82.5％と高いのに対し，炭化物中の揮発分は，十分な炭化・熱分解ガス化反応により10％以下に減少している。ガス化率はカロリーベースで約70％であり，計画どおり，1,400kWの定格発電を達成し

ている。また、炭化物の総発熱量は31.5MJ/kgと石炭とほぼ同等の発熱量を持つことがわかる。

3.4.2 運転安定性

図2のロータリキルン内圧力データに示す通り、供給量が短時間に20%程度変動する状況下であるにもかかわらず、0〜−0.15kPaであり、温度と同様に良好に制御されている。これは熱分解ガス生成量の変動も少ないことを示している。この結果、熱分解ガスの燃焼条件も安定しており、プロセス全体が急激な変動を起こすことなく安定に制御可能であることを確認している。

また、約1年間運転した結果、異物による炉内の損傷やキルンの減肉などのトラブルは確認されていない。

3.4.3 排ガス性状

表3に煙突排ガス性状の手分析測定値を示す。熱分解ガスの高温クリーン燃焼と、低温バグフィルタにより、ダイオキシン類(DXNs)及び塩化水素(HCl)、硫黄酸化物(SO_x)の酸性ガスについては規制値を大幅に下回る数値を得ている。窒素酸化物(NO_x)は、無触媒脱硝を利用し規制値である210ppm以下を十分満足しており、高い環境保全性能を発揮している。

3.5 炭化物の用途

炭化物の固体燃料利用方法の一つとして、バーナー燃料としての適用を検討している。バーナー設備計画に必要となる炭化物の粉砕性、自然発火性、燃焼性について検討を行った結果を以下に示す。

3.5.1 炭化物の粉砕性

粉砕性を表す指標であるHGIは通常石炭では40〜60である。炭化物のHGIは嵩密度が石炭の5分の1程度と大きく異なるため、規程どおりの評価は困難であるが、粉砕動力原単位を同等

表4 実機炭化物の粉砕試験結果

項目	目標	粉砕結果
75μm以下(%)	95以上	94.7
150μm以上(%)	—	0.1
平均粒径(μm)	—	29
全水分(%)	—	4.9

写真2 炭化物粉砕試験装置

第3章 バイオマス直接燃焼発電技術

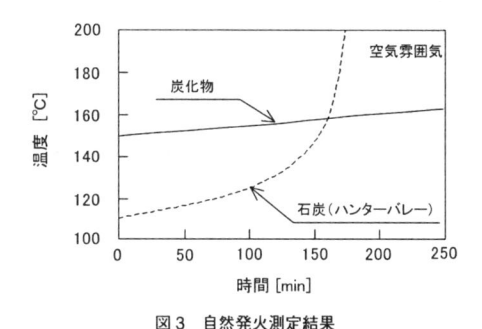

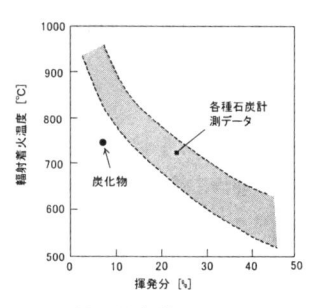

図3 自然発火測定結果

図4 揮発分と輻射着火温度の関係

としてHGIテスタで粉砕を行い,HGIを推定すると,100以上の数値を得た。また,HGIテスタでの粉砕微粉発生量が多いことなどからも,粉砕性は良好である。

本施設から得られた炭化物を,写真2のローラミル試験装置を用いて粉砕試験した。表4に粉砕試験結果を示す。バーナー燃料として用いるのに必要な粒度の75μm以下95%以上の条件がほぼ得られている。

3.5.2 炭化物の自然発火性

自然発火は炭層内で外部着火源無しに酸化昇温して発火にいたる現象であり,炭化物を取り扱う上で自然発火性の把握が必要となる。

断熱状態で試料の酸化昇温特性を測定できる自然発火測定装置により,石炭(瀝青炭)と自然発火性の比較を行った。試験結果を図3に示す。初期温度110℃にて試験を実施したところ,ハンターバレー炭は時間とともに緩やかに昇温し,約3時間後には200℃に達したが,炭化物は条件の厳しい150℃においてもハンターバレー炭のような急激な温度上昇は見られなかった。これは,炭化物の自然発火性がハンターバレー炭に比べ低いことを示すもので,安全性の観点からは一般瀝青炭と同様の管理基準で対応可能である。

3.5.3 炭化物の燃焼性

炭化物をバーナー燃料として利用する上で,重要な燃焼特性の一つである炭化物の着火性を把握するために,輻射着火温度測定装置により輻射着火温度を計測した。図4には測定された輻射着火温度と揮発分の関係を同装置でこれまでに測定した各種石炭のデータとともに示す。石炭の輻射着火温度は揮発分割合の増加につれ,低くなる傾向にある。炭化物については,揮発分が10%以下と低いにもかかわらず,良好な着火性を示しており,揮発分が20%程度の石炭と同等の輻射着火温度となっている。

また上記に加え,基礎燃焼試験により炭化物は石炭に比べ良好な燃え切り性を示しており,

バーナー燃焼による固体燃料利用が十分可能である。

3.6 まとめ

間接加熱式ロータリキルンによる炭化・ガス化発電システムにより,木質系バイオマスを電力及び炭化物に変換し利活用を図る新たなシステムを実用化した。また,本システムによる炭化物はバーナ燃焼による固体燃料利用が十分可能であること確認した。

本システムをベースに引き続きユーザーニーズに合ったシステムを構築し普及を図るとともに,さらなる改良や新技術開発を行い,カーボンニュートラルであるバイオマス資源の有効利用促進という社会要請に応えてゆく所存である。

文　献

1) 三菱重工技報,VOL.42 NO.4 (2005)

4 粗トール油を利用したバイオマス発電

堤　哲也[*]

4.1　はじめに

2005年2月16日に京都議定書が国際協定として発効したことを受け，化石燃料代替としての新エネルギー創出事業への関心が高まっている。現時点においてはコスト面での課題は残るが風力発電と太陽光発電が主たる対策として脚光を浴びている中で，バイオマス（生物資源）発電事業が第三の柱として徐々に導入が始まっている。バイオマスは，カーボンニュートラルという特性をもっており，化石燃料代替としてCO_2排出量の削減に寄与する。たとえば，樹木を燃料にした場合CO_2が発生するが，そのCO_2は，樹木が成長する際に吸収される。このように，木を燃やしてもそこから発生するCO_2は再び植物体に吸収され，地球温暖化という観点からプラスマイナスゼロという考えである。

政府の支援事業も拡大しつつあるといえる。2002年1月にバイオマスが経済産業省から新エネルギーとして追加認定され，2003年4月には電気事業者へ新エネルギー創出を義務づけるための「新エネルギー利用に関する特別措置法（RPS法）」が施行され，現在に至っている。

このような流れを受けて，ハリマ化成は「粗トール油を利用したバイオマス発電事業」に注目，2003年9月に「マツから抽出された粗トール油を精留した後の排出油を燃料としたバイオマス発電事業」が経済産業省より「新エネルギー事業者支援対策事業」として認定されたことを機に，事業の具体化に向けての設備建設を進めてきた。2004年6月に着工，2005年2月には設備を完成，3月から本格稼働が始まっている。

そこで今回は，当社の根幹である循環型事業（図1）の一環としてのバイオマス発電事業について紹介する。

4.2　バイオマス燃料について

バイオマスエネルギーの原料としては，廃棄物系と植物（栽培物）系とに大きく分かれる。廃棄物系バイオマスは，製紙業などの過程で排出される黒液，チップ廃材，農林・畜産業の過程で排出されるもみがら，牛糞など，および一般廃棄物（ごみ，廃食油など）を燃焼させることによって得られる電力・熱を利用するものである。一方，植物系バイオマスは，サトウキビ，ナタネなどの植物を燃料用アルコールなどに転換して利用するものであるが，わが国においてはエネルギー利用目的の作物栽培は経済性などから実用化段階に至っておらず，まだ開発段階といえる。

新エネルギー供給の内訳（2002年度）として太陽光，風力，バイオマスなどの発電や熱利用

---

[*] Tetsuya Tsutsumi　ハリマ化成㈱　環境品質管理室　担当課長

バイオマス発電の最新技術

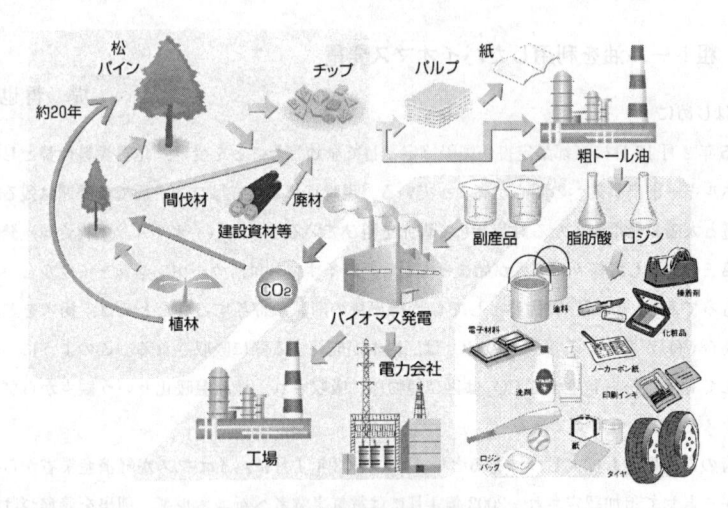

図1 当社の循環型事業の仕組み

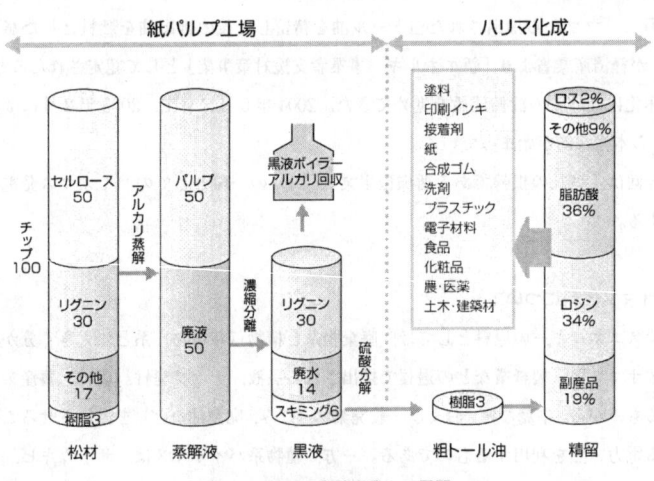

図2 マツから当社事業への展開

があるが，新エネルギーの約60％が黒液を燃料としたものである（資源エネルギー庁，施策情報「新エネルギー導入の現状と目標」より）。黒液とは，図2に示されているように木材チップからパルプを取り出した後に残る黒い液体である。紙用のパルプを作るための木材チップの素材

第3章 バイオマス直接燃焼発電技術

としては製材時に発生する端材および間伐材が主として利用されているが,チップは繊維が主成分であるセルロースと繊維を結合する役目のリグニンや松脂,水分などから構成されており,化学薬品を加え高温高圧で蒸解して繊維を取り出す一方,油脂やリグニンなどが化学薬品に溶け出したものが黒液と呼ばれている。日本製紙連合会によると,日本の製紙産業の消費エネルギー(2003年度)のうち,約3割を黒液で賄っている(図3)。

当社のバイオマス燃料は,黒液から有効成分(粗トール油)を抽出,さらに精留によってロジン,脂肪酸を抽出した残りの副産品を利用している。黒液中には,マツ材中に存在するロジン,脂肪酸が前述の蒸解過程でけん化され石けんとなって含まれている。これを濃縮すると無機塩で塩析されスキミング(ペースト状の石けん)が得られる。このスキミングを回収し,硫酸分解することによりロジン,脂肪酸を含んだ粗トール油を得ることができる。当社は粗トール油を米国から輸入し,これを精留することで塗料用樹脂,印刷インキ用樹脂,製紙用薬品などの主原料となるロジン,脂肪酸などの天然化学品を製造している。従来から精留時に発生するトール油副産品を燃料として利用し,ハリマ化成全体の熱エネルギーの大半を賄っていたが(図4),このたびトール油副産品の有する高発熱量(約3万6,000kJ/kg)に着目し,有効利用をさらに推し進める目的で,コージェネレーション

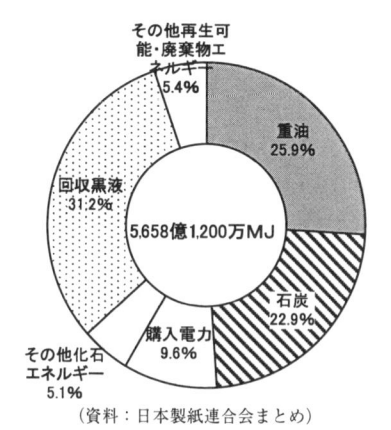

(資料:日本製紙連合会まとめ)

図3 国内製紙産業の使用エネルギー(2003年度)

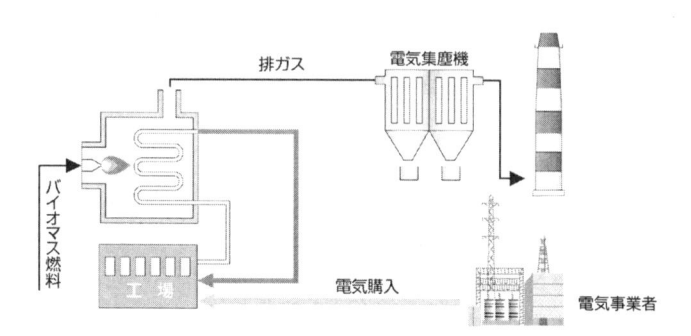

図4 従来の蒸気供給システム

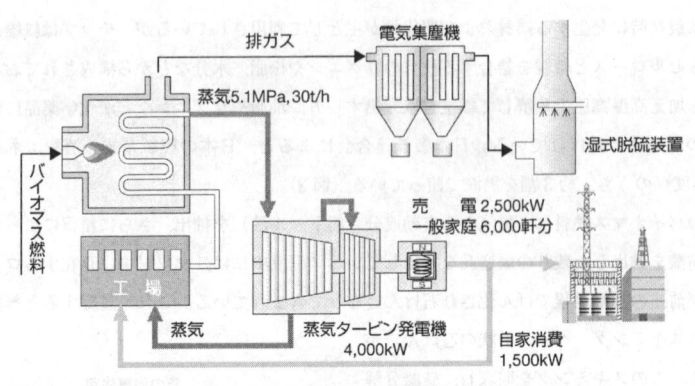

図5 新設バイオマス発電システム

としてのバイオマス発電事業に取り組んだ（図5）。トール油副産品は粗トール油の約30％を占めており，これを燃料としてボイラーで高温高圧蒸気を発生させて蒸気タービン発電機設備で蒸気と電気を作り出している。

4.3 バイオマス発電の特徴

「新エネルギー利用等に関する計画の認定基準」で要求されているバイオマス発電設備の「バイオマス依存率60％以上」に対して「100％」，蒸気タービン方式での「発電効率10％以上」に対して「19.7％」であり，認定基準値を十分満足している。黒液を用いたバイオマス発電はすでに製紙会社により稼働しているが，トール油副産品を燃料とする発電は日本で最初であり，次のような特徴および新規性を有している。

4.3.1 マツを原料とする燃料油による安定発電設備

今回使用する発電用燃料は，マツから抽出された粗トール油の精留後の副産品であるが，これは100％バイオマス資源である。この粗トール油からの副産品を燃料とする発電は，わが国では初めての設備となる。

4.3.2 トール油副産品の物性

トール油副産品は黒色の熱可塑性粘稠物であり，高温ではさらさらして水のようであるが，100℃以下になると流動性が低下し，固まってラインに詰まったりする（表1，写真1）。通常の燃料油燃焼ボイラーと異なって，適度の噴霧状態にするため燃料予熱が可能な温度調節装置を備えている。トール油副産品の灰分は，約1％と高い値となっている。灰は主に酸分解後，粗トール油中に残留した硫酸ナトリウムである。

第3章 バイオマス直接燃焼発電技術

表1 トール油副産品の代表的な性質

性状	黒色,熱可塑性粘稠物
軟化点,℃	40
比重,40℃	0.997
粘度,mP·s	900（80℃）
灰分,%	1.0

写真1 トール油副産品

4.3.3 新型ボイラーの開発

副産品は灰分が多いため,燃焼時に溶融付着性の強い灰が発生し,蒸発管,煙道,エコノマイザーなどに付着し,ボイラーの性能低下を引き起こす。今回,最適スートブロー技術,最適添加剤注入技術および最適溶融排出技術を組み込んだ最新型ボイラーを開発することにより,全量燃焼を可能とした。

写真2 バイオマス発電設備全景

4.3.4 RPS法による設備認定を前提とした発電事業

本計画は,工場内電力・蒸気供給とあわせてRPS法施行に伴い必要性の高まる新エネルギーによる電気を供給しようとする事業を目的としており,最大4,000kWというバイオマス燃料100％の設備としては最大規模の発電設備である。設備概要としては,30トン/hボイラー,4,000kW級の蒸気タービン発電機,排煙脱硫設備などから構成され（表2,写真2),当社加古川製造所が使用する蒸気と電力の全量を賄い,余剰電力は新エネルギー電力として売電することによって年間1万2,000トンのCO_2の削減効果が見込まれる。

4.4 おわりに

CO_2削減努力および新エネルギー利用は従来からも行われてきたが,今回のRPS法施行により,いっそう積極的に行うことが求められている。今回のシステムは工場操業に支障のない範囲で,可能な限り発電出力を大きくし,受給側にとってRPS法による設備認定を取得している価値の高い電力が供給される。この試みは今後の新エネルギー利用のモデル事業となると考えられる。当工場の成果が明らかになれば,特にバイオマス燃料となる資源をもつ企業などは全国にた

51

バイオマス発電の最新技術

表2 バイオマス発電主要設備仕様

■主要機器		
ボイラー	燃　料	トール油副産品（バイオマス燃料），発熱量約 36,000kJ/kg
	形　式	自然循環式二胴水管ボイラー
	蒸発量	30,000kg/h
	蒸気条件	5.1MPa/355℃
タービン	形　式	8段衝動抽気復水式
	出　力	4,000kW
	蒸気条件	5.0MPa/350℃
発電機	形　式	3相交流同期発電機
	容　量	4,444kVA
	電　圧	6,600V
	力　率	90％（遅れ）
■環境保全対策設備		
集塵装置	形　式	電気式（乾式）
脱硫装置	形　式	湿式（水酸化マグネシウム法）
脱硝対策	形　式	低 NO_x バーナー

くさんあると思われ，広く普及効果が期待できる。また，当該設備の導入効果を地元自治体などにPRすることにより，当工場の地球環境保全および地球環境負荷低減に対する姿勢，努力をアピールでき，当工場に対する地元住民のさらなる理解が深まることも期待できる。

　地球環境問題は，企業にとって最大の関心事の一つであり，地球温暖化防止に向けての取り組みは社会的責任といえる。「自然の恵みをくらしに活かす」を理念に掲げている当社にとって，当事業は地球環境保全へのさらなる貢献につながるものと考えている。

第4章 バイオマスガス化発電技術

1 ガス化発電技術の海外動向

森塚秀人*

本節では,以前よりバイオマスによる熱供給が盛んに行われ,最近はバイオマスガス化炉を用いた熱併給発電システムの研究開発が盛んに行われている欧州の技術動向について解説する。本節で取り上げた欧州の代表的バイオマスガス化発電関連設備を図1,表1に示す。

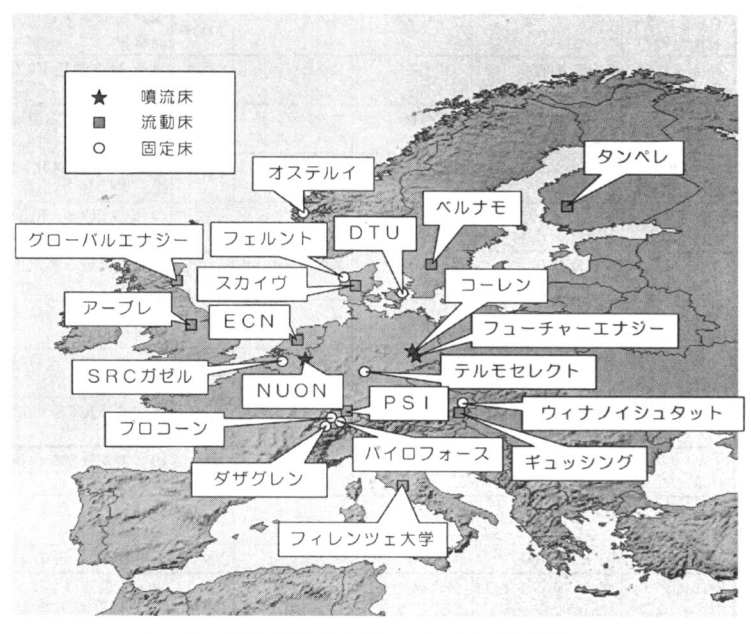

図1 欧州の代表的バイオマスガス化発電関連設備

* Hideto Moritsuka ㈶電力中央研究所 エネルギー技術研究所 上席研究員

バイオマス発電の最新技術

表1 欧州の代表的バイオマスガス化発電関連設備一覧

	プラント名	原動機/出力 (kW)	所在地	国籍	運開年	備考
固定床・下降流	プロコーン	ガスエンジン/700	ガンツゲン	スイス	1998～	元HTV社ガス化炉，商用炉
	ダザグレン	ガスエンジン/55		〃	2001～	固定床ガス化発電実証炉
	パイロフォース	ガスエンジン/200	シュピーツ	〃	2002～	固定床ガス化発電実証炉
	ウイナノイシュタット	ガスエンジン/500	ウイナノイシュタット	オーストリア	2004～	固定床ガス化発電所，湿式EP
	SRCガゼル	ガスエンジン/150	ブリュッセル	ベルギー	2000～	コピス用固定床ガス化実証炉
固定床・上昇流	テルモセレクト	ガスエンジン/900	アンスバッハ	ドイツ	2003～	標準的な廃棄物用ガス化商用炉
	デンマーク工科大学(DTU)	スターリングエンジン	コペンハーゲン	デンマーク	2002～	2段ガス化炉（バイキング炉）
	ハーボーレ	ガスエンジン/1,500	ハーボーレ	〃	2000～	熱供給炉を熱電併給に改造
	パイロアーク	ガスエンジン/450	ベルゲン	ノルウェー	2002～	なめし皮屑用ガス化実証炉
循環流動床	パウルシェラー研究所(PSI)	―	フィリゲン	スイス	2000～	本格的バイオマスガス化試験炉
	バイオフロー	IGCC/6,000	ベルナモ	スウェーデン	1996～	世界初の加圧IGCC，改造済
	タンペラ	ガスエンジン/5,000	タンペレ	フィンランド	1996～	カルボナ加圧循環流動床商用炉
	オランダ国立研究所(ECN)	ガスエンジン/200	ネイメーヘン	オランダ	2002～	バイオマスガス化試験炉
	ARBRE	IGCC/9,000	エッグボロー	イギリス	2000～	コピスIGCC，BDIが購入
	グローバルエナジー	GT/80,000	ファイフェ	スコットランド	改造中	熱供給設備を熱電併給に改造
	スカイヴェ	ガスエンジン/2,000	スカイヴェ	デンマーク	建設中	カルボナ常圧循環流動床商用炉
	エナジーファーム	IGCC/15,000	カスチナ	イタリア	中止？	メーカー変更後詳細は不明
FICFB	ギュッシング	ガスエンジン/2,000	ギュッシング	オーストリア	2002～	大容量FICFBガス化発電
噴流床	フューチャーエナジー社	―	フライブルク	ドイツ	2002～	旧ノエル社ガス化技術を継承
	コーレン社	FTプロセス	フライブルク	〃	2002～	CARBO-V，合成ガス用，発電も可
	NUONパワー	IGCC/253,000	ブフナム	オランダ	2002～	石炭IGCCで混焼試験中
	GE-イェンバッハ社	ガスエンジン/200～2,000	イェンバッハ	オーストリア	1957～	以上の殆どのプラントに納入したガスエンジンメーカー
	フィレンツェ大学	MGT/100	フィレンツェ	イタリア	2000～	ターベック社と共同でバイオマスMGTを開発

第4章　バイオマスガス化発電技術

1.1　固定床ガス化技術

1.1.1　上部開口型ガス化炉（インド科学院）

　インド科学院（Indian Institute of Science/IISc）ムクンダ博士グループは，主に廃材・農業廃棄物から発電を行う上部開口型固定床ガス化発電を開発した。IIScでは，本技術を製造できるメーカーにライセンスを与えて，製造・販売が行われている。欧州ではダザグレン社（スイス）が製造・販売ライセンスを取得し，最近，㈱サタケがわが国およびアジア諸国への製造・販売ライセンスを取得した。

　上部開口型固定床バイオマスガス化発電システムは，固定床バイオマスガス化炉＋サイクロン・水洗塔・バグフィルタ＋エンジンである。図2にシステム系統図，図3にガス化炉外観（㈱サタケ），ディーゼルエンジンを示す（ダザグレン）。5cm角に粗粉砕し水分を15％以下に乾燥

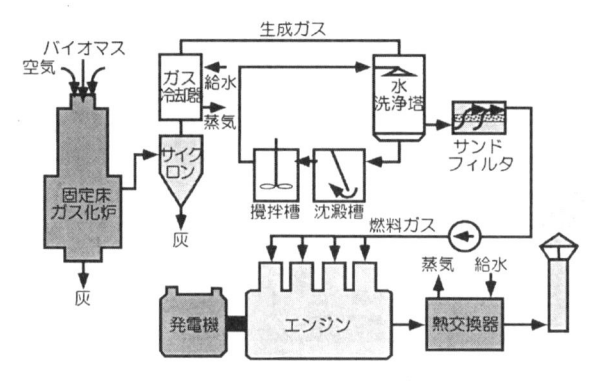

図2　上部開口型バイオマスガス化発電プラント構成図

図3　上部開口型バイオマスガス化炉試験装置とエンジン

させた木片をガス化炉頂の投入口から供給する。もみ殻や下水汚泥等はブリケットマシンにより直径4cmのブリケットに成型して供給する。ガス化炉は耐火レンガで内張りしたドンガラで，上部は2重構造になっており，外側に生成ガスを通して燃料を予熱する。予熱された燃料はガス化炉本体に入り，2次空気で部分酸化される。炉内温度は900℃以上になるため，タールの発生は少ない（100mg/m^{3}N）。ダストはサイクロンで粗取りし，第1，第2水洗塔，バグフィルタで除去する。第2水洗塔は7℃の冷水によりタールミストを除去する。エンジンは点火プラグ付きガスエンジンでもディーゼルエンジンでも良いが，後者では熱量比25%程度軽油を混合する必要がある。シンプルな装置のため運転が容易であり，所内動力も少ない。本設備は15%程度の送電端（高位）効率であるが，木質バイオマスの他多くのバイオマスが使用出来，既にインドには1,200kWの発電所が建設されている。

1.1.2 ウィナノイシュタット（Weaner Neustadt）

同発電所はウィーンの南ウィナノイシュタットにあるEVN社のバイオマスガス化発電所である。本プラントには固定床バイオマスガス化炉が採用されている。図4にシステム構成図を示す。バイオマス（丸太から切り出した3cm角の木片）はまず乾燥器（キルン型）で水分20%程度まで乾燥された後，固定床ガス化炉上部から供給される（図5）。空気はリング状の分配器を通してガス化炉周りから供給され，木片は熱分解，ガス化されて炉底から排出される。生成ガス

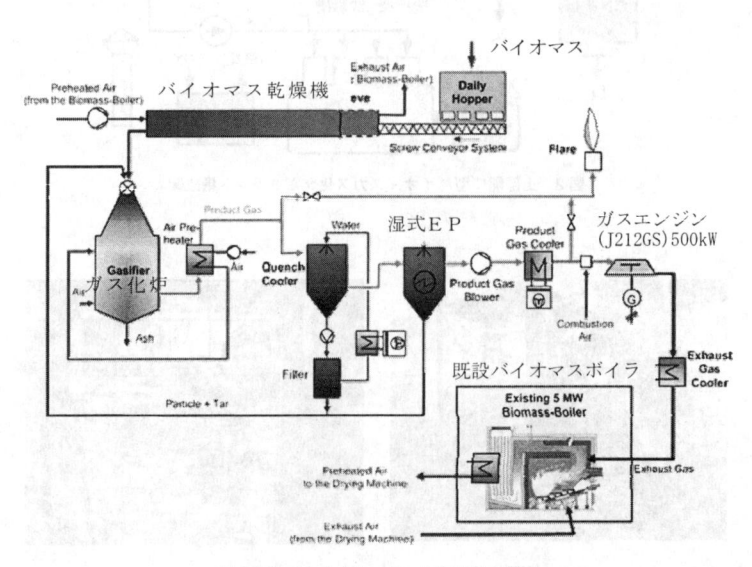

図4 ウィナノイシュタットシステム構成

第4章 バイオマスガス化発電技術

（600℃）は，熱交換器で熱回収し，水洗浄塔でタールを除去した後，湿式EPにより微細ダスト，タールを除去し，イェンバッハ社500kWガスエンジン（J212GS）を回す。ガス化炉から排出されたバイオマス炭化物は後流のボイラで燃焼し，バイオマス乾燥用の熱源に利用している。

1.1.3 パイロフォース炉（Pyroforce）

パイロフォース社は，シンプルな固定床ガス化炉とガスエンジンを組合せた木質バイオマスガス化発電プロセスの開発を行っており，スイス軍シュピーツ研究所内に発電出力200kWの小型実験設備を建設し，試験を行っている。電気は電力公社に売り，発生する蒸気は研究所ビル，宿泊施設の暖房に使っている。本プロセスは固定床ガス化炉で，燃料バイオマスは樹皮を除いた木片を乾燥器で水分20％に乾燥させて，定格200kg/h供給する。固定床ガス化炉出口ガス温度は610℃，生成ガス発熱量は1,000kcal/m³N前後。炉内形状を工夫してタール発生を低く抑えている。コールドスタートは1～2日，週末スタートは1～2時間。ガスエンジンはイェンバッハヒャー社J208GS。ガス精製設備はバグフィルタと水スクラバの組み合せである。2001年より約

図5　ガス化炉

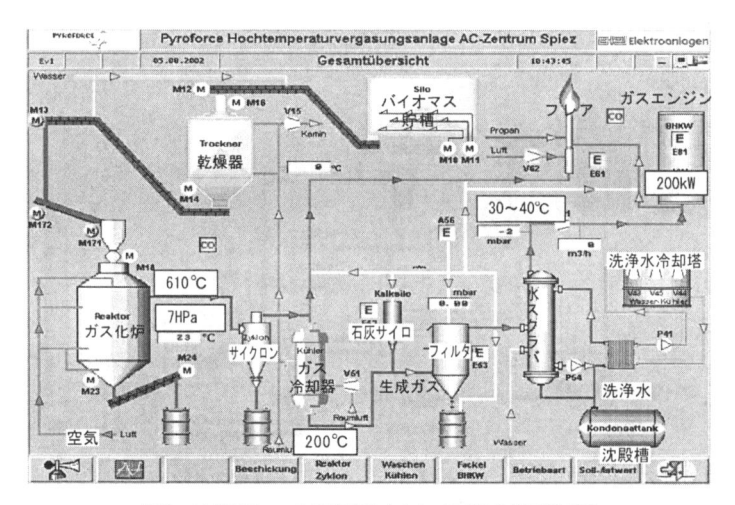

図6　パイロフォース社固定床バイオマスガス化発電構成図

4年間研究開発している。同設備は実験設備であるため，設備コストは20万スイスフラン＝約1.8億円（図6）。

1.1.4 フェルント炉（Volund）

北欧諸国では古くから森林バイオマス（間伐材）の利用が行われているが，主に地域暖房用の熱源としての利用であり，発電にはほとんど使われていない。しかし最近森林バイオマスを用いたガス化発電が注目され，スウェーデン，デンマークを中心にバイオマスガス化熱併給発電所が数カ所建設され（建設中のもの多数），運転されている。

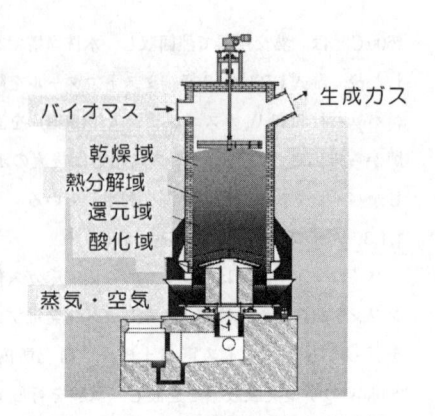

図7 フェルント社上昇流型固定床ガス化炉

フェルント社は，デンマークのバイオマスガス化炉メーカーであるが，1990年代に建設されたハーボーレ熱供給プラントに自社上昇流型固定床バイオマスガス化炉（フェルント炉），ガス精製，ガスエンジンを追加することにより，発電出力1,500kW，熱出力約2,000kwの熱併給発電所に改造し，2000年より運転を行っている。

本プラントには，図7に示す上昇流型固定床ガス化炉が採用されている。旧設備を用いて100mmアンダーに砕砕した水分35〜55％の木材チップを炉頂より供給し，乾燥領域，熱分解領域，還元領域，酸化領域を経てガス化され，灰分を炉底から取り出す。灰中の未燃炭素分は2％

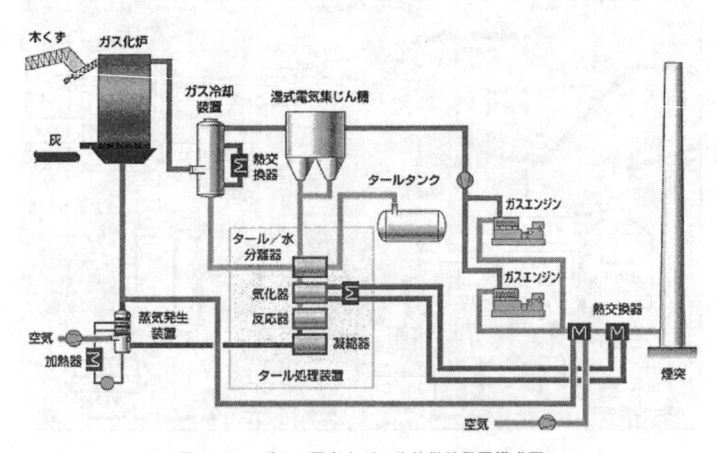

図8 ハーボーレ固定床ガス化熱併給発電構成図

第4章 バイオマスガス化発電技術

程度である。生成ガスは，冷却後，湿式電気集じん器によりタール分を除去，精製してイェンバッハ製ガスエンジン（J320GS）2台により発電を行う（低格1,380kW）。排ガスは，熱回収ボイラにより蒸気として回収し，約2,700kWの蒸気を地域熱供給する。なお冬季は，生成ガスを既設ボイラに供給し，4,200kWの蒸気を発生させる。熱効率は29%（低位），総合熱利用率は86%と発表されている。図8にハーボーレ発電所の構成を示す。

1.1.5 デンマーク工科大学（デンマーク・コペンハーゲン，http://www.mek.dtu.dk）

デンマーク工科大学機械工学部バイオマスガス化研究チームのヘンリクセン助教授の研究チームはバイオマスガス化炉の開発を行っている（図9）。

同研究チームの研究テーマは次の3つである。

① 炭素変換機構の解明（熱分解＋チャーガス化）
② 反応炉設計（ガス化プロセスのモデル化）
③ 新しいガス化プロセスの開発（低温CFBガス化炉）

同研究チームでは，17kg/hk 2段式ガス化実験炉（バイキング炉），バグフィルタ，18kWガスエンジン（ドイッチェ製）を開発し，木材チップによる500時間のガス化試験に成功した。試験装置熱効率は25%程度であるが，今後10倍にスケールアップすれば，ガスエンジンの効率が上がり，約35%になると予想している。

また，同研究チームでは，デンマーク流動床テクノロジー社と共同研究により熱入力500kW低温CFBガス化炉（豚骨粉，700℃で運転）とCOWI社との共同研究により新しい2段流動床ガス化炉を研究開発中であり，実証試験を実施中であったが，大学にしては大掛かりな実験装置を製作，運転している。

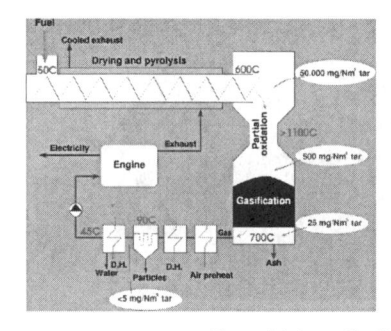

図9 バイオマスガス化実験炉（バイキング炉）

1.2 流動床ガス化技術

1.2.1 ギュッシング（Guessing）

オーストリアはバイオマス発電に力を入れており，従来型の循環流動床ボイラに加えて，新しいバイオマスガス化発電技術の開発を進めており，2002年末，ウィーンの南，ハンガリーとの国境近くの小さな町ギュッシングに発電出力2,000kWのバイオマスガス化発電プラントが稼動した。ギュッシング町では再生可能エネルギー（バイオマス発電，バイオ油，太陽電池，風力発電）で町全体のエネルギーを賄う計画である。

本プラントには高速内部循環流動床（FICFB）と呼ばれる特殊なバイオマスガス化炉が採用されている。FICFBガス化炉は荏原製作所のIGFCと同様に流動床ガス化炉（バブリング流動床）と燃焼炉（循環流動床）を組合せたものであり，ガス化炉に供給されたバイオマスは蒸気によりガス化され，未反応炭素分はベッド材とともに炉底から燃焼炉に入り燃焼される。燃焼炉で加熱されたベッド材はサイクロンで捕集されてガス化炉に入り，ガス化反応に必要な熱を供給する。FICFBは生成ガス中に窒素が入らないので，純酸素を使用せずに中カロリーガスが得られる（図10）。

ガス化炉に3～5cm角木材チップ2,000kg/hをスクリューフィーダで供給する。ガス化炉運転

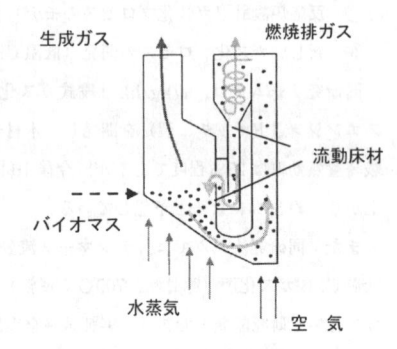

図10　FICFBガス化炉の原理

図11　FICFBバイオマスガス化炉とガスエンジン（J620GS）

第4章 バイオマスガス化発電技術

温度は860℃,燃焼炉運転温度は900℃,ガス化用蒸気は600kg/h (380℃)。生成ガスは160℃まで冷却した後,バグフィルタとバイオ油を用いたガス洗浄塔で洗浄した後,イェンバッヒャー社2,000kW ガスエンジン (J620GS) を回して発電を行う。2000～2001年建設,建設費は900万ユーロ (約12.6億円)(図11, 12)。

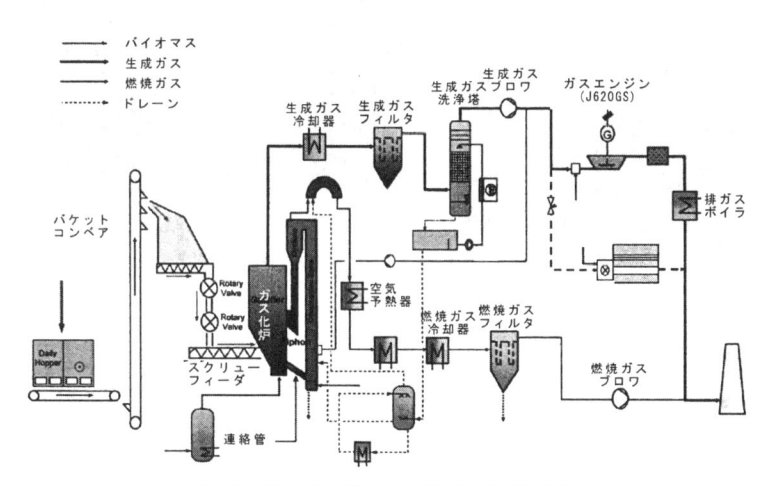

図12 ギュッシングFICFBガス化発電所系統図

1.2.2 ルルギ炉 (Lurgi)

スイス国立研究所パウルシェラー研究所 (Paul Schrerrer Institute/PSI) では,一般エネルギー研究部門 (General Energy/ENE) のエネルギー・物質循環研究部 (Energy Materials Cycles/EMC) で,主にバイオマスをガス化する場合の,化学的挙動,生成ガスの性状,タールの性状等の把握を目的として,ルルギ社循環流動床ガス化炉を用いたバイオマスガス化の研究を実施している。図13に実験装置の概観および使用する木材チップを示す。

本ガス化炉は,循環流動床ガス化炉による各種バイオマス燃料のガス化特性を把握するために,ルルギ社により設計,スイスメーカーで製造,設置したもので,炉内温度を一定に制御するため,反応容器の周りに5段のシース加熱器が付けられている。

使用するバイオマスはスイスで一般に市販されている木材チップである。ガス化試験は,炉内の流動状態を維持するため,炉底からのガス化剤空気 (または酸素) の流量を一定にし,供給するバイオマス量を変化させて行う。サイクロンで生成ガス中の未燃固形分を捕集する。生成ガスはガス分析計により,ガス性状,タール分の性状分析を行っている。

61

図13 PSIの循環流動床バイオマスガス化炉の外観と木材チップ

1.2.3 カルボナ社（CARBONA）

　カルボナ社は，1989年に米国Uガス社石炭ガス化炉技術のライセンスを取得し，IGT社として設立され，その後タンペラ社，タンペラパワー社，エンヴィロパワー社と社名を変更し，1996年に現在のカルボナ社となった。同社は石炭ガス化，バイオマスガス化炉の専門メーカーであり，容量に応じて，

・固定床ガス化（熱入力1,000kW～1万5,000kW）：ガスエンジン用燃料ガス供給（NOVELガス化炉）

・低圧循環流動床ガス化（熱入力5,000kW～10万kW）：ボイラ用燃料ガス供給（バイオマスリパワリング），石炭石/セメントキルン用ガス供給ガスエンジン用燃料ガス供給

・高圧循環流動床ガス化（熱入力2万～20万kW）：IGCC発電，化学プロセス・浄化ガス用合成ガス製造のガス化技術を有している。

　同社は1997年フィンランドのタンペラ発電所に常圧流動床ガス化-ガスエンジン発電所を建設し，運転を行っている。また，デンマークのスカイヴに同方式のバイオマスガス化発電所，フィンランドのコケメキに1,800kW固定床バイオマスガス化発電所，インドのアンドラプラデシュに1万2,500kW加圧循環流動床バイオマスIGCC発電所を計画している。複合発電装置は4,700kWのガスタービン2台，4,000kW蒸気タービン一台，熱効率は37％（低位）と発表されている。この発電所は，ベルナモ以来の本格的バイオマスIGCC発電所として注目に値する。図14にスカイヴバイオマスガス化発電所（タンペラもほぼ同じ），図15にコケメキバイオマスガス化発電所，図16にアンドラプラデシュバイオマスIGCC発電所の構成図をそれぞれ示す。同

第4章 バイオマスガス化発電技術

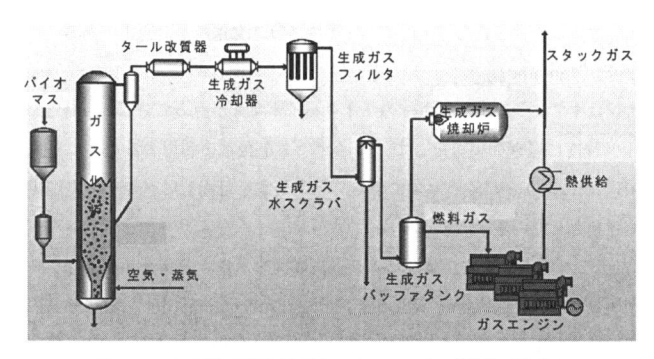

図14 スカイヴ加圧循環流動床バイオマスガス化発電所構成図

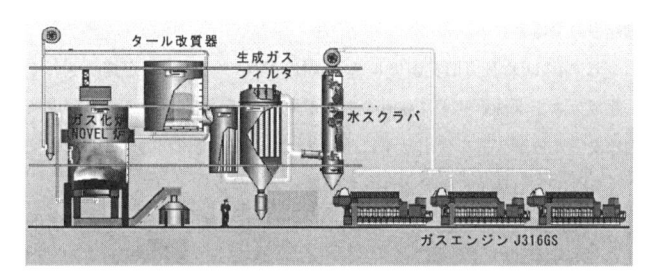

図15 コケメキ固定床バイオマスガス化発電所構成図

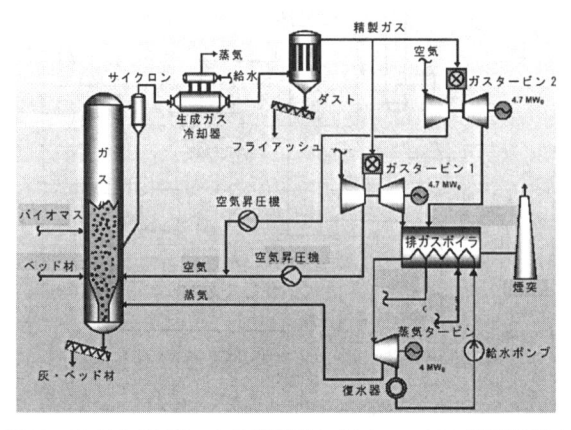

図16 アンドラプラデシュ加圧循環流動床バイオマスIGCC発電所構成図

社は米国に米国カルボナ社を持ち,米国にバイオマスガス発電所を計画中である。

1.2.4 ベルナモ (Varnamo)

スウェーデンはすでに一次エネルギーの1/4をバイオマスが占めているが,発電に利用されているものは1%程度に過ぎない。そこで,バイオマスを発電に利用するため,シッドクラフト (Sydkraft AB) 社により,バイオマスによる高効率発電を目指してベルナモ実証複合発電プラントが建設,運転されている。

図17にベルナモバイオマス複合発電プラント構成図を示す。同プラントにはシッドクラフト社とフォスターフィラー社 (Foster Wheeler Energy International Inc.) により共同開発された空気吹き加圧循環流動床ガス化炉が採用されている。ガス化炉は18気圧,950℃で運転されている (図18)。ガス冷却器により350〜400℃に冷却された生成ガスは,ドイツのシューマッハ社 (Schumacher GmbH) のセラミックキャンドルフィルタにより脱じんされた後,ガスタービン複合発電に供給され発電される。

ガスタービンは英国DDI社 (旧英国アルストム社) 製のタイフーンが採用されている。本プラントでは,生成ガスを水洗いせずに高温のままガスタービンに供給するため,タール分の固着が無く,特別なタール分解装置を使用せずに運転されている。発電出力は6,000kW,熱供給量は9,000kW,熱効率は32% (低位) と発表されている。

1993年より3年間運転された後,プロジェクトが終了し放置された。運転期間中,ガス化炉

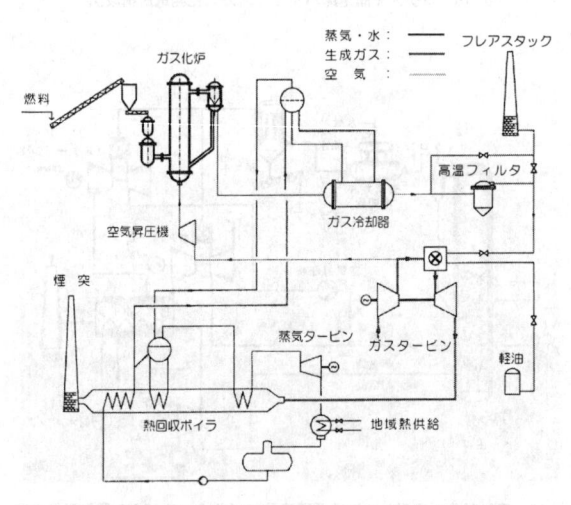

図17 ベルナモバイオマスガス化IGCCプラント構成図

第4章 バイオマスガス化発電技術

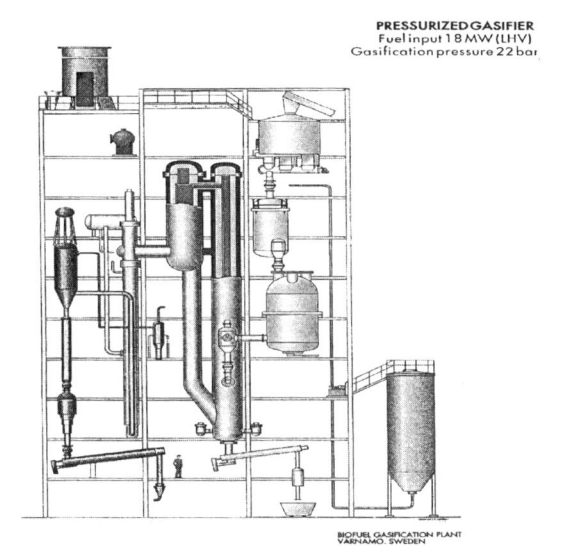

図18 ベルナモバイオマスガス化炉

のトラブルは報告されていないが,セラミックキャンドルフィルタは数回の破損事故があり,最終的にモット社 (Mott Corp.) 製の金属キャンドルフィルタに交換された。

プロジェクト終了後,放置されていたが,2000年より,新規プロジェクトCRISGASが開始され,木質バイオマス以外のバイオマス燃料(麦藁,RDF)ガス化試験を開始した。また,バイオマス燃料製造設備を増設する計画らしい。図19にバイオ燃料製造装置を付加した同プラントの改造後の構成を示す。

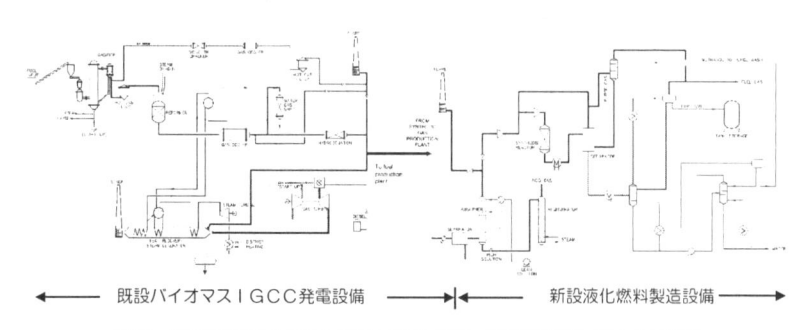

図19 改造後のベルナモバイオマスIGCC発電・液化燃料製造プラント構成図

1.2.5 アーブレエナジー社（ARBRE）

英国ではEC再生可能エネルギー利用発電の3プロジェクトの一つとして（他2つはエナジーファーム，バイオサイクル），ファーストリニューアブル社（First Renewables Ltd./KELDAグループ）等で組織されたアーブレエナジー社により，成長の速いバイオマス短伐採植物コピス（ポプラまたはヤナギ科/Copis）を用いた1万kWの画期的なアーブレバイオマスガス化複合発電プラントが建設された。

ガス化炉はスウェーデンのTPSテルミスカプロセッサ社（Termiska Processer AB），ガスタービンはベルナモと同じ英国DDI社のタイフーンが用いられている。伐採された燃料は，粉砕乾燥され，循環流動床ガス化炉に供給され，1.5気圧，850℃でガス化される。同時に発生するタール分は次のタール分解炉でドロマイトにより分解される。その後，バグフィルタで細かい粒子を除去したのち，重金属を希硫酸で洗浄する。精製ガスは，ガス圧縮機で加圧された後，ガスタービン複合発電に供給され発電される。発電端熱効率は31％（低位）である。図20にアーブレプラント構成図を示す。

2002年8月に，燃料コスト高による発電コスト高と，技術の将来性に難があるとして，ファーストリニューアブル社がアーブレエナジー社を清算すると発表したため，新しい出資者が見つかるまで2年間運転が停止した。最近になってBDI（Biomass Development Institute）社が同プラントを購入し，運転再開に向けてプラントの調整中であるといわれるが，現在までに再開したという情報は無い。

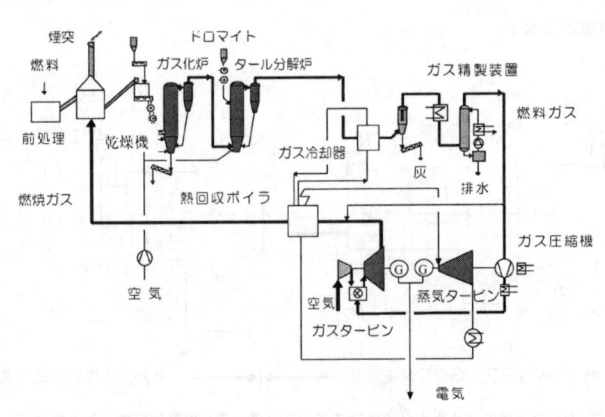

図20　アーブレバイオマスIGCC発電プラント構成図

第4章 バイオマスガス化発電技術

1.3 噴流床ガス化技術
1.3.1 コーレン社（CHOREN）

　コーレン社は，C：炭素，H：水素，O：酸素，REN：再生可能エネルギーの頭文字を取ったもので，ベルリンの壁崩壊後の1990年にヴォルフ博士により設立された会社である。同社はバイオマスガス化発電として，横置き炭化炉と噴流床ガス化炉を組合せた CARBO-V プロセスを開発・実用化している。図21にプロセス構成図を示す。本プロセスは電中研のバイオマス炭化・ガス化炉に似ている。ただしバイオマス炭化炉は横置き型で加圧（0.3MPa），少量の空気を供給してバイオマスの反応熱により熱分解・炭化を行う（外部加熱不要）。水分を多く含むバイオマス燃料（麦藁，家畜糞，スラッジ等）を処理できる。発生した熱分解ガスは次の噴流床ガス化炉頂部バーナーからガス化炉に供給され，空気または酸素により燃焼される。炭化炉から排出する炭化物は一旦大気圧に減圧し，破砕機により粉砕した後，再加圧してガス化炉下部に供給しガス化される。

　同社試験場には200kg/h（熱入力1,000kW）の小型試験装置（α炉）と10トン/h（熱入力48MW）の大型試験装置（β炉）があり，β炉は高さの制約からガス化炉をU字型に2筒構造に変更している。α炉には生成ガスを液化するF-Tプロセスを設置している。β炉のF-Tプロセスを2005年から建設し，2006年前半に完成予定である。

　ドイツは，2010年までに国全体のディーゼル油消費量の4％をバイオディーゼル油で賄う方針である。同社はF-Tプロセスによる石油代替燃料合成プロジェクト（VW，BP，サソール，シェルとの共同開発，同社はサンディーゼル油と呼ぶ）を進めており，サンディーゼル製造プラ

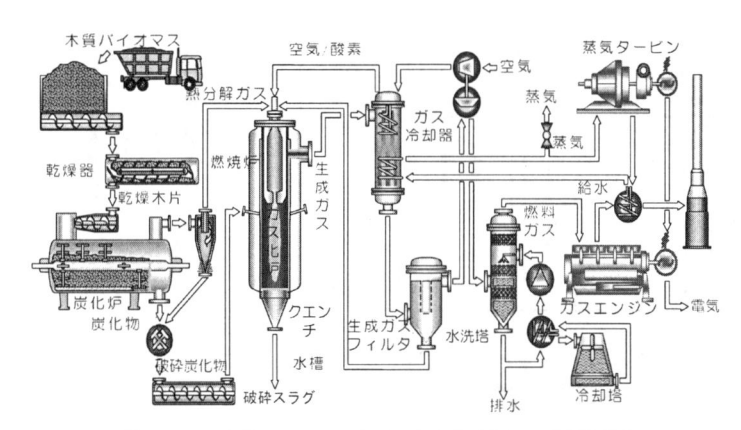

図21　コーレン社 CARBO-V プロセスによるバイオマス発電構成図

ントを5プラント建設する計画であり，一号プラントが2009年に完成する予定である。CARBO-Vプロセスはバイオマスからの合成燃料製造を主とするが，発電も可能であり，10MW（熱入力30MW）バイオマスガス化複合発電所は2,500万ユーロ（35億円＝35万円/kW）で受注可能とのことである。

1.3.2　フューチャーエナジー社（Future Energy）

　フューチャーエナジー社はフライベルクR&Dセンター内，旧東ドイツ時代に24基の固定床ガス化炉により，地元の褐炭をガス化して，旧東ドイツの約8割の都市ガスを供給していたシュワルツェプンペガス供給公社（Schwarze Pumpe）の研究機関DBI（Deutsche Brennstoff Institute/ドイツ燃料研究所）があった場所にある。

　DBIでは1956～1977年には固定床ガス化炉，1978に褐炭ガス化試験プラントを設置して1989年まで試験を行った。壁崩壊後，1990年にノエル社（プロイサック社の子会社）が引き取り，1995～1996年，新しいガス化試験設備を設置して，石油残渣，黒液等のガス化試験を実施し，黒液用加圧噴流床ガス化炉を開発，製紙会社に供給した。2000年にドイツバブコック社（＋バブコック日立）がノエル社を買収したが，2002年に倒産し，2003年1月からフューチャーエナジー社がこれを受け継ぎ，引き続き，この噴流床ガス化試験設備を用いて各種ガス化試験を行っている。同社では，燃料の性状に応じて4種類のガス化炉を用意している。黒液用（灰分無し），石油残渣用（低灰分），石炭用（高灰分）およびバイオマス用である（図22）。

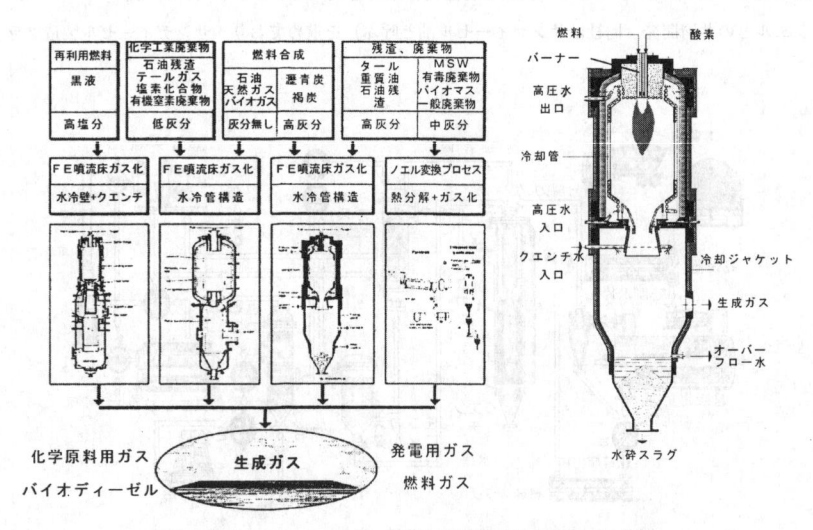

図22　フューチャーエナジー社ガス化炉の種類と噴流床ガス化炉

第4章　バイオマスガス化発電技術

1.4　バイオマスガス化ガス用原動機
1.4.1　デマッグデラバルインダストリアルターボ機械社（Demag Delaval Industrial Turbomachinery Inc./DDI）

　バイオマス IGCC 用のガスタービンの研究開発を行っている，イギリスのデマッグデラバルインダストリアルターボ機械社（旧英国アルストム社）リンカーン工場について報告する。同工場はカーネル・ロステン社（Carnel Rosten）として発足し，その後 GEC アルストム社として GE 社のガスタービンをライセンス製造し，アルストム社が ABB のガスタービン部門を吸収してからは，英国アルストム社に改称し，さらに，アルストハ社が同社をドイツのジメース社に売却し現在に至っている。同社では小型ガスタービン，タイフーン（5,000kW/図23，24），トロネード（7,000kW），テンペスト（8,000kW），サイクロン（1万3,000kW）の4機種を製造している。

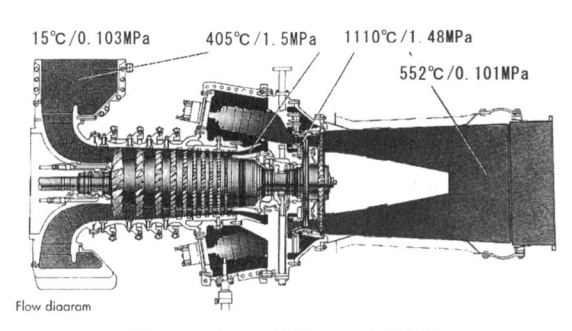

図23　タイフーン型ガスタービン断面図

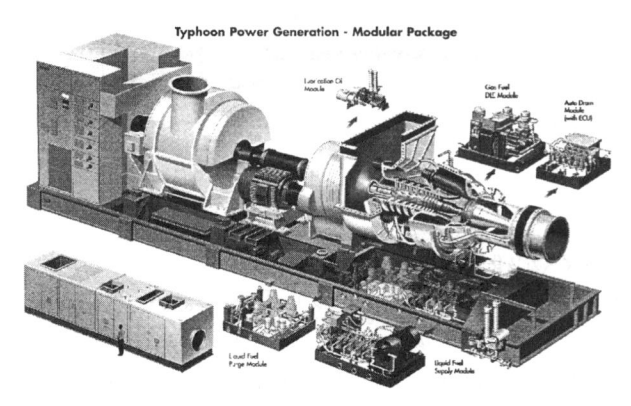

図24　タイフーン型ガスタービン発電ユニット

69

同社は，上述のバイオマスIGCCプラントにタイフーンを納入しているほか，産業用ガスタービンとして多くの納入実績を有している。オーストラリアで計画中の褐炭ガス化IGCCプラント，MSWにもタイフーンを納入する予定である。

バイオマスガス化ガス燃料用のガスタービン開発は，DDI社リンカーン工場において進められており，タイフーン型ガスタービンは，燃焼温度の向上，圧縮機翼，タービン翼の空力特性の改良を行うことにより，5,000kW級ガスタービンとしては最高レベルの熱効率32%（低位）を得ている。

1.4.2　フィレンツェ大学

フィレンツェ大学では，マイクロガスタービンを製造するターベック（Turbec）社の100kWマイクロガスタービンをベースにバイオマス用に改造している。バイオマスはガスタービン燃焼器で燃焼するのではなく，別置きの燃焼器で燃焼したガスをガスタービン排ガスと混合し温度を上げ，圧縮機を出た高圧空気と熱交換して間接的に850℃まで昇温し，さらにタービン入口温度1,100℃まで軽油で助燃してタービンに供給するというものである（図25）。熱効率は22%。機器コストは100kWで213,300ユーロ＝2,880万円（210ユーロ/kW＝28.8万円/kW）と見積っている。大学では概念設計，要素試験（燃焼器，サイクロン，熱交換器等）を実施しているが，試験機は出来ておらず，共同研究先を探しているらしい。

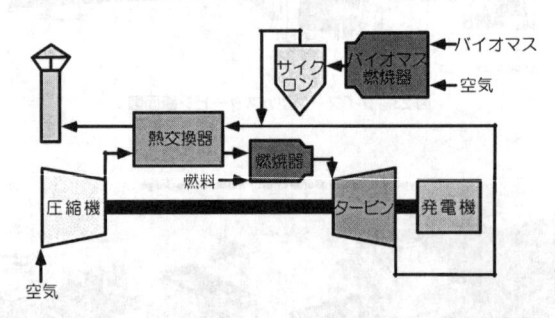

図25　フィレンツェ大学のバイオマス燃焼マイクロガスタービン

1.5　各種バイオマスガス化発電の比較

欧州には数多くのバイオマスガス化発電プラントメーカーがあるが，実証段階の技術が多く，商用のバイオマスガス化発電所は少ない。IEAのバイオマスガス化報告書も，商用プラントと呼べるのはハーボーレ発電所だけであると評価している。小規模の固定床バイオマスガス化熱併給発電については商用プラントに近い設備が多数建設されている。しかし，ここ2〜3年間のバ

第4章 バイオマスガス化発電技術

表2 バイオマスガス化炉の分類

	固定床ガス化炉	循環流動床ガス化炉	内部循環流動床ガス化炉	噴流床ガス化炉
概念図				
特徴	燃料を荒く破砕して供給し，時間をかけてガス化	燃料を細かく破砕して供給し，流動場でガス化	燃料を蒸気で熱分解，未燃炭素を燃焼，ベッド材を循環	液体燃料，微粉砕燃料，炭化物を供給し，瞬時にガス化
生成ガス性状(dry)	900-1,400kcal/m^3 タール分やや大	1,100-1,600kcal/m^3 タール分少	2,500-3,500kcal/m^3 タール分少	2,500-3,500kcal/m^3 タール分無し
代表的メーカー	IISc（印）パイロフォース（スイス）フェルント（典）	ルルギ（独）カルボナ（瑞）TPSテルミスカ（瑞）	ギュッシング（墺）FERCO（米）	コーレン（独）フューチャーエナジー（独）

イオマスガス化発電技術に関する進展は急速である．以下に欧州の開発動向の要約をまとめる．

バイオマスガス化炉は表2に示す4つの方式に分類されるが，それぞれ，

・固定床ガス化発電は50〜500kWの小規模発電向きで，シンプルで設備費が安い．熱効率は15〜20％．生成ガス中のタール分の処理が課題である．固定床ガス化炉は多いが，代表的なガス化炉はIISc炉（ダザグレン，㈱サタケ），パイロフォース炉，フェルント炉が挙げられる（括弧内は日本のライセンス取得メーカー）．

・循環流動床バイオマスガス化発電は1,000〜1万kWの中規模発電向きで，熱効率25〜30％．代表的なガス化炉はルルギ炉，カルボナ炉，テルミスカ炉等がある．

・内部循環流動床炉は酸素を使わずに中カロリーガスが得られ，熱効率は約25％．ギュッシングFICFB炉，FERCO炉がある．

・噴流床バイオマスガス化発電は，黒液を除けばバイオマス前処理（微粉砕機，炭化装置）が必要であるが，タールの発生が無い．処理量が大きく，1万kW以上の大規模発電（IGCC）に向く．熱効率30〜35％．代表的ガス化炉はCARBO-V，フューチャーエナジー炉がある．これらの炉は軽油代替燃料の製造を第一目標としているが，発電も可能である．

図26にバイオマスガス化発電の出力と熱効率の関係を示す．

最後に，代表的バイオマスガス化炉のガス性状，熱効率，設備コストを表3に纏めた．

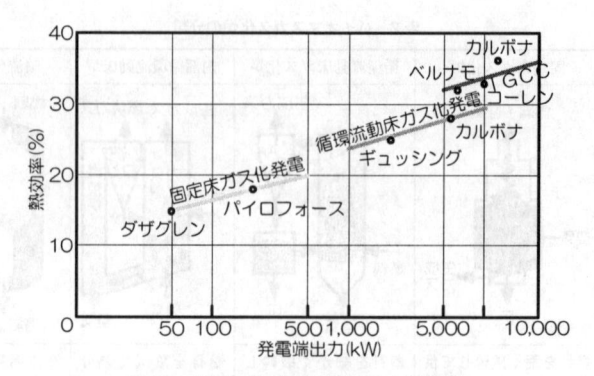

図26 バイオマスガス化発電の出力と熱効率

表3 代表的バイオマスガス化炉のガス性状と熱効率,設備コスト比較

		固定床ガス化炉	循環流動床ガス化炉		内部循環流動化炉	噴流床ガス化炉	
メーカー		IISc (EP)	ルルギ (独)		ギュッシング (墺)	コーレン (独)	
燃料バイオマス		廃材チップ	市販木材ペレット		丸太チップ	丸太チップ	
熱入力		200〜2,000kWt	2,000〜2万kWt		8,000kWt	2万kWt〜	
ガス化剤		空気	空気	酸素	空気・蒸気	空気	酸素
生成ガス性状	H_2	16%	10%	13%	40%	22%	40%
	CO	19%	20%	46%	25%	22%	40%
	CO_2	12%	14%	23%	22%	11%	20%
	CH_4	2%	5%	10%	10%	—	—
	N_2	51%	51%	8%	3%(エタン)	45%	—
生成ガス発熱量		1,300kcal/m³	1,500	2,800	3,300kcal/m³	1,500	2,500
タール分		100mg/m³	タール分少		タール分少	タール分無し	
ガス化効率		75%	70%		70%	66%	
発電端効率		17%	20%		25%	33%	
建設コスト		30〜50万円/kW	30〜50万円/kW		40〜60万円/kW	35〜55万円/kW	

第4章　バイオマスガス化発電技術

文　　献

1) 日本エネルギー学会,バイオマスハンドブック
2) NEDO開発機構,高効率バイオマス変換技術プロジェクト説明資料 (2004)
3) 森塚他,石炭ガス化複合発電の性能評価手法とガス化炉基本特性,電中研研究報告 W88022 (1989/3)
4) 市川,森塚他,木質系バイオマス発電技術の動向と実用化に向けた研究課題,電中研調査報告 W02026 (2003/4)
5) 森塚,市川他,バイオマスガス化発電の調査-固定床バイオマスガス化発電システムの熱効率と経済性比較-,電中研調査報告書 W03042 (2004/4)
6) フェルント炉説明資料 (2004)
7) E. Altmann, P. Kellett, Thermal Wood Gasification Status Report, Irish Energy Centre (1999/7)
8) Status of Biomass Gasification in countries participating in the IEA Bioenergy task33 Gasification & EU Gasnet, Country Report IEA (2004/10)
9) WORLD BIOENERGY 2004 Conference & Exhibition on Biomass for Energy, Proceedings (2004/6)
10) Proceeding of the 3rd International Conference, Workshop and Exhibition on Coal-Tech 2002 Mine Mouth Power Plant, Indonesia (2002/6)
11) CARBONA Pressurized Fluidized Bed Gasifier-Efficient, Economic Conversion of Biomass into Energy, CARBONA Inc. (2001/12)
12) H. Hofgauer, etc, The FICFB-Gasification Process (2000)
13) M. Moirris, L. Waldheim,Update on Project ARBRE, UK-A Wood-fuelled Combined-cycle Demonstration Plant (2001)
14) CHOREN Industries-SunFuel® made by CHOREN (2004/11)
15) Gasification Technology-The Entrained-Flow Gasification Technology of FUTURE ENERGY GmbH (2004/11)
16) K. Stahl, M. Morris, etc., Biomass IGCC at Varnamo, Sweden-Past and Future, GCEP Energy Workshop (2004/4)
17) Driven by ideas-Power Solutions with Gas Engines, GE Jenbacher
18) DDI gas turbine Leaflet (2002)
19) D. Chiaramonti, G. Riccio, F. Martelli, Preliminary Design and Economic Analysis of a Biomass fed Micro Gas Turbine Plant for Decentralized Energy Generation in TUSCANY, ASME Turbo EXPO (2004/6)

2 バイオマスの低カロリーガス化と分散型発電

吉川邦夫*

2.1 はじめに

　新エネルギーにバイオマスが新たに加えられ，わが国でもにわかにバイオマスのエネルギー利用が注目されるようになった。わが国の場合，輸送コストが高く，「広く，薄く」存在するというバイオマス資源の特性を考えると，バイオマスを新エネルギーとして利用しようとすると，中小規模のプラントでのエネルギー利用が主流とならざるを得ないであろう。一方で，バイオマス発電で生成される電力の買い取り価格が欧州に比べて低いわが国では，経済性を考えた場合，当面は，処理費がもらえる廃棄物系バイオマスの利用に重点を置かざるを得ないと考えられる。

　わが国は，年間約8億トンの物資を輸入し，約1億トンの物資を輸出している[1]。すなわち，正味7億トンの物資が毎年わが国に流入していることになる。一方，広大な国土を持つ米国では，輸入と輸出がそれぞれ3億トンで，ほぼバランスが取れている。わが国の立国の基盤となっている圧倒的な物資の輸入超過が，大量の廃棄物を生んでおり，一般廃棄物が年間約5,000万トン，産業廃棄物が年間約4億トン排出されている。そのうち約2億トンが焼却処理され，この焼却処理されている廃棄物の持つ熱エネルギーの総量は，わが国が消費するエネルギー量の1割近くに達すると見積もられる。したがって，廃棄物が持つエネルギーをうまく活用できれば，それだけ化石燃料の消費量を減らすことができ，わが国の二酸化炭素排出量の削減に大いに貢献できるはずである。しかし，現実には，この莫大な未利用エネルギーのうち，実際に利用されているのはごくわずかにすぎない。特にこれまでの廃棄物処理は大量埋立てか大量焼却のいずれかしかなかったが，廃棄物の分別収集が当たり前になってきた現在，分別された廃棄物のそれぞれの性状にあったリサイクル技術が不可欠となっている。金属類やガラス，土石などの不燃性の廃棄物は当然マテリアルリサイクルすべきであるが，生ゴミやプラスチック，紙などの可燃性の廃棄物は，無理にマテリアルリサイクルするよりも，高効率なサーマルリサイクルに利用するほうが経済的かつ環境負荷も低いことが多い。その場合，収集・運搬コストや立地難を考えると，大量の廃棄物を必要とする大規模なシステムよりは，廃棄物をなるべく発生元で処理し，廃棄物の排出者が自らエネルギー源として利用できるような小規模なシステムが中心となろう。

　わが国における産業廃棄物の発生状況によれば[2]，産業廃棄物の中でバイオマス系廃棄物と見なされるのは，汚泥（1億8,714万トン/年），畜糞（9,152万トン/年），木くず（553万トン/年），動植物性残さ（400万トン/年）であり，高含水バイオマスが圧倒的に多いことがわかる。したがって，バイオマスのエネルギー利用にあたっては，エネルギー変換技術だけでなく，効率的な

---

* Kunio Yoshikawa　東京工業大学　大学院総合理工学研究科　教授

第4章 バイオマスガス化発電技術

前処理技術も極めて重要である。筆者が共同研究を行っている企業が開発した水熱処理を用いた高含水バイオマスの燃料化技術については,「水蒸気加熱処理による下水汚泥の燃料化前処理技術」で紹介し,本節では,筆者が開発してきた,前処理を経て燃料化されたバイオマスを小規模な施設でガス化し,分散型発電を可能とする新技術を紹介する。

2.2 ガス化技術
2.2.1 ガス化・改質の原理

バイオマスを含め,これまで一般的な廃棄物発電技術は,焼却炉/ボイラー/蒸気タービンの組み合わせである。図1に示すように,こうしたシステムの場合,廃棄物の処理量が300トン/日程度以上あれば,20％以上の高い発電効率が得られるが,それよりも処理量が少なくなると徐々に発電効率は低下し,100トン/日以下では,発電効率が大幅に低下し,経済的に成り立たなくなる[3]。しかし,バイオマスの場合,100トン/日以上の規模の施設を建設することは資源量の確保の観点から適用が限定され,より小規模でも高い発電効率が得られる発電システムが望まれている。そこで,バイオマスを一旦ガス燃料に転換（ガス化）し,そのガス燃料でエンジン発電機を駆動するいわゆるガス化発電技術が注目されている。冷ガス効率と呼ばれる,固体燃料からガ

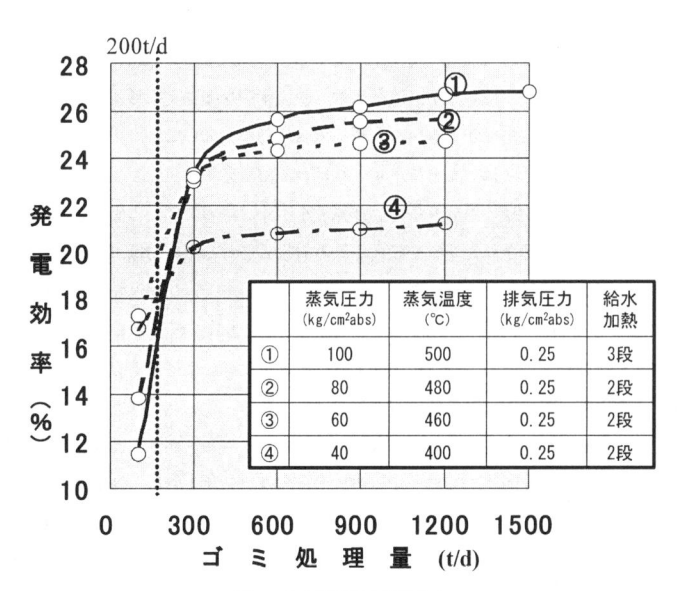

	蒸気圧力 (kg/cm²abs)	蒸気温度 (℃)	排気圧力 (kg/cm²abs)	給水加熱
①	100	500	0.25	3段
②	80	480	0.25	2段
③	60	460	0.25	2段
④	40	400	0.25	2段

図1 廃棄物発電の発電効率

熱分解炉の動作原理　　　　　　改質炉の動作原理

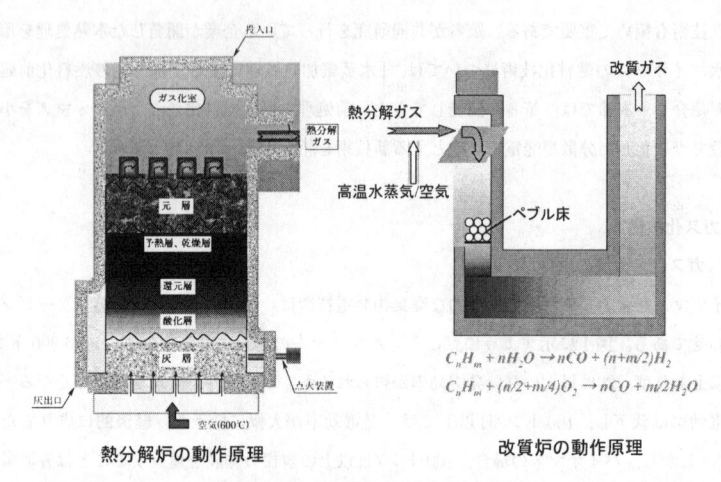

$$C_nH_m + nH_2O \rightarrow nCO + (n+m/2)H_2$$
$$C_nH_m + (n/2+m/4)O_2 \rightarrow nCO + m/2\,H_2O$$

図2　廃棄物の熱分解・改質ガス化の原理

ス燃料への転換効率が約70％であり，規模が小さくてもエンジン発電機の効率が約30％と高いことから，両者を掛け合わせて，小規模なシステムでも20％の発電効率が得られることになる。

　水熱処理で乾燥・燃料化された高含水バイオマスあるいは中低含水のバイオマスは，ペレット化や破砕などの前処理を行った後に，ガス化発電によって電力および温熱・冷熱に変換される。廃棄物のガス化については，固定床炉，流動床炉，噴流床炉など様々な形式のものが開発されているが，廃棄物の形状の自由度が大きいことや，ガス化効率が高いこと，小規模な設備でも対応可能であることから，筆者らは，シャフト炉と呼ばれる固定床炉に焦点を当てて，開発を行ってきた。図2に，シャフト炉型の熱分解炉の動作原理を示す。炉の上部から廃棄物が連続的に投入され，炉の下部からは予熱された空気が投入される。投入された廃棄物は，下方に移動しながら温度が徐々に上昇し，乾燥・熱分解・還元の各プロセスを経て，炭化物となり，最後に炉底部において供給される空気によって，1,000℃以上の高温で燃焼され，灰となる。この燃焼温度が灰の融点を超えれば溶融炉となる。空気中の酸素はこの燃焼反応によって消費され，低酸素濃度の高温燃焼ガスによって廃棄物の熱分解が行われることとなる。この熱分解ガスでエンジンが直接駆動できれば話は簡単であるが，熱分解ガス中に含まれるタール分がエンジン手前で冷却される際に凝縮し，様々なトラブルを引き起こす。そこで，図2に示すように，熱分解ガスを改質炉に導いて，約1,000℃に予熱された高温水蒸気と改質反応させることによって，900℃程度以上の高温下で，タール分を一酸化炭素と水素に改質する。ただし，この改質反応は吸熱反応であるため，高温水蒸気中に空気も加えて，熱分解ガス中の可燃分の部分燃焼反応によって，必要な熱を供給

第4章　バイオマスガス化発電技術

する。水蒸気/空気の混合気を予め高温に予熱することによって，改質反応に必要な熱量の一部をこの高温空気/水蒸気が持つ顕熱で供給することができるため，部分燃焼反応によって供給すべき熱量を減らすことができ，その分，改質反応に伴うガス化ガスの発熱量の低下を抑えることができる。ガス化炉あるいは改質炉に空気の代わりに酸素を供給すれば，得られる燃料ガス中に含有される窒素濃度が減少し，ガスの発熱量を上げることができるが，酸素製造のための設備および動力を必要とし，中小型のシステムでは発電効率の大幅な低下を招く。そこで，高温空気/水蒸気を改質炉に供給することで，なるべく高い発熱量のガスを得ることを狙っている。また，改質炉にはセラミックスボールの充填層を設け，熱分解ガスと高温水蒸気/空気との混合を促進している。

本システムのガス化剤は，空気および水蒸気であり，その供給先としては，ガス化炉と改質炉がある。ガス化システムへの燃料供給量を与えた場合，ガス化炉と改質炉のそれぞれにどの程度の量の空気および水蒸気を供給すべきかは，燃料種によって異なる。これを以下のような指標で評価する。

$$\text{ガス化空気比}\ (mol/mol) = \frac{\text{ガス化炉へ供給する空気中の酸素量}}{\text{燃料の完全燃焼に要する酸素量}}$$

$$\text{改質空気比}\ (mol/mol) = \frac{\text{改質炉へ供給する空気中の酸素量}}{\text{燃料の完全燃焼に要する酸素量}}$$

$$\text{水蒸気比}\ (mol/mol) = \frac{\text{システムへ供給する水蒸気量}}{\text{燃料中の炭素量}}$$

$$\text{冷ガス効率}\ (\%) = \frac{\text{改質ガスの総エネルギー}}{\text{供給する燃料のエネルギー}} \times 100\%$$

$$\text{タール残存率}\ [-] = \frac{\text{改質ガス中のタール量}}{\text{熱分解ガス中のタール量}}$$
(Tar residual rate)

筆者らのこれまでの研究によれば，バイオマス系の燃料の場合，ガス化空気比を増加させると燃料の処理速度が上がり，ガス化反応が促進されるものの，ガス化炉底部温度が上昇し，灰が溶融する恐れがある。そこで，ガス化空気に水蒸気を混ぜてガス化炉に供給すると，ガス化炉底部温度の上昇を抑えながら，ガス化空気比を増加させることができ，併せて水性ガス化反応も促進されることから，燃料の処理量の増大とガス発熱量の増大の両面で効果ある。しかし，プラスチック系の燃料の場合，熱分解に必要な熱量がバイオマス系燃料よりも大きく，水蒸気をガス化炉に供給すると熱分解反応が抑制されることから，水蒸気は改質炉側に供給することが効果的で

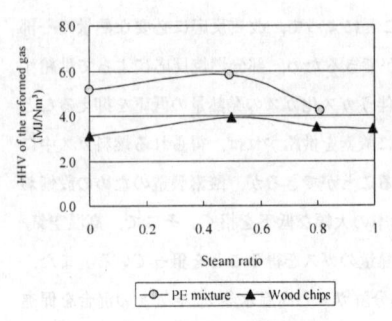

図3 水蒸気比と改質ガス発熱量の関係

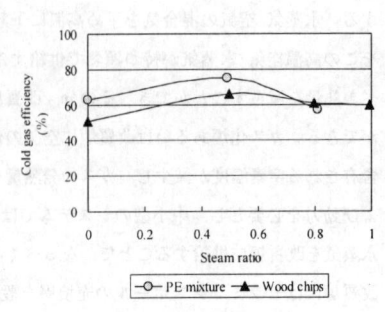

図4 水蒸気比と冷ガス効率の関係

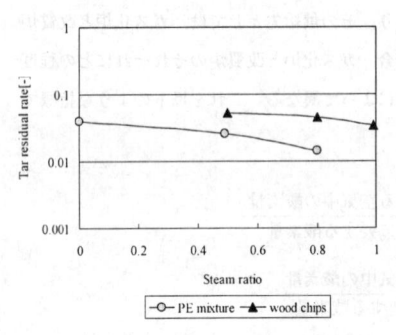

図5 水蒸気比と改質ガスのタール残存率の関係

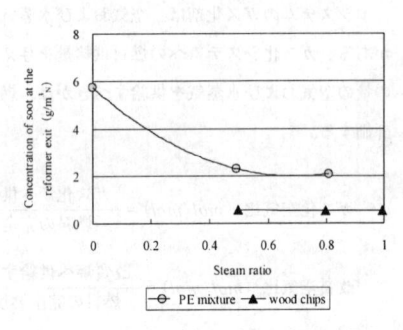

図6 水蒸気比と改質ガス中のすす濃度の関係

ある。改質ガスの要件としては，①発熱量がなるべく高いこと，②冷ガス効率が60％以上であること，③タール含有量がなるべく少ないこと，④すすの含有量がなるべく少ないこと，があげられる。しかし，これらの要件は，互いにトレードオフの関係にあり，例えば，改質炉でのタールの分解を促進するために改質炉の温度を上げると，熱分解ガス中の可燃ガスが部分燃焼で消費され，改質ガスの発熱量が低下し，すす生成量も増加する。後段に設置されるエンジンを駆動するためには，最低限のガス発熱量（3 MJ/Nm³ 程度）が必要であり，タールやすすはある程度物理的に除去することが可能であることを考えると，改質条件の選定にあたっては，最低限のガス発熱量を維持することが優先される。例えば，木屑およびポリエチレンと木屑の混合物（PE混合物）をガス化する場合，前者については改質炉温度を850℃に固定し，後者については改質炉温度を950℃に固定して，水蒸気比を変化（改質空気比も同時に変化）させると，図3, 4に示すように，改質ガス発熱量および冷ガス効率は，水蒸気比が0.5の時に最大となる。しかし，図5に示すように，改質ガス中のタール残存率は水蒸気比を増やすほど減少し，図6に示すように，

第4章　バイオマスガス化発電技術

水蒸気比が 0.5 まではその増加に伴って，改質ガスのすす濃度は大幅に減少するが，それ以上水蒸気比を増やしても，すす低減効果は小さくなる。したがって，改質ガス中にある程度タールが残存することを許容すれば，最適な水蒸気比は，どちらの燃料についても 0.5 であると判断することができる。

2.2.2 ガス化発電システム

図7に，ガス化発電システムである，STAR-MEET（STeam/Air Reforming type Multi-staged Enthalpy Extraction Technology）システムの構成例を示す。廃棄物は熱分解炉に供給され，約 600℃の予熱空気で熱分解ガス化される。熱分解ガス中にはタール分が含まれているため，800℃～1,000℃に加熱された高温空気/水蒸気を注入して，900℃以上の高温下で，タール分を一酸化炭素および水素へと改質する。同時に熱分解ガス中のダイオキシンも完全に分解される。改質後のガスは熱回収しながら冷却・精製し，精製ガスの一部を燃焼させて高温空気/水蒸気を発生させ，残りの精製ガスを燃料として，エンジン発電機で発電を行い，必要に応じてエンジン排熱も温熱あるいは冷熱として利用する。

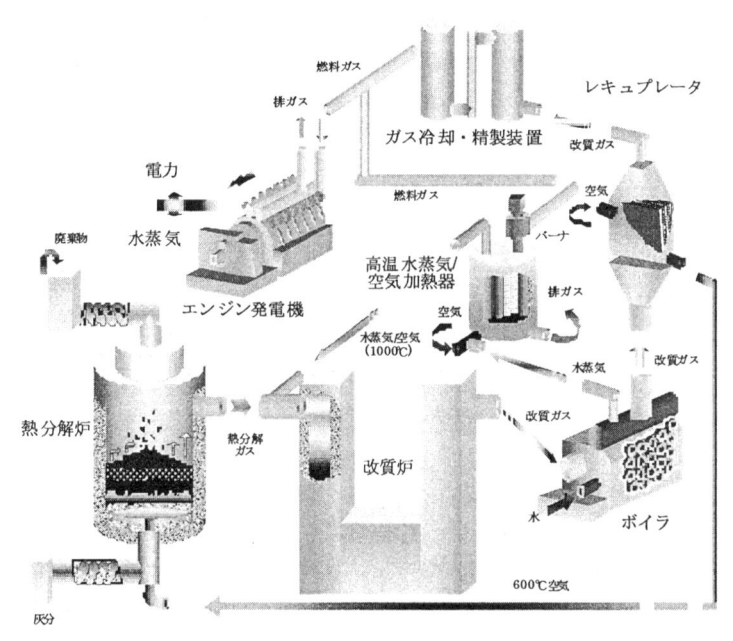

図7　STAR-MEET システム

バイオマス発電の最新技術

金属製プレートフィン型
(900℃, 高さ0.5m)

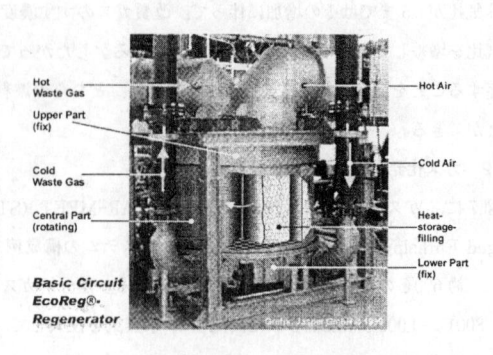

セラミックス製回転蓄熱型
(1,300℃, 高さ2m)

図8　高温水蒸気/空気加熱器

　STAR-MEETシステムの中核となるコンポーネントが，熱分解炉および改質炉に加えて，高温水蒸気/空気加熱器である。図8に，金属製のプレートフィン式熱交換器とセラミックス製の回転蓄熱式熱交換器を示す。前者は，㈱ティラド（旧社名：東洋ラジエーター）が開発したもので，900℃までの水蒸気/空気の加熱が可能なコンパクトな熱交換器である。また，後者はドイツのヤスパー社製で，最高1,300℃まで水蒸気/空気の加熱が可能である。前者は数トン/日程度以下の小規模プラント向きであり，後者は数トン～数十トン/日の中規模プラント向きである。

2.3　発電技術
2.3.1　混焼ディーゼルエンジン

　STAR-MEETシステムの場合，基本的に空気吹きガス化であり，得られる燃料ガスの発熱量は1,000kcal/Nm^{3}程度と低い。また，投入する廃棄物の性状の変化に応じて，発熱量に相当程度の変動がある。そこで，こうした変動の大きな低カロリーガスでも一定の発電出力を得るために，三菱重工業㈱およびヤンマー㈱と混焼ディーゼルエンジンを開発した。図9に，混焼ディーゼルエンジンの動作原理を示す。このエンジンは，通常の軽油燃焼のディーゼルエンジンの燃焼空気に低カロリーガスを予混合させることで，軽油の消費量を減らし，入力エネルギーのうちの7～8割を低カロリーガスで，残りの2～3割を軽油で供給する。低カロリーガスの発熱量に変動がある場合は，それに応じて軽油の供給量を自動制御することで，発電出力を一定に維持することができる。

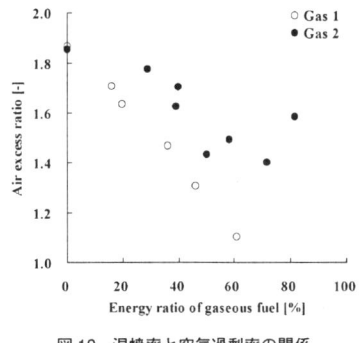

第4章　バイオマスガス化発電技術

図10　混焼率と空気過剰率の関係

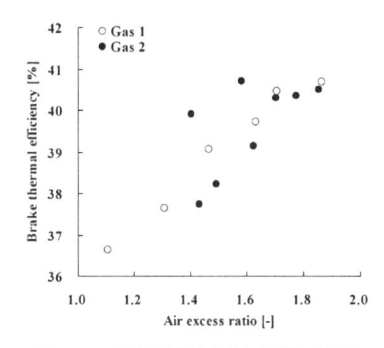

図11　エンジン熱効率と空気過剰率の関係

混焼ディーゼルエンジンの基礎的な特性を把握するために，天然ガスを窒素で希釈した模擬低カロリーガス [Gas 1, 発熱量：3.35MJ/Nm^3] と STAR-MEET 実証プラントで木屑から生成された実低カロリーガス [Gas 2, 平均発熱量：3.5MJ/Nm^3, 平均ガス組成：H_2（5.6%）CO（13.7%）CH_4（2.0%）その他 HC（0.8%）O_2（3.0%）N_2（61.4%）] を用いて試験を行った。

図10に，混焼率（エンジンへの低カロリーガスの入熱量/エンジンへの総入熱量）と空気過剰率の関係を示す。実低カロリーガスの場合，プロットごとにガス組成が異なるた

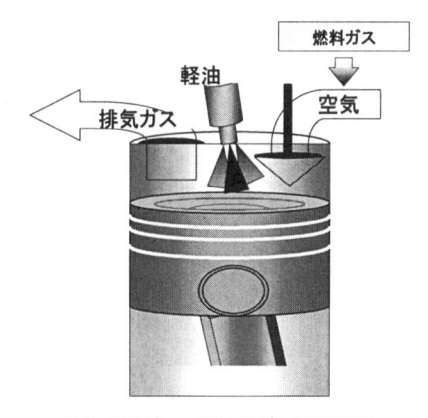

図9　混焼ディーゼルエンジンの動作原理

め，ばらつきがあるが，混焼率が上がると空気過剰率は低下することがわかる。そこで，図11に空気過剰率とエンジン熱効率の関係を示す。空気過剰率の低下（すなわち混焼率の増加）により若干の熱効率の低下が見られるが，これは，空気過剰率が低下すると，後述するように未燃分が増加するためである。次に，排気特性として，図12～15にそれぞれ，排ガス中のスモーク濃度，未燃炭化水素濃度，CO 濃度および NO_x 濃度が空気過剰率および混焼率の変化に対してどのように変化するのかを示す。スモーク濃度と未燃炭化水素濃度については，ガスの種別にはよらずに，空気過剰率の関数で表すことができ，実低カロリーガスの場合，混焼率を80%まで上げても，それほど大きな値にはならない。一方，CO 濃度については，実低カロリーガスのほうが模擬低

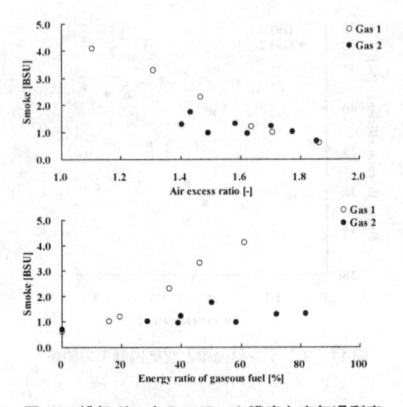

図12 排気ガス中のスモーク濃度と空気過剰率および混焼率の関係

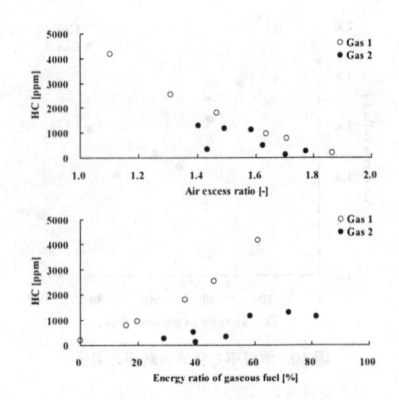

図13 排気ガス中の未燃炭化水素濃度と空気過剰率および混焼率の関係

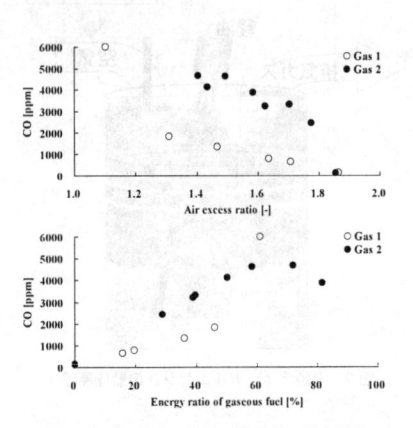

図14 排気ガス中のCO濃度と空気過剰率および混焼率の関係

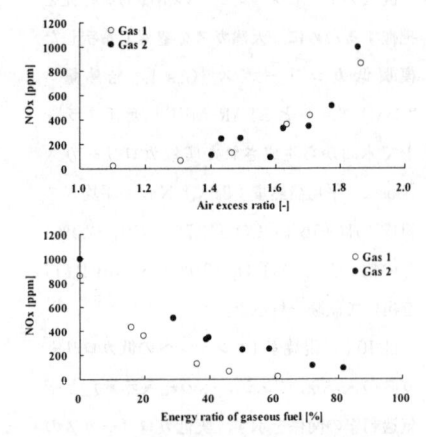

図15 排気ガス中のNO_x濃度と空気過剰率および混焼率の関係

カロリーガスよりかなり大きな値を示しており，これは，実低カロリーガスの場合，CO濃度が高いことがその原因と考えられる．排ガス中のCO濃度を低減させるためには，排気ガスの触媒燃焼などの手段を用いる必要がある．一方，NO_x濃度については，混焼率の増加（すなわち空気過剰率の減少）に伴って，顕著に減少しており，CO排出対策さえ適切に講ずれば，混焼ディーゼルエンジンによって，3 MJ/Nm^{3}程度の低発熱量のガスを用いて，高効率かつクリーンな発電が行えることがわかる．

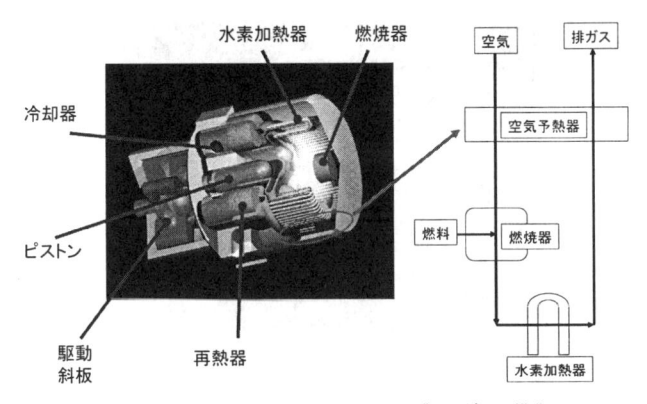

第4章 バイオマスガス化発電技術

図16 米国STM Power社のスターリングエンジンの構造

2.3.2 スターリングエンジン

　上記の混焼ディーゼルエンジンの場合，燃料ガスが直接エンジン内部に流入するため，タールや酸・アルカリ性物質，ダストなどの許容含有量はかなり制限を受ける。そのため，ガス精製設備は大がかりなものになりかねない。バイオマス系燃料の場合，酸・アルカリ物質の含有量が問題となることは少ないため，燃料ガスをエンジン内部に導くいわゆる内燃機関に代えて，燃料をエンジンの外部で燃焼させる外燃機関を使用すれば，燃料ガスに要求される清浄度が大幅に緩和されることが期待される。外燃機関の代表例が，スターリングエンジンであるが，これまで相当な研究開発が行われてきたものの，実用化されたスターリングエンジンは，出力数kW程度の小型のものがほとんどであり，本格的な定置用発電機は実現されていなかった。しかし，米国のSTM Power社が，定格出力55kW（60Hzの場合，50Hzで48kW）のスターリングエンジンの実用化に成功し，1年ほど前から販売を開始した。このエンジンの構造および写真を図16，17に示すが，エンジンに付属している燃焼器内で燃料ガスを燃焼させ，その燃焼熱でエンジンの駆動媒体である150気圧の水素を約700℃に加熱して，発電を行う。水素加熱後の燃焼ガスは，次に燃焼空気を約700℃まで予熱し，200℃程度の排ガスとして排出される。エンジン内では廃熱で約50℃の温水が製造され，コジェネ設備となっている。スターリングエンジンは，駆動媒体のリークが大きな技術的課題であったが，STM Power社は，エンジンのキャビネット内に水の電気分解による水素製造装置を組み込み，水素の圧力が低下すると自動的に水素を補充することによってこの問題を解決した。発電効率は30%であり，コジェネ設備としての総合エネルギー効率は80%に達している。ただ現状では，発熱量が13MJ/Nm^{3}以上の燃料ガスでないと発電が行えず，低カロリーガスや中カロリーガスの場合，プロパンや天然ガスを混ぜて，カロリーアッ

図17 米国 STM Power 社のスターリングエンジンの写真

ブを図る必要がある。

そこで筆者らは，ガス発熱量の変化に対するエンジン性能の変化を明らかにし，より低い発熱量のガスでの発電をめざして，プロパンを窒素で希釈して様々な発熱量の模擬ガスを製造して，発電試験を行った．燃料ラインから供給できるガス流量には上限があり，ガスの発熱量が上記の定格値を下回ると，発電機への熱入力が減少することとなる．そこで，13MJ/Nm^3 以下の発熱量の燃料ガスについては，不足する燃料ガスを燃焼空気に予混合させて供給することによって，より低い発熱量のガスでの発電を試みた．その結果を図18～20 に示す．図18 には，発電出力と燃料ガスの発熱量の関係を示す．図中の測定値というのは，水素圧力が定格値である 14.5MPa を下回っている時の実測の発電出力である．水素圧力と発電出力は比例関係にあるため，水素圧力が 14.5MPa であったとした時の発電出力値を補正値として示してある．この図から，6 MJ/Nm^3〜26MJ/Nm^3 という広い発熱量範囲にわたって，ほぼ一定の定格発電出力が得られていることがわかる．発熱量が 8 MJ/Nm^3 以下では，発電出力の若干の低下が見られるが，これは熱入力の低下による水素温度の低下に起因している．図19 には，発電効率と燃料ガスの発熱量の関係を同様な図で示すが，やはり広い発熱量範囲にわたって，30%を超える発電効率が得られていることがわかる．ガス化発電用にはよくガスエンジンが使用されるが，ガスエンジンの場合は，ガスの発熱量が低下すると発電出力や発電効率も低下する．また，上述の混焼ディーゼルエンジンの場合には，ガス発熱量が低下した場合，発電出力を一定に保つためには軽油の供給量を増やす必要がある．こうした内燃機関に比べて，スターリングエンジンは，ガス発熱量の変動に強いことがわかる．さらに，図20 には，スターリングエンジンの燃焼排ガス中の CO および NO$_x$ 濃度とガス発熱量の関係を示すが，ガス発熱量によらずに，内燃機関と比べて，極めて低い値となっていることがわかる．

第4章 バイオマスガス化発電技術

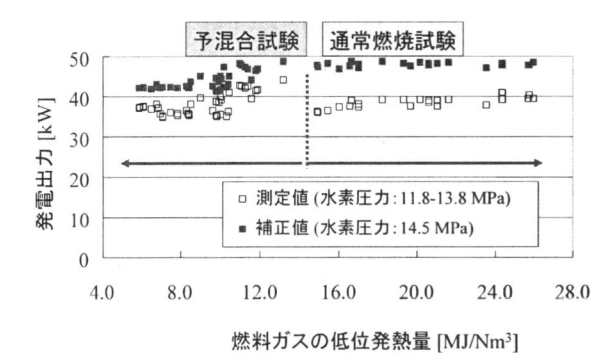

図18 スターリングエンジンにおける発電出力と燃料ガスの発熱量の関係

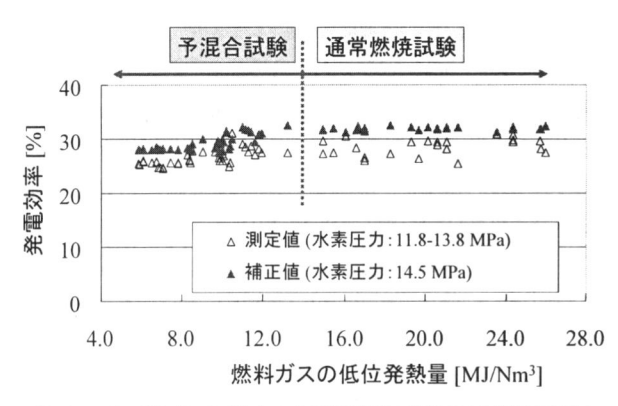

図19 スターリングエンジンにおける発電効率と燃料ガスの発熱量の関係

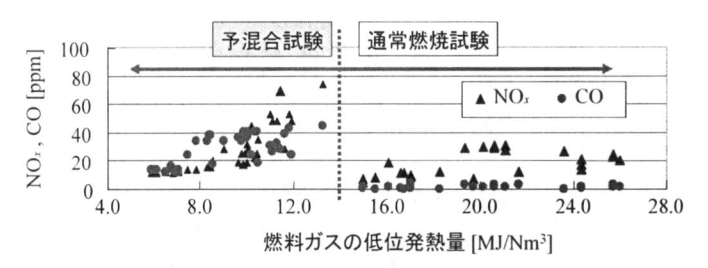

図20 スターリングエンジンにおける燃焼排ガス中のNO$_x$およびCO濃度と燃料ガスの発熱量の関係

以上より，小型分散型のバイオマス発電用の発電機として，STM Power社のスターリングエンジンは内燃機関にはない大きな可能性があることがわかる。

2.4 小型分散型バイオマスガス化発電システムの実施例

最後に，STAR-MEETシステムの実施例を紹介する。本設備は，新興プランテック㈱，㈱東洋システム，㈲大友産業の3社が共同で，NEDOのバイオマスフィールド実証試験設備として設置したもので，約100kg/時の乾燥鶏糞をSTAR-MEET方式でガス化して，前述のスターリングエンジンで発電を行うというものである。同設備の系統図を図21に，写真を図22に示す。糞乾装置で含水率20%以下まで鶏糞を乾燥させ，投入ホッパを通じて，ガス化炉へと供給する。ガス化炉には予熱された空気と水蒸気の混合気がガス化剤として供給され，熱分解ガスは改質炉へと導かれて，高温空気を供給して改質を行う。改質後のガスはセラミックスフィルターで除塵した後にスクラバでガス洗浄を行い，活性炭で残留タールを除去した後に，スターリングエンジンへと供給される。その際に，必要に応じてプロパンを混ぜ，発熱量を上昇させる。スターリングエンジンの排気および温水は，糞乾装置の熱源として使用される。

現状では，改質ガスにプロパンを混ぜてスターリング発電機に供給している状況であり，定格の発電出力が得られている。間もなく，本格的な長時間運転および，改質ガス単独でのスターリングエンジンの駆動を実証する予定である。鶏の鳥インフルエンザへの感染防止が大きな社会的問題となっている今，鶏糞は農場内で高温処理することが望ましい。また，最近の養鶏場は照明や換気に電力を必要とすることから，養鶏場の中で鶏糞をガス化し，発電が行えれば，一石二鳥

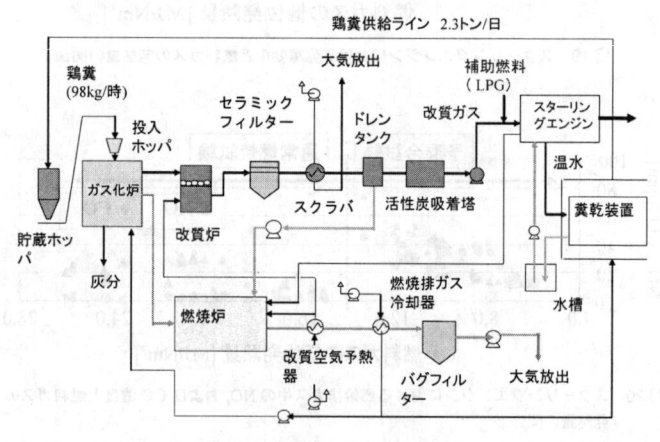

図21 鶏糞発電システムの系統図

第4章 バイオマスガス化発電技術

図22 鶏糞発電システムの写真

の効果があり，本システムは広範な普及が期待される。

2.5 おわりに

以上，紹介した技術に加えて，バイオマスからの水素製造をめざす新たなガス化システムも現在開発を進めている。経済性のあるバイオマス利用にあたっては，①なるべく運搬・収集のいらない中小規模のシステムの構築，②処理費と製造物の販売の両収入が得られるバイオマス資源の重点的開発，③設備費および保守・運転費の大幅な低減，が重要であり，補助金がなければ成り立たないシステムでは，普及は望むべくもない。京都議定書への本格的な対応が迫られている現在，新エネルギーとしてのバイオマスの利用を普及させるためには，省庁間の壁を突き破って，国や地方自治体がトップダウン方式で本腰を入れて取り組むことが不可欠である。そうでなければ，収益が得られる民間事業としてのバイオマスの利用が普及せず，現在の「バイオマス・バブル」がいずれ崩壊するのは，火を見るよりも明らかである。

文　　献

1) 環境省編「循環型社会白書　平成14年版」，ぎょうせい，p.39（2002）
2) 同上，p.46
3) 小川紀一郎「日本における廃棄物発電技術の動向」，第3回高効率廃棄物発電技術に関するセミナー「高効率小規模ごみ発電の実現と今後の課題」予稿集（2003）

3 バイオマスガス化におけるタールの発生挙動とその対策

堤　敦司*

3.1 バイオマスのガス化における問題点

再生可能エネルギーの導入を促進することによって，地球温暖化ガスの排出量を低減させることができる。バイオマスは，カーボンニュートラルといわれ，最も期待されている再生可能エネルギーである。

バイオマスのエネルギー変換プロセスとしては，直接燃焼，ガス化，液化，炭化などの熱化学的変換や，バイオガス消化やアルコール発酵のような生化学的変換など多くのプロセスが研究・開発されている。中でも，バイオマスガス化は，エネルギー効率が直接燃焼などと比べて高いため，最も注目されている技術である。

このバイオマスガス化で問題となっているのがタールの発生である。バイオマスを熱分解及びガス化するときに，水素や一酸化炭素，メタンなどの気体燃料が得られるとともに，固体炭素であるチャーと，タールと呼ばれる粘稠性油状物質が得られる。タールは，バイオマスの熱分解によって生成する多くの化合物を含む凝縮性の有機物の総称であり，ガス化温度では気体として存在するが，ガス化温度よりも低温では，液体・固体として凝縮する。このため，配管閉塞やエンジンおよびタービンへのファウリングなどのトラブルなどを引き起こす。通常，タールはガス化ガスをスクラバーにより水で洗浄し物理的に除去されることが多いが，多量の排水が発生し，その処理コストが高いものとなってしまう。また，タールの生成は，生成ガスへの転化率を下げてしまい，結果的に，エネルギー効率の低下をもたらす。このように，タール発生は，バイオマスガス化における最も大きな問題であり，タールを適切に除去する技術が求められている。

バイオマスガス化プロセスとしては，バイオマスガス化複合サイクル発電（Biomass Integrated Gasification Combined Cycle System：Biomass IGCC）のように高効率で電力や水素を得ることができる大規模集中型システムと，小型ガス化炉にてガス化し，ガスエンジン，マイクロタービンあるいは燃料電池と組み合わせた小規模分散型システムとが考えられている。前者はスケール効果で，後者は量産効果によりコストダウンを図る。

IGCCのような大規模集中型では，ガスクリーニングは必須であり，従来技術の改良である程度対応可能と考えられるが，小規模分散型システムでは，高価なガスクリーニング装置を付加するのは難しく，ガスクリーニングがプロセス全体のコストを跳ね上げる要因となりかねない。これが，簡便で低コストのタール処理技術の開発が望まれている理由である。表1にバイオマス発電における内燃エンジンとガスタービンに対して要求されるガスの性状を示す[1]。タール濃度は，

---

*　Atsushi Tsutsumi　東京大学　大学院工学系研究科　化学システム工学専攻　助教授

第4章 バイオマスガス化発電技術

表1 バイオマス発電に要求されるガスの性状[1]

		内燃機関	ガスタービン
粒子濃度	mg/Nm^3	< 50	< 30
粒子径	μm	< 10	< 5
タール濃度	mg/Nm^3	< 100	n.i.
アルカリ金属	mg/Nm^3	n.i.	0.24

n. i. = not indicated

内燃エンジンでは$100mg/Nm^3$以下に，ガスタービンではほとんどゼロにする必要があるとされる。

3.2 タールの性状と分析方法

一般にタールとは，有機物の熱分解によって生成する褐色から黒色の粘稠性油状物質であり，多くの化合物を含む。研究者によってタールの定義および定量・定性分析手法が異なるが，現在では，EU/IEA/US-DOEのミーティングのレポートが標準となっている。そこではベンゼン（分子量：78）よりも分子量の重い成分をタールと定義している[2]。

このプロトコルでは，タール，チャーおよび灰のサンプリング方法なども詳しく記載されている。

生成ガスは，配管温度を423～623K程度に保ったサンプリングラインにより採取し，まず固体粒子をサイクロン・フィルターによって取り除く。サイクロンやフィルターも423～623K程度に保つ必要がある。フィルターとしてはセラミックのホットフィルターの他に，石英フィルターやガラス繊維フィルターも用いることができる。ガラス繊維フィルターを用いる場合は773K程度まで，石英フィルターを用いる場合は1,223K程度まで使用温度を上げることができる。

なお，サンプリングラインやフィルター温度は，あまり高くし過ぎるとタールの熱分解を起こしてしまう。アップドラフトガス化の場合は673K以下，ダウンドラフトガス化と流動層ガス化の場合は1,123K以下が好ましいとされているが，実際の経験上，473～573K程度が適しているとされている。

固体粒子を取り除いた生成ガスは，続いて6つの連続した冷却トラップを通すことでタールを凝縮させる。それらの細かい規定は以下の通りである。
・1段目と6段目のトラップには，ガラスビーズを半分まで充填する。
・2，3，4段目のトラップには，70mlの溶媒を入れておく。
・5段目のトラップには，ガラスビーズを半分まで充填し，30mlの溶媒を入れておく。
・1～4段目のトラップは，氷浴に浸し273Kに保つ。

バイオマス発電の最新技術

・5, 6段目のトラップは，アセトン-ドライアイス浴に浸し203K以下に保つ。
・全てのトラップは，サンプリングに用いる前に10分以上冷やす。

　トラップに入れておく溶媒はジクロロメタンを用いるが，水溶性タールを分析するのが目的の場合は，1, 2段目のトラップに純水を，4, 5段目のトラップにジクロロメタンを用いる。このタールサンプリングに用いるトラップは，サイズ・形状・配置なども詳しく規定されている。

3.3　タールの成分

　図1にバイオマスの構成成分であるセルロース，ヘミセルロース，リグニンの構造を示す。セ

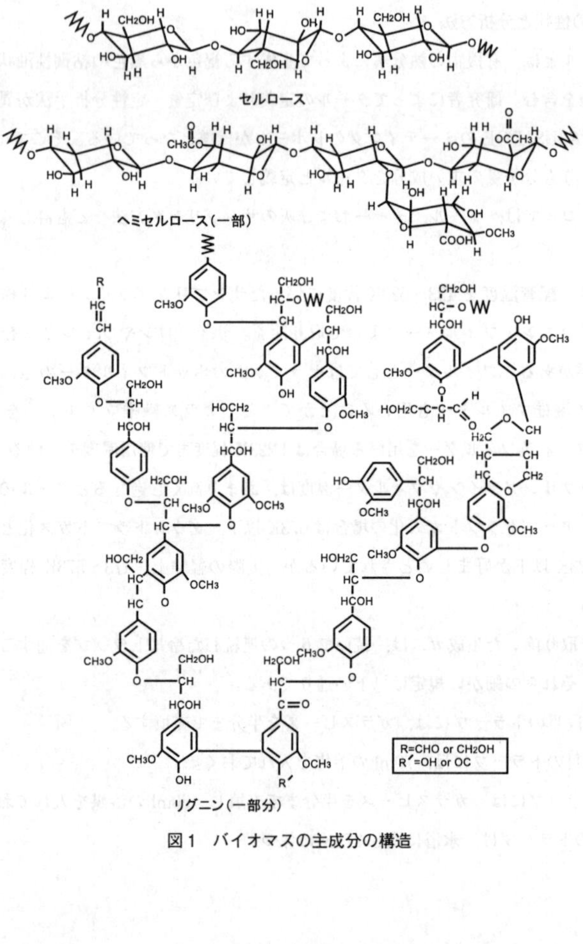

図1　バイオマスの主成分の構造

90

第4章 バイオマスガス化発電技術

表2 タールの代表的な成分と分類

種類	成分
有機酸	ギ酸,酢酸,プロピオン酸,イソ酪酸,酪酸,バレアリン酸等
フェノール	石炭酸,o-,m-,p-,クレゾール,キシレノール,4-エチルフェノール,4-プロピルフェノール,クレオゾール等
カルボニル	ホルムアルデヒド,アセトアルデヒド,プロピオンアルデヒド,アクロレイン,フルフラール,5-ヒドロキシメチルフルフラール,アセトン等
アルコール	メタノール,エタノール,イソプロピルアルコール等
その他の中性成分	レボグルコサン,アセトール,マルトール,有機酸のメチルエステル等
塩基	アンモニア,メチルアミン,ピリジン,メチルピリジン等

ルロースはグルコース単位が水一分子を失った形のグルコシド結合により結合した多糖類である。熱分解・ガス化時に温度が高くなっていくとグルコシド結合が切れ,レボグルコサンなどのモノマーがタールとして得られる。これに対して,リグニンは,高分子のヒドロキシフェニルプロパンを基本単位とする複雑な重合化合物で,熱分解により主に芳香族化合物がタールとして得られる。バイオマスの熱分解及びガス化の際に発生するタールの代表的な組成を表2に示す。これらのうちで有機酸,アルコール類,カルボニル化合物,中性物質は主にヘミセルロースとセルロースから,フェノール類は主にリグニンから生成することが知られている。従って,水溶性タールの大部分はセルロースおよびヘミセルロース由来であり,非水溶性タールは,リグニン由来の成分が多い。液体成分の種類は200種類以上と推定され,バイオマスのガス化反応が非常に複雑であることを示している。

　Kinoshitaら[3]は,タール中の成分をガスクロマトグラフにより詳細な化学分析を行い,ベンゼンのような単環芳香族からペリレンのような五環芳香族までで,タール成分の70~90%（質量基準）が表されるとした。これらを基に,Corellaらは,化学構造を基準に以下の6種類に分類し,この6グループの化合物のランピングモデルを用いて,バイオマスガス化の反応速度モデルを提案している[4]。

グループ1：ベンゼン
グループ2：トルエン,キシレン,インデン,インダンなどのような,ベンゼンを除く芳香環を
　　　　　　1つ持つ成分
グループ3：ナフタレン
グループ4：1-または2-メチルナフタレン,ビフェニル,アセナフテン,アセナフチレン,フル

表3 一次，二次および三次タールの主なタールの成分化合物[6]

成分分類	化合物の種類	化合物
一次タール	酸	アセチル酸
		プロピオン酸
		酪酸
	ケトン類	アセトール (1-ヒドロキシ-2-プロパン)
	フェノール類	フェノール
		2,3-ジメチルフェノール
		2,4/2,5-ジメチルフェノール
		2,6-ジメチルフェノール
		3,4-ジメチルフェノール
		3,5-ジメチルフェノール
	グアイアコール	グアイアコール
		4-メチルグアイアコール
	フラン類	フルフラール
		フルフラールアルコール
二次タール	フェノール	フェノール
		o-クレゾール
		p-クレゾール
		m-クレゾール
	単環芳香族	p/m-キシレン
		o-キシレン
二次タール／三次タール	単環芳香族	ベンゼン
		エチルベンゼン
		α-メチルスチレン
		3 & 2-メチルスチレン
		4-メチルスチレン
		3-エチルトルエン
		4-エチルトルエン
		2-エチルトルエン
	他の炭化水素	2,3-ベンゾフラン
		ジベンゾフラン
		ビフェニル
		インデン
	芳香族メチル誘導体	2-メチルナフタレン
		1-メチルナフタレン
		トルエン
三次タール	多環芳香族：二環	アセナフチレン
		アセナフテン
		フルオレン
		ナフタレン
	三環	フェナントレ
		アントラセン
		フルオランテン
		ピレン
	四環	ベンゾアントラセン
		クリセン
		ベンゾアセフェナントレ
		ベンゾフルオランテン
	五環	ベンゾピレン
		ピリレン
		ジベンゾアントラセン
		インデノ[1,2,3-cd]ピレン
	六環	ベンゾピリレン

第4章 バイオマスガス化発電技術

オレンなどのように，ナフタレンを除く芳香環を2つ持つ成分
グループ5：フェナントレン，アントラセン，フルオランテン，ピレン，ナフタセンなどのように，芳香環を3もしくは4つ持つ成分
グループ6：フェノール，クレゾール，エチルフェノール，キシレノールなどのようなフェノール類

EvansとMilne[5]は，バイオマスの熱分解によって得られたタールを詳細な分析を行い，反応温度に関して3つの主な成分に分類した。反応温度が400〜700℃の温度域で生成するのが一次タールで，含酸素化合物を多く含む。次に，700〜850℃で生成する二次タールは，フェノール類やオレフィン類が多く含まれる。850℃以上の高温で生成する三次タールには，芳香族化合物が多く含まれる。これを表3にまとめた。

3.4 タール発生機構

図2，3に，急速昇温熱天秤反応装置で測定したセルロースとリグニンの熱分解・水蒸気ガス化における重量変化とガスおよびタールの揮発挙動のプロファイルを示す[6, 7]。セルロースを加熱すると，523Kから弱い結合から切れ始め，若干のCO_2が発生する。600〜623K付近になると

(a)熱分解　　　　　　　　　　　(b)水蒸気ガス化

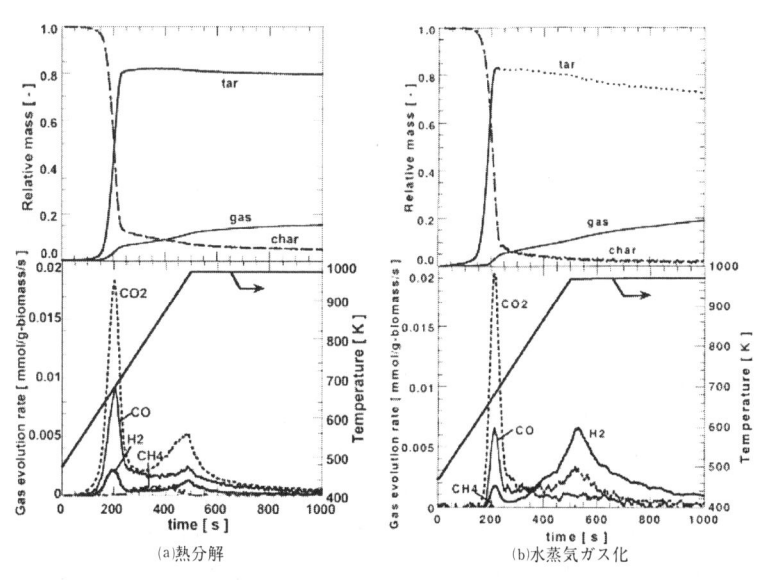

図2　熱天秤反応装置によるセルロースの熱分解および水蒸気ガス化挙動

(a)熱分解　　　　　　　　　　　　　　(b)水蒸気ガス化

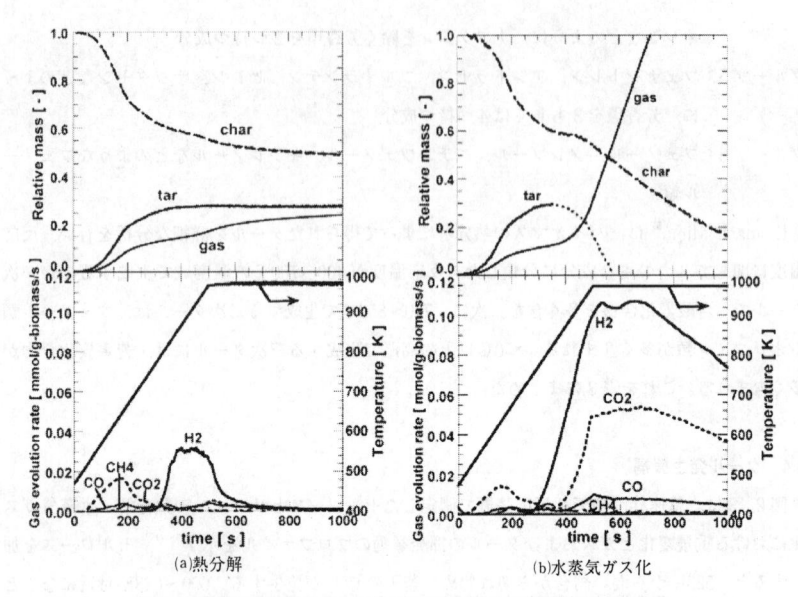

図3　熱天秤反応装置によるリグニンの熱分解および水蒸気ガス化挙動

グルコシド結合の開裂が始まり,急激なCO_2, CO, H_2の発生と重量減少が観察される。673Kでピークに達した後,700Kまででほぼタール分の揮発は終了する。セルロースでは600〜700Kの間で約8割はタールとして揮発し,残りの2割がチャーになる。揮発したタールはさらに気相中で二次分解が起こり,CO_2, CO, H_2およびCH_4が生成する。700K以上では,チャーの熱分解が徐々に進行しCO_2, CO, H_2を発生させ,973Kで終了する。水蒸気が反応雰囲気中に存在すると,チャーのガス化反応(主に水性ガス反応)が起こり,H_2, CO_2などが生成するが,元々セルロースのうち大部分はタールになりチャーの量が少ないため,この影響は小さい。また,急速昇温では揮発したタールが反応器外に排出される前に温度が上がり,気相でタールの二次熱分解が起こる。また,水蒸気が存在すると,気相での水蒸気改質およびシフト反応が進行し,H_2とCO_2の生成量が増加する。

これに対してリグニンは,500KよりCO_2発生が見られ,続けてCOとCH_4が発生する。これはリグニン中の弱い結合,官能基が切れたためと考えられる。550K以上でリグニンの熱分解が起こり,CO_2, CO, CH_4そしてタールが生成する。リグニンの熱分解は550〜773Kの温度範囲で起こり,プレチャーあるいは初期生成チャーと呼ばれる中間体が約60%生成する。リグニン

第4章 バイオマスガス化発電技術

は構造が複雑で重質なため，大気圧下でも熱分解生成物は揮発せず，液相あるいは固相として残り，分子内あるいは分子間の脱水反応，架橋反応が起こり，縮合・炭化により反応性の低いチャーとなる。773K 以上で H_2 が顕著に増加し，873K でピークとなっている。これは，CO および CO_2 の生成がほとんど見られなかったことより，縮合により芳香族化および炭化が起こっていると考えられる。リグニンの場合は，タール量は少なくチャーが多いため，水蒸気が存在すると，チャーの水蒸気ガス化が起こり多くの H_2 が発生する。図3では，823K までは熱分解と水蒸気ガス化はほぼプロファイルは同じで，熱分解が支配的であるのがわかる。823K 以上になると，水蒸気が存在する場合，H_2 の生成が急激に増加し，続けて CO_2 と CO の増加が見られる。923K まで熱分解，水蒸気ガス化の重量変化はほぼ同じであることより，チャーのガス化は 923K 以上で起こっていると考えられる。

図4，5にセルロースとリグニンの熱分解・水蒸気ガス化の反応機構を模式図にまとめた[7]。セルロースの熱分解初期にセルロースの重合度が低下し，その後，逐次的に分子量の小さいものがタールとして揮発するとともに，残りが脱水反応を起こしながらチャーとなる[8]。セルロースは初期熱分解で主にタールを生成するため，急速昇温によって気相二次分解および水蒸気改質反応がおこり水素が多く生成するが水蒸気添加の影響は少ないこと，それに対してリグニンはタール分が少なく初期熱分解によってチャーが主に生成し，これが水蒸気によって水性ガス反応により CO，H_2 となるため水蒸気の添加効果が大きい。

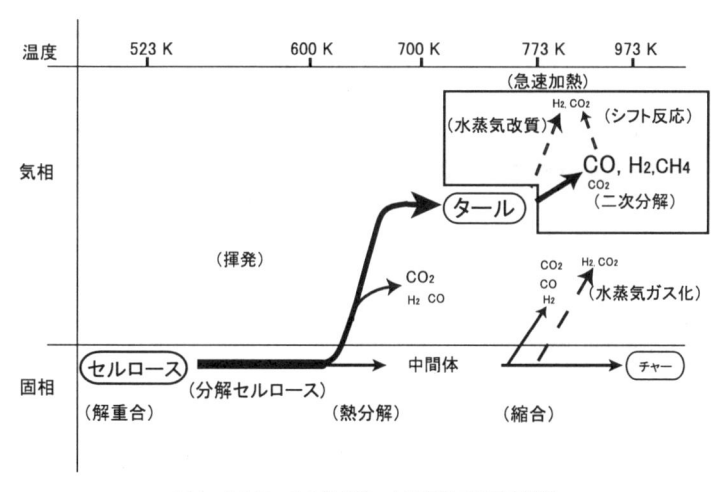

図4 セルロースの熱分解・水蒸気ガス化反応機構

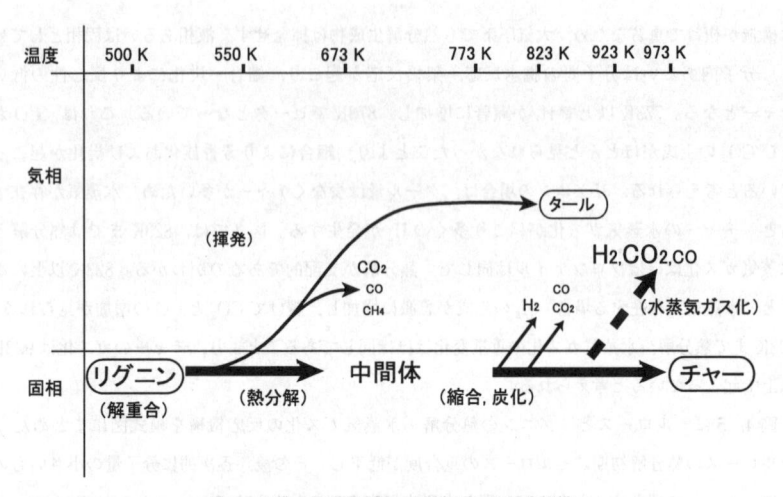

図5 リグニンの熱分解・水蒸気ガス化反応機構

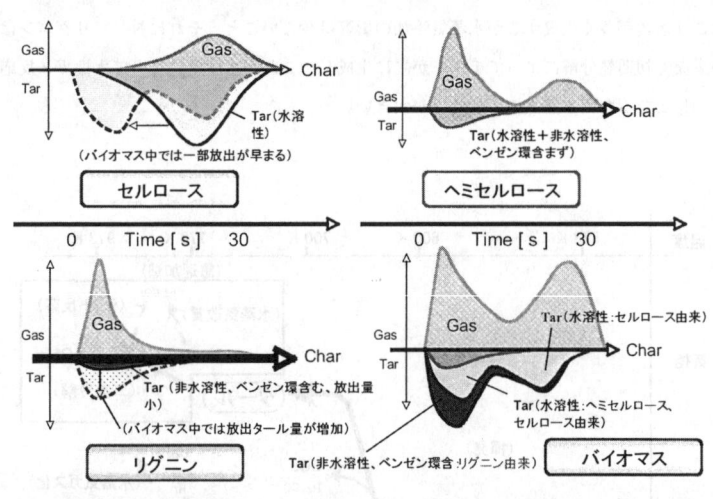

図6 セルロース，ヘミセルロース，リグニンおよび実バイオマスのガスおよびタールの揮発挙動（横軸は時間）

連続十字流移動層型微分反応器により，セルロース，リグニン，キシランおよび実バイオマスのガスおよびタールの発生を時間分画してまとめた結果を図6に示す[8]。バイオマスのガス化反応においては初期にヘミセルロースとセルロース由来の水溶性タールとリグニン由来の非水溶性

第4章　バイオマスガス化発電技術

タールが生成し，反応後期にはタールの主成分はセルロース由来の水溶性タールとなる。セルロースは単独でガス化した場合反応開始後20sでタールの発生ピークを迎え，30s付近でガスの発生ピークを迎える。バイオマスのガス化の際には水溶性タールの発生ピークが反応初期に現れることから，バイオマス中のセルロース成分は単独でガス化されるよりも揮発分としての放出が早まっているといえる。リグニンは反応初期に著しくガスを放出する。タールの発生はごくわずかで，大部分はチャーに転化する。バイオマスのガス化の際には反応初期に非水溶性タールの発生がリグニン単独のガス化から予想されるよりもはるかに多くみられ，それらは芳香族環を持ちリグニン由来の成分であったことから，バイオマス中のリグニン成分は単独でガス化されるときよりも揮発分としてのタール放出量が増大していると言える。ヘミセルロースの代表物質であるキシランは反応初期と反応開始後30sにガス発生のピークを持ち，タールの放出は反応初期に起こる。タールの量はリグニンに比べれば多いがセルロースに比べるとはるかに少ない。リグニン単独のガス化ではタールとして放出されにくいものがバイオマスのガス化初期において放出されることや水溶性のタールも初期の揮発量が多くなることの原因としては，木材ではリグニン単独の場合に比べて縮合がしにくくチャー化が抑制されること，また初期にバイオマス内部のヘミセルロースがタールとして揮発することによって，それとともにセルロースやリグニン由来の成分も揮発していくといった可能性が考えられる。

3.5　ガス化条件によるタール生成の違い

　温度，圧力，ガス化剤，触媒などのガス化条件によって生成するタールの量および性状は異なる。通常，ガス化温度が高いほど，滞留時間が長いほど，タール生成量は少なくなる。また，ガス化炉の形式によっても，ガスおよび粒子の滞留時間分布，気固接触が異なるのみならず，温度分布も一様ではないため，タールの生成量および性状が大きく変化する。一般に，ダウンドラフトガス化炉はアップドラフト型ガス化炉や流動層ガス化炉と比べるとタール生成量は少ない。

3.6　タール除去の方法

　一般に，タールを除去する方法としては，バイオマスガス化プロセスの中でどこでタールを取り除くかによって，ガス化炉内部でタールを除去する単段法（プライマリー法）とガス化炉の後段で取り除く二段法（セカンダリー法）の二つに大別される（図7)[9]。

　二段法は，通常用いられている方法で，ガス化炉から取り出した高温の生成ガスをガス化炉下流に設けた二段目の処理装置により処理するものである。タールの熱分解あるいは接触分解による化学的な処理方法と，サイクロン，バッファーフィルター，セラミックフィルター，繊維性フィルター，遠心粒子分離，静電フィルターおよびスクラバーなどの機械的操作による物理的な処理

(a) 二段法（セカンダリー法）

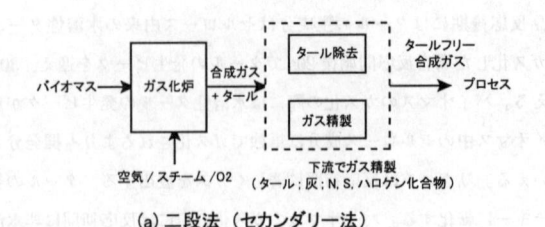

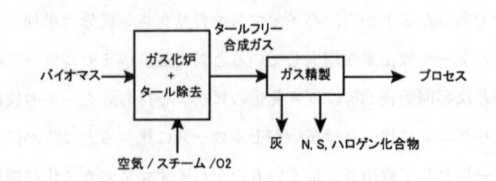

(b) 単段法（プライマリー法）

図7　タールの除去方法

方法がある。スクラバーによる水洗浄が最も簡便ではあるが，大量の排水処理が必要になり，高コストになってしまい，小規模分散型バイオマス発電には不向きである。

　単段法には，ガス化炉で生成したタールをガス化過程において分解したり，あるいはタール発生そのものを抑える方法すべてが含まれる。単段法で比較的クリーンなガスを得ることができるならば，二段法のような下流での処理ユニットを省略できるため，コスト面でも魅力的であるが，ガス化炉内部で完全にタールを処理できる技術は確立しておらず，商業プラントへの導入実績はない。これに対して，ガス化炉でガス化したガスを下流で処理しタールを取り除くプロセスは比較的容易で実用段階のものも多い。これは，ガス化炉内でのタール低減は，用いる触媒や吸収剤だけでなく，ガス化炉の様式，形状および運転条件などにも大きく影響されるため，より複雑で十分な知見が得られていないためである。

　プライマリー法にせよセカンダリー法にせよ，いずれもできる限りタール生成量が少ないガス化条件を選択するのは重要である。

3.7　タールの接触改質

　バイオマスタールの分解触媒としてアルカリ金属，非金属酸化物，金属酸化物などがあり，最近，多くの研究がなされており，いくつかの優れたレビューおよび解説もある[9~14]。

3.7.1 ドロマイト触媒

ドロマイト（苦灰石あるいは白雲石ともいう）は，天然鉱物の一種で，化学組成は $MgCO_3 \cdot CaCO_3$ で表される Mg と Ca の炭酸塩を主成分とし，微量の Al および Fe が含まれている。ドロマイトはバイオマスガス化の触媒作用があることが知られており，安価であるため，バイオマスガス化ガス中のタール濃度を低減させる使い捨て触媒として用いられている。

Olivares ら[15]は，マツ（フランスカイガンショウ）をケイ砂を流動媒体とした流動層ガス化炉にドロマイトを加え，789～834℃で酸素／スチームでガス化すると同時に炉内でタールを分解したところ（プライマリー法），タール濃度が $12\,g/Nm^3$ から $2\sim3\,g/Nm^3$ まで低減できることを報告している。ドロマイトの量は層粒子に対して10wt%もあれば十分であると述べている。

一方，Delgado ら[16]は，ドロマイトを用いてセカンダリー法でタールの除去を行った。水蒸気を流動化ガスとしてマツを780～910℃で流動層ガス化炉でガス化させ，ガス化ガスをドロマイト層中に導入したところ，触媒層入り口で $40\,g/Nm^3$ あったタール濃度を $0.5\sim5.3\,g/Nm^3$ まで低減させた。触媒層温度など操作因子によりタール除去率が変化するが，$500\,mg/Nm^3$ 以下にするのは難しいようである。

Corella ら[17]，さらにドロマイトを触媒とした場合の，プライマリー法とセカンダリー法を実験的に比較したところ，セカンダリー法の方がわずかに効果的であったと述べている。

3.7.2 アルカリ金属

バイオマス中にはアルカリおよびアルカリ土類金属（alkali and alkaline earth metals：AAEM）が含まれているが，これらはガス化触媒として有効であり，特に水蒸気改質に活性を示すことが知られている。このためアルカリ金属はタールの除去および生成ガスの改質に用いられている。触媒は直接混合するか，あるいは含浸させて用いられる。

Mudge ら[18]は，アルカリ金属の炭酸塩をバイオマスと混合させるか含浸させるかして，その活性を調べた。K_2CO_3 および Na_2CO_3 が高い触媒活性を示すことを報告している。また，K_2CO_3 を含浸させた木質バイオマスを750℃で水蒸気ガス化させると，出口ガスにはタールが含まれなかったことを報告している。

Hauserman[19]は，木質バイオマスのガス化後の灰中には，アルカリ金属がかなり残り，これらは優れたバイオマスのガス化触媒作用があることを報告している。バイオマスに AAEM を含浸させる方法は，結局コストが高くなり，実用的ではないが，バイオマスのガス化後の灰分を循環濃縮させて触媒として利用することは，タール濃度の低減を図る方法として有効であろう。しかし，ガスタービンなどの腐食を防ぐため，ガス化時に生成ガスと共に揮発する AAEM を除去しなくてはならず，後段のガスクリーニングへの負荷が大きくなる。また，AAEM は低融点であるため，ガス化炉内で溶融し，その粘着性のため流動化を阻害する。処分すべき灰分の量が多

くなる等の問題がある。

最近，Sonoyamaら[20]は，木質バイオマスの固定層熱分解ガス化において，揮発したAAEMが層内のチャーに再び吸着する現象を見いだしている。これは，バイオマス中に含まれていたAAEMがタール分解触媒として機能させることができる可能性があることを示し，興味深い。

3.7.3 Ni改質触媒

石油化学産業において，ナフサ改質やメタン改質など，軽質炭化水素の水蒸気改質触媒として広く用いられているNi触媒は，バイオマスのガス化においても非常に活性が高いことはよく知られている。タール分解，ガス化ガス中のメタンの改質など，改質反応に活性が高いのみならず，シフト反応に対しても活性を示す。触媒存在下では，温度が740℃以上で炭化水素やメタンは改質され減少し，一方，水素およびCOの濃度が増えていく。

Tanakaら[21]は，種々の固体酸化物をアルミナに担持させて，バイオマスのガス化ガス中のタールの水蒸気改質反応に対する活性を調べた。その結果，NiO/Al_2O_3触媒が最も高いガス収率を示すことを報告している。

Aznarら[22, 23]は，8種類のナフサおよびメタンの水蒸気改質用の市販のNi触媒を用いて，バイオマスガス化ガスのタールの接触分解について調べている。また，Ni／アルミナ触媒はアンモニアの還元にも活性であることが報告されている。

現時点で，バイオマスタール分解触媒としては，おそらくNi触媒が最も有望と考えられる。メタンや炭化水素のスチーム／ドライリフォーミングに実用化されているⅧ族金属触媒の中で，Niは最も広く用いられているが，これらの商用化されたNi触媒をタール分解に転用する試みが多く，ガス化炉後段のタール分解層に用いた場合，AAEMやドロマイトに比べはるかに高活性であると言われている。しかし，Ni触媒をバイオマスガス化プラント実機に用いるには，耐久性の面でまだ課題が残されている。まず，バイオマスのガス化ガス中には，硫黄，塩素およびアルカリ金属が含まれており，これらが触媒毒として作用する。また，重質なタールの濃度が高いと，触媒表面に徐々にコークが析出し触媒を失活させる。高温にすればコークを燃焼させて触媒を再生させることができるが，温度が高すぎるとNi触媒の焼結，さらにはメタルの揮発が起こる可能性がある。従って，Ni触媒を含む遷移金属触媒をバイオマスガス化のタール除去に用いる場合は，二段法で，かつ触媒層の前に，ドロマイトのようなガードベッドを設け，重質タールを分解するとともに硫黄分などを捕捉することで触媒の活性を保つような工夫がされている。

Wangらは，Fe_2O_3を添加した天然ドロマイトにNiを含浸させたNi／ドロマイト触媒を用いてバイオマスタールの分解実験を行い，高い活性を持つとともに耐コーク性の可能性を述べている[24]。

また，Ni系触媒の中で，炭素析出を防ぐことを目的としてNi/MgO固溶体触媒が開発されて

いる。これは，NiがMgOと焼成すると任意の割合で固溶体を形成するために，還元後高分散なNi粒子が得られると共に，担体であるMgOとNi粒子の間にNi・MgO固溶体層を形成するために，Ni粒子の凝集も防げるという特長を持つ[25]。

3.7.4 メソ多孔質アルミナ

メソ多孔質アルミナはNiなどの触媒の担体として用いられているが，それ自身も酸点を有するためタール分解の触媒作用がある。最近，Itoら[26]，Matsuokaら[27]は，多孔質γ-アルミナ粒子がタールを捕捉するとともに，触媒作用によりタールが分解することを報告している。Matsuokaらは上段に多孔質γ-アルミナ粒子を流動媒体に用いた二段流動層ガス化装置で木質バイオマスを773～973Kで水蒸気ガス化させたところ，生成したタールの大部分がアルミナ粒子に捕捉され，さらにタールの水性ガス反応がアルミナ粒子表面で進行してH_2とCOが生成することを見いだした。このとき，チャーはほとんどガス化されなかったが，COと水がチャーの細孔内に拡散しシフト反応が起こると述べている。

また，最近，Hosokaiら[28]は，多孔質アルミナ粒子表面に析出したコークが極めて活性なタール分解触媒として機能することを報告している。

3.7.5 その他の金属触媒

(1) $Rh/CeO_2/SiO_2$ 触媒

Asadullahら[29]は，杉の流動層ガス化試験において，$Rh/CeO_2/SiO_2$触媒とNi触媒，ドロマイトの比較を行い，$Rh/CeO_2/SiO_2$触媒の場合，タールがほぼ完全に除去できることを報告している。

(2) Co/MgO 固溶体触媒

Ni/MgO固溶体触媒は，NiがMgOと焼成すると任意の割合で固溶体を形成するために，還元後高分散なNi粒子が得られると共に，担体であるMgOとNi粒子の間にNi・MgO固溶体層を形成するために，Ni粒子の凝集も防げる[23]。

一方，CoはNiに比べてC-H解離能が低いが，Coが酸化されてCo_3O_4になってもPtに匹敵する酸化能を持つために，反応により析出した炭素分を酸化し，長寿命を示すことが示唆されている。CoもMgOと固溶体を形成するため，Co/MgO固溶体触媒は，Coが高分散し凝集することなく，炭素析出を抑えることができると考えられる。実際，Co/MgO触媒（873Kで焼成）を調製し，ナフタレンをタールのモデル物質として1,173Kにおける水蒸気改質をおこなったところ，12wt.%Co/MgO触媒（873K焼成，1,173K水素還元）が，最も高活性（転化率23%）を示し3時間維持することが報告されている[30～32]。

文　献

1) Hasler, P., Th. Nussbaumer, Gas Cleaning for IC Engine Applications from Fixed Bed Biomass Gasification, *Biomass Bioenergy*, **16**, 385-395 (1999)
2) Neeft, J. P. A., H. A. M. Knoef, and P. Onaji, Behaviour of tar in biomass gasification systems. Tar related problems and their solutions, Novem Report No. 9919. Energy from Waste and Biomass (EWAB), The Netherlands, 1999.
3) Kinoshita C. M., Y. Wang and J. Zhou, Tar formation under different biomass gasification conditions, *J. Anal. Applied Pyrolysis*, **29**, 169-81 (1994)
4) Corella, J., M. A. Caballero, M.-P. Aznar and C. Brage, Two Advanced Models for the Kinetics of the Variation of the Tar Composition in Its Catalytic Elimination in Biomass Gasification, *Ind. Eng. Chem. Res.*, **42**, 3001-3011 (2003)
5) Evans, R. J., and T. A. Milne, Molecular Characterization of the Pyrolysis of Biomass 1. Fundamentals, *Energy & Fuels*, **1** (4), 123-137 (1987)
6) Fushimi, C., K. Araki, Y. Yamaguchi and A. Tsutsumi, Effect of Heating Rate on Steam Gasification of Biomass : 1. Reactivity of Char, *Ind. Eng. Chem. Res.*, **42** (17), 3922-3928 (2003)
7) Fushimi, C., K. Araki, Y. Yamaguchi and A. Tsutsumi, Effect of Heating Rate on Steam Gasification of Biomass. 2. Thermogravimetric-Mass Spectrometric (TG-MS) Analysis of Gas Evolution, *Ind. Eng. Chem. Res.*, **42** (17), 3929-3936 (2003)
8) Yamaguchi, Y., M. Suzuki, C. Fushimi, T. Furusawa and A. Tsutsumi, Kinetic Study on Pyrolysis of Cellulose Using Novel Continuous Cross-Flow Moving Bed Type Differential Reactor, *Energy & Fuels*, submitted (2006)
9) Devi, L., K. J. Ptasinski and F. J. J. G. Janssen, A review of the primary measures for tar elimination in biomass gasification processes, *Biomass & Bioenergy*, **24**, 125-140 (2003)
10) Sutton, D., B. Kelleher and J. R. H. Ross, Review of literature on catalysts for biomass gasification, *Fuel Process. Technol.*, **73**, 155-173 (2001)
11) Dayton, D., A Review of the Literature on Catalytic Biomass Tar Destruction, National Renewable Energy Lab. Report, NREL/TP-510-32815 (2002)
12) Abu El-Rub, Z., E. A. Bramer and G. Brem, Review of Catalysts for Tar Elimination in Biomass Gasification Processes, *Ind. Eng. Chem. Res.*, **43**, 6911-6919 (2004)
13) 細貝聡, 林潤一郎, バイオマスの水蒸気改質, エネルギー・資源, **26** (3), 178-182 (2005)
14) Bridgwater, A. V., Catalysis in thermal biomass conversion, *Applied Catalysis A : General*, **116**, 5-47 (1994)
15) Olivares, A., M.-P. Aznar, M. A. Caballero, J. Gil, E. Frances and J. Corella, Biomass Gasification : Produced Gas Upgrading by In-Bed Use of Dolomite, *Ind. Eng. Chem. Res.*, **36**, 5220-5226 (1997)
16) Delgado, J., M.-P. Aznar and J. Corella, Biomass Gasification with Steam in Fluidized Bed : Effectiveness of CaO, MgO, and CaO-MgO for Hot Raw Gas Cleaning, *Ind. Eng.*

Chem. Res., **36**, 1535-1543 (1997)
17) Corella, J., M.-P. Aznar, J. Gil and M. A. Caballero, Biomass Gasification in Fluidized Bed : Where To Locate the Dolomite To Improve Gasification?, *Energy & Fuels*, **13**, 1122-1127 (1999)
18) Mudge, L. K., E. G Baker, D. H. Mitchell and M. D. Brown, *J. Solar Energy Eng.*, **107**, 89 (1985)
19) Hauserman, W. B., High-Yield Hydrogen Production by Catalytic Gasification of Coal or Biomass, *Int. J. Hydrogen Energy*, **19**, 413-419 (1994)
20) Sonoyama, N., T. Okuno, O. Masek, S. Hosokai, C.-Z. Li, and J.-i. Hayashi, Interparticle Desorption and Re-adsorption of Alkali and Alkaline Earth Metallic Species within a Bed of Pyrolyzing Char from Pulverized Woody Biomass, *Energy & Fuels*, **20**, 1294-1297 (2006)
21) Tanaka, Y., T. Yamaguchi, K. Yamasaki, A. Ueno and Y. Kotera, Catalyst for Steam Gasification of Wood to Methanol Synthesis Gas, *Ind. Eng. Chem. Prod. Res. Dev.*, **23**, 225-229 (1984)
22) Aznar, M.-P., J. Corella, J. Delgado and J. Lahoz, Improved steam gasification of lignocellulosic residues in a fluidized bed with commercial steam reforming catalysts, *Ind. Eng. Chem. Res.*, **32** (1), 1-10 (1993)
23) Aznar, M.-P., M. A. Caballero, J. Gil, J. A. Martin and J. Corella, Commercial Steam Reforming Catalysts to Improve Gasification with Steam-Oxygen Mixtures. 2. Catalytic Tar Removal, *Ind. Eng. Chem. Res.*, **37**, 2668-2680 (1998)
24) Wang, T., J. Chang, P. Lv and J. Zhu, Novel Catalyst for Cracking of Biomass Tar, *Eenergy & Fuels*, **19**, 22-27 (2005)
25) Chen, Y.-G., K. Tomishige, K. Yokoyama and K. Fujimoto, Catalytic Performance and Catalyst Structure of Nickel-Magnesia Catalysts for CO_2 Reforming of Methane, *J. Catalysis*, **184**, 479-490 (1999)
26) Ito, K., H. Moritomi, R. Yoshiie, S. Uemiya and M. Nishimura, Tar Capture Effect of Porous Particles for Biomass Fuel under Pyrolysis Conditions, *J. Chem. Eng. Jpn.*, **36** (7), 840-845 (2003)
27) Matsuoka, K., T. Shinbori, K. Kuramoto, T. Nanba, A. Morita, H. Hatano and Y. Suzuki, Mechanism of Woody Biomass Pyrolysis and Gasification in a Fluidized Bed of Porous Alumina Particles, *Energy & Fuels*, **20**, 1315-1320 (2006)
28) Hosokai, S., J.-i. Hayashi, T. Shimada, Y. Kobayashi, K. Kuramoto, C.-Z. Li and T. Chiba, Spontaneous Generation of Tar Decomposition Promoter in a Biomass Steam Reformer, *Chem. Eng. Res. Des.*, **83** (A9), 1093-1102 (2005)
29) Asadullah, M., T. Miyazawa, S.-i. Ito, K. Kunimori, S. Koyama, K. Tomishige, A comparison of $Rh/CeO_2/SiO_2$ catalysts with steam reforming catalysts, dolomite and inert materials as bed materials in low throughput fluidized bed gasification systems, *Biomass & Bioenergy*, **26**, 269-279 (2004)
30) Furusawa, T., and A. Tsutsumi, Comparison of Co/MgO and Ni/MgO catalysts for the

steam reforming of naphthalene as a model compound of tar derived from biomass gasification, *Applied Catalysis A : General*, **278**, 207-212 (2005)
31) Furusawa, T. and A. Tsutsumi, Development of Cobalt Catalysts for the Steam Reforming of Naphthalene as a Model Compound of Tar derived from Biomass Gasification, *Applied Catalysis A : General*, **278**, 195-205 (2005)
32) Tasaka, K., T. Furusawa, K. Ujimine and A. Tsutsumi, Surface Analyses of Cobalt Catalysts for the Steam Reforming of Tar derived from Biomass Gasification, *Studies in Surface Sci. & Calalysis*, **159**, 517-520 (2006)

4 バイオマスによるオープントップダウンドラフト方式バイオマスガス化発電

渡辺健吾[*1], 柏村 崇[*2]

4.1 はじめに

バイオマスのエネルギー利用方法の一つとして，ガス化発電がある。バイオマスのガス化とは，バイオマスを低酸素もしくは無酸素条件下で熱分解し，これにより水素，一酸化炭素，メタン等の可燃性ガスを発生させるものである。発生したガスはエンジン発電機やガスタービン，ボイラー等で電気・熱エネルギーに変換される。

本節で取り上げるバイオマスガス化発電システムは，オープントップダウンドラフト方式と呼ばれるガス化方式である。この技術はインド科学院（Indian Institute of Science, IISc）で研究開発されたもので，㈱サタケが技術導入し，研究開発・販売を行っている。使用するバイオマスは主に木材，籾殻等の木質のものとなる。現在，同方式のガス化発電施設は海外，国内を合わせて20施設以上が稼動している。

4.2 バイオマスガス化発電システムの概要

4.2.1 バイオマスガス化発電の特徴

バイオマスの発電利用の方法としては，主にボイラー等で直接燃焼させ，蒸気タービンにて発電するもの（BTG）と，ガス化した後，エンジン発電機などで発電するものの2つに分けられる。直接燃焼方式の場合，バイオマスの持つ熱エネルギーが最終的に電気として利用できる割合（バイオマスの熱効率）は，10~40％で，発電施設の規模により効率が大きく異なる。図1に直接燃焼方式のバイオマス発電の熱効率を示す。一般に1MW以下の小型のものでは，バイオマスの熱効率は10％以下となり，20％以上の熱効率を得るためには10MW以上の規模が必要となる。これは主に蒸気配管等の放熱ロスによるもので，小規模な施設ほど放熱ロスの割合が大きくなるためである。これに対し，ガス化発電方式では，バイオマスを可燃性ガスに変換して発電を行うため，放熱ロスが少なく，数十kW程度の非常に小型の施設でも，一般に10~20％程度の熱効率が得られる。しかしながらガス化発電方式の場合は，大規模化による効率改善効果が少ないという面を持っている。このためガス化発電方式は，一般に1MW以下の小規模な施設で，収集運搬の難しいとされるバイオマスの発生元になるべく近い場所に設置するのがよいとされている。

---

* 1　Kengo Watanabe　㈱サタケ　技術本部　第3開発グループ　主事
* 2　Takashi Kashiwamura　㈱サタケ　技術本部　第3開発グループ　主任研究員

バイオマス発電の最新技術

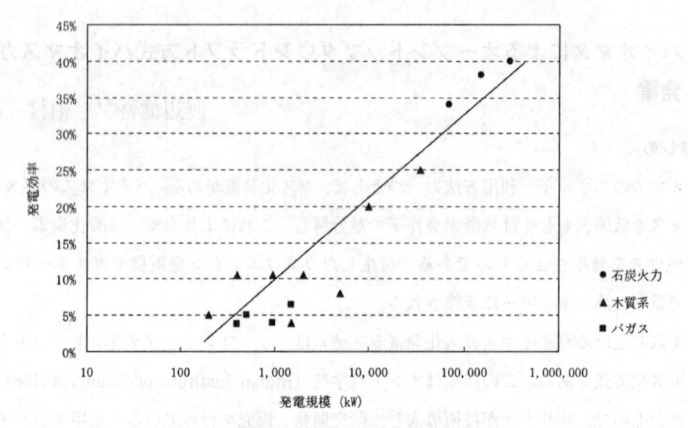

図1 直接燃焼方式バイオマス発電の熱効率

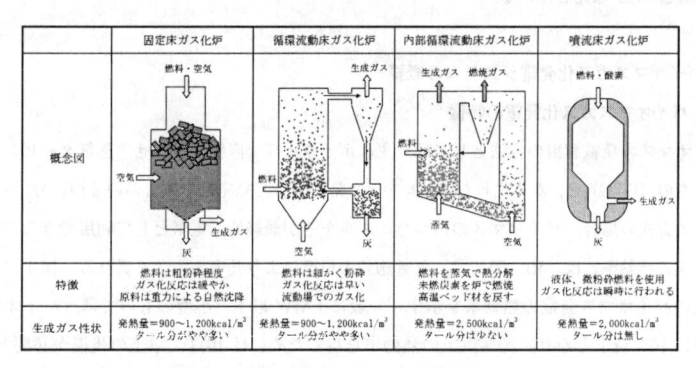

図2 バイオマスガス化方式の種類・特徴

	固定床ガス化炉	循環流動床ガス化炉	内部循環流動床ガス化炉	噴流床ガス化炉
概念図				
特徴	燃料は粗粉砕程度 ガス化反応は緩やか 原料は重力による自然沈降	燃料は細かく粉砕 ガス化反応は早い 流動場でのガス化	燃料を蒸気で熱分解 未燃炭素を炉で燃焼 高温ベッド材を戻す	液体,微粉砕燃料を使用 ガス化反応は瞬時に行われる
生成ガス性状	発熱量=900~1,200kcal/m³ タール分がやや多い	発熱量=900~1,200kcal/m³ タール分がやや多い	発熱量=2,500kcal/m³ タール分は少ない	発熱量=2,000kcal/m³ タール分は無し

4.2.2 オープントップダウンドラフト方式の特徴

(1) 他の方式との比較

バイオマスガス化方式はガス化炉の方式により,数種類に分類される。図2に主なバイオマスガス化方式の種類,特徴を示す。本節で取り上げているオープントップダウンドラフト方式は,図2の中では固定床ガス化炉に分類される。固定床ガス化炉は設備が簡潔であることから比較的小型の施設に向いているとされる。

固定床ガス化炉にはアップドラフト(上昇流)方式とダウンドラフト(下降流)方式がある。両方式の構造を図3に示す。いずれの方式も原料バイオマスはガス化炉上部より投入され,ガス

第4章 バイオマスガス化発電技術

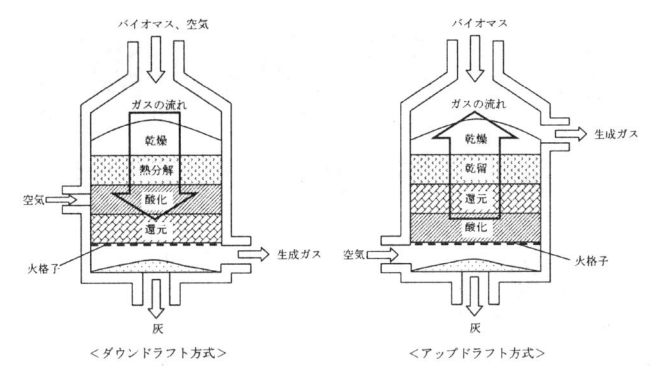

図3 固定床ガス化炉の構造

表1 ガス化発電に使用するバイオマスの条件・種類

項目	条件
水分（w.b）	15%以下
灰分	25%以下
かさ密度	0.2〜0.4kg/L
発熱量（d.b）	3,000kcal/kg以上
形状 （ガス化炉の規模により異なる）	W = 20〜50mm L = 20〜80mm D = 10〜50mm
主要な原料種類	籾殻，木屑，オガクズ，竹，バガス ヤシ殻，雑草，紙，堆肥，その他

化後，下部より灰として排出される。これに対しガス，空気の流れは両者で異なっている。アップドラフト方式の場合では，ガス化炉下部より空気を取入れ，上部より生成ガスを取出す。ダウンドラフト方式では，上部より空気を取入れ，下部より取出す。固定床ガス化炉は他の方式に比べると生成ガス中のタール分が多い傾向にあるが，ダウンドラフト方式の場合はタール分が少なくなる。対して，アップドラフト方式の場合は，タール分が多いため，通常ガス化炉の後に改質器を設け，タールの除去が行われる。

(2) 原料条件

IISc型のガス化炉で使用できるバイオマスの条件並びに主な原料を表1，写真を図4に示す。原料の水分については，ガス化炉が自燃式であるため900℃以上の燃焼温度を得るために水分15%以下とする必要がある。形状については，ガス化炉内の原料，空気の流れを適切に保つため，数センチ程度の塊状とする必要がある。従い，粉状の原料については成型機等で成型加工する必

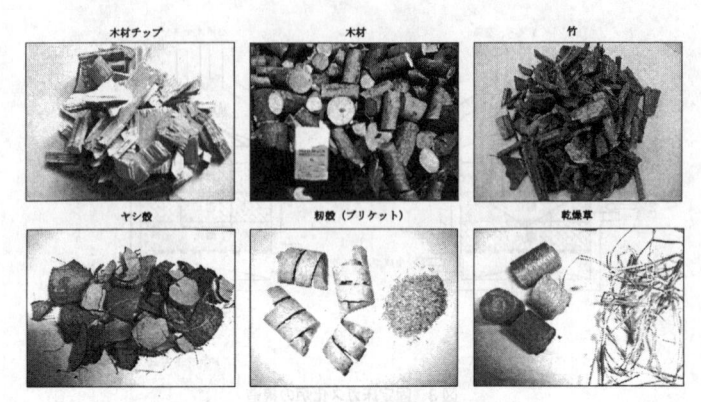

図4 バイオマスガス化発電の原料材料

要がある。バイオマスの種類については，制約は少なく，水分・形状等の条件を満たしていれば，木質のものを中心に非常に多様なバイオマスを使用することが可能である。特に籾殻については，一般にガス化が困難とされているが，IISc型では成型をすることで良好なガス化が行える。また多くのバイオマスは水分が高く，乾燥を行う必要があるが，籾殻の場合は水分が15％以下と低く，安定しているので，有効なバイオマスといえる。

(3) 前処理工程

前項で示したようにIISc型のガス化炉では，原料の水分を15％以下で数センチの塊状にする必要がある。このため前処理として乾燥と破砕，若しくは成型が必要となる。乾燥機については特筆することはないが，エンジンの排熱を利用して乾燥を行うことも可能である。

破砕・成型については木材等であれば，破砕機にて数センチ程度に破砕することで使用できる。籾殻や堆肥，オガクズ等の粉状のバイオマスについては成型機（ブリケットマシン）を使用する。成型機には各メーカーより多様なものが販売されているが，実際にガス化原料のサンプルを作成した擂潰圧縮方式，ロール式高圧造粒方式の2種類の成型機について説明する。

図5に示す擂潰圧縮方式の成型機は，擂潰部（擂り潰し部分）と圧縮部（成型部分）を同軸上に備えているため，ある程度粒子の大きな原料であっても成型が可能となっている。特にこの方式に適している原料として籾殻がある。他の圧縮方式では通常，籾殻の成型は困難であるが，擂潰圧縮方式では良好に成型を行うことができる。被固形化物は外径ϕ46mm，内径ϕ20mm，厚さ20～30mmのドーナツ状に成型される。図4下段中央の写真が擂潰圧縮方式で成形された籾殻である。

図6にロール式高圧造粒方式の成型機を示す。この方式は回転する2つのロール間に，原料を

第4章 バイオマスガス化発電技術

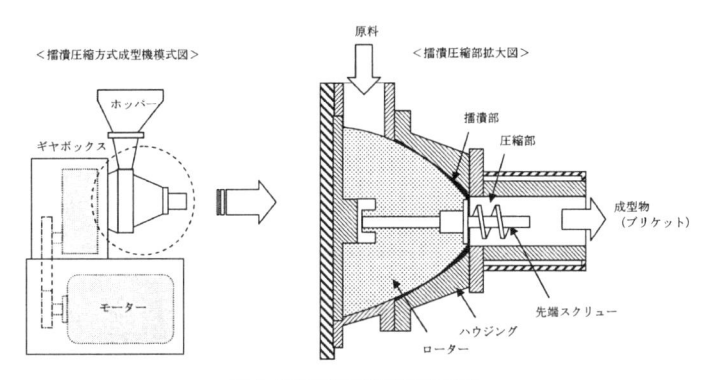

図5 擂潰圧縮方式成型機の構造

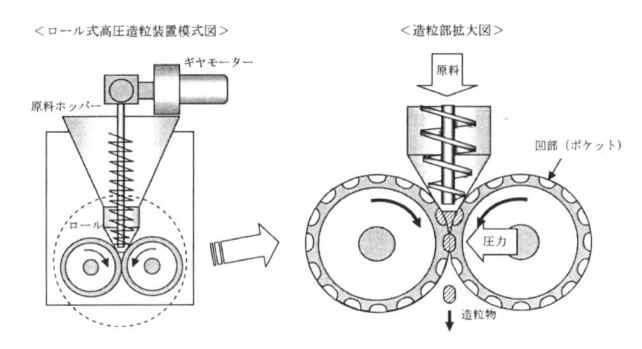

図6 ロール式高圧造粒装置の構造

供給してロール表面の凹部（ポケット）で，圧縮造粒する。凹部の形状・大きさは原料の種類や造粒目的に応じて適切なものを選択することができる。試験では，凹部が 40×25 mm，厚さ20 mm，ロール径406 mm のものを使用した。ロール式高圧造粒方式は擂潰圧縮方式にくらべ，成型可能な原料に制約があるものの，消費動力が低くなっている。

　成型機には上記以外にも多様なものがあるが，いずれにしても使用する原料に応じて適切なものをその都度選定していく必要がある。目的の形状に成型できることはもちろんだが，消費動力や，成型部の磨耗等によるランニングコストを考慮して，システム全体として最も効率のよいものを選定することが重要である。

(4) ガス化工程

ガス化装置は大別するとガス化炉、ガスの冷却・洗浄設備の2つで構成されている。装置の全体構成を図7、ガス化炉の構造・原理を図8に示す。(1)で簡単に説明したが、ダウンドラフト方式では原料は装置上部よりガス化炉に供給され、下部より燃焼残渣を排出する構造となってい

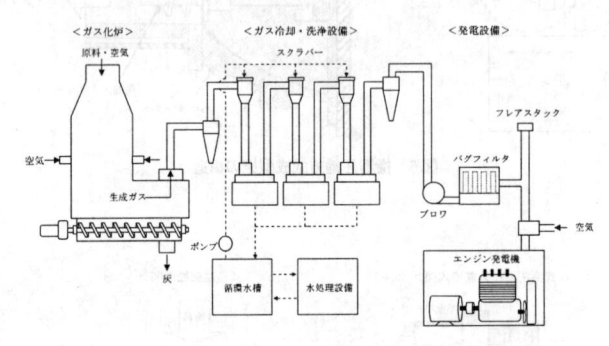

図7 ガス化発電装置の構成

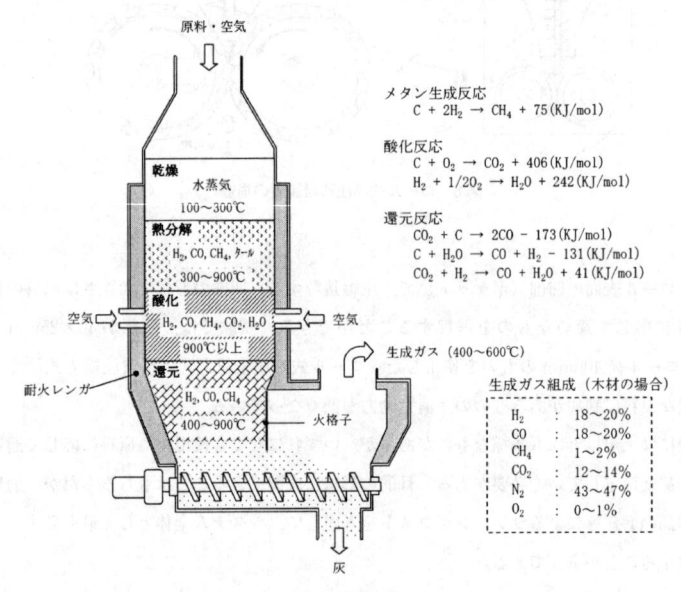

メタン生成反応
$C + 2H_2 \rightarrow CH_4 + 75 (KJ/mol)$

酸化反応
$C + O_2 \rightarrow CO_2 + 406 (KJ/mol)$
$H_2 + 1/2O_2 \rightarrow H_2O + 242 (KJ/mol)$

還元反応
$CO_2 + C \rightarrow 2CO - 173 (KJ/mol)$
$C + H_2O \rightarrow CO + H_2 - 131 (KJ/mol)$
$CO_2 + H_2 \rightarrow CO + H_2O + 41 (KJ/mol)$

生成ガス組成（木材の場合）
H_2	:	18〜20%
CO	:	18〜20%
CH_4	:	1〜2%
CO_2	:	12〜14%
N_2	:	43〜47%
O_2	:	0〜1%

図8 IISc型ガス化炉の構造・原理

る。生成ガスも上部から下部へと流れる。ダウンドラフト方式では生成ガスは一旦900℃以上の高温になるため，熱分解で生じたタール，酢液等の副生物はその大部分が分解され，クリーンなガスが得られるという特徴を持っている。対してアップドラフト方式では生成ガスが温度の低い乾留・乾燥部を通過してくるため，生成ガス中にタール，酢液等の副生物を多く含む。IISc型のガス化発電装置はシステムが比較的単純であるため，所内消費電力も少なくなっている。

ガス化により生成するガス組成は，原料の種類により若干異なるが，水素＝18〜20％，一酸化炭素＝18〜20％，メタン＝1〜2％，二酸化炭素＝12〜14％，酸素＝0〜1％で残りが窒素となる。発熱量（高位）は1,000〜1,200kcal/Nm^3程である。

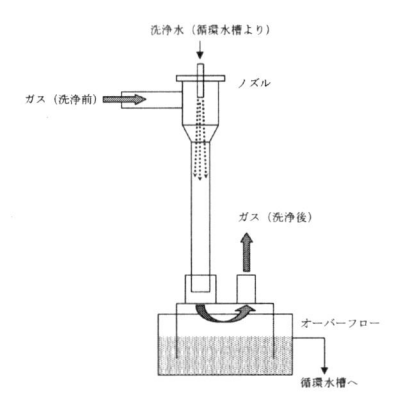

図9　スクラバーの構造

洗浄設備には，生成ガスを冷却，洗浄するためのスクラバーがあり，生成ガス中に含まれるタール，ダストは洗浄水に吸収される。このスクラバーは一般にはジェットスクラバーと呼ばれる形式のもので，スクラバー上部のノズルから洗浄水を高速で噴霧し，水滴とダストの衝突により除塵を行うものである。図9に模式図を示す。他の洗浄集塵方式に比べて使用水量は多いが圧力損失が無く，逆昇圧となる利点がある。スクラバーは3連で構成され，一番目のスクラバーは主にガスの冷却，2番目はダストの除去を行う。3番目については，チラーによって10℃前後に冷却された水を噴霧し，結露を生じさせることで，タールと水蒸気の除去を行う。

洗浄水は基本的には循環利用され，吸収されたタール，ダストは凝集沈澱処理により洗浄水から除去されるため排水は生じない。凝集沈澱処理は循環水槽と別に設けられた凝集沈澱タンクで行われる。図10に装置の構成を示す。まず循環水槽からポンプアップされた循環水に凝集剤を添加し撹拌後，静置して循環水に含まれるダストを沈澱させる。沈澱後，上澄みを活性炭濾過してタール等を除去した後，循環水槽へ返送する。沈澱物はフィルターにより濾過され排出される。またガスより吸収した熱により循環水槽の水温が上昇するが，これについてはクーリングタワーにより冷却される。クーリングタワーでの冷却に伴い水が蒸発するため，若干の加水が必要となる。

ガス化の残渣としてガス化炉下部より炭が排出される。炭の排出量は基本的には原料の持つ灰分量に依存する。通常は原料の持つ灰分量に対して炭の排出量が1.5倍程度になるように，ガス化炉下部のスクリューコンベアで排出する。木質原料の場合は，灰分は通常1％前後であるので，

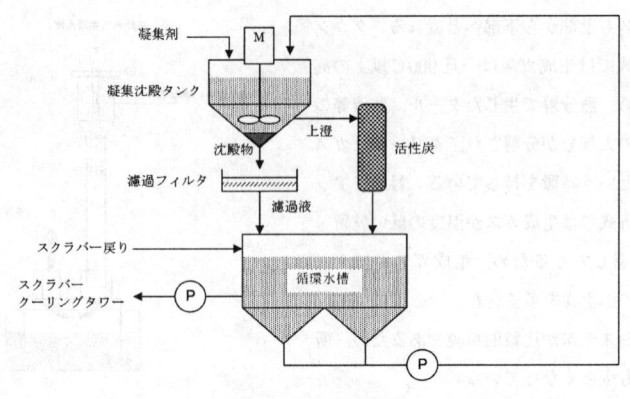

図10 水処理装置構成

排出量はごく僅かとなる。籾殻（灰分＝15～20%程度）のように，灰分の高い原料では，灰の排出量が原料投入量の20～30%と多くなるので，灰の有効利用を図る必要がある。

(5) 発電工程

生成したガスは冷却，洗浄されエンジン発電機へ供給される。エンジン発電機にはディーゼルエンジン発電機若しくはガスエンジン発電機を使用する。ディーゼルエンジン発電機の場合，ごく一般的な市販のものを基本的には無改造で使用することができる。ただし，ディーゼルエンジンの場合には，生成ガスのみでは発電を行うことができない。ディーゼルエンジンではガスエンジンと異なり，点火プラグを持たないため，火種として少量の軽油（重油）が必要となる。生成ガスと軽油を併用して発電を行う状態を混焼という。逆に生成ガスもしくは軽油のみで発電を行うことを専焼という。使用する軽油の量は発電の負荷や生成ガスの性状によって異なるが，同一負荷で軽油のみで発電を行った場合（専焼）の20～30%程度である。生成ガスにより軽油が置き換えられた割合（同一負荷における専焼時の軽油の消費量と混焼時の軽油消費量の差）を代替率という。ガスエンジンを用いた場合には，プラグによって生成ガスに点火するため，生成ガスのみで発電が可能である。ただしガスエンジンの場合は，生成ガスの性状に合わせたガバナ（ガスガバナ）の調整が必要である。発電の負荷に大きな変動がある場合，ディーゼルエンジンでは軽油の噴射量を増やすことで対応できるが，ガスエンジンでは，安定した発電を行うためにガスタンク等が必要となる。

第4章 バイオマスガス化発電技術

4.3 実証試験結果
4.3.1 設備概要・構成

サタケでは,サタケ広島本社内とタイ国のスラナリ大学内にテストプラントを持ち,実証試験を行っている。表2に両プラントの基本仕様,図11,12に写真を示す。広島本社のテストプラントは2003年より稼動しており,定格30kW(ディーゼルエンジン発電機の場合)で,ガス化炉内径325mm,エンジン発電機には可搬型のディーゼルエンジン発電機(定格48kW)を使用している。スラナリ大学のテストプラントは2005年稼動の施設で,ガス化炉内径620mmである。エンジン発電機には常用型のディーゼルエンジン発電機(定格98kW)とガスエンジン発電機(定格80kW)を使用している。

表2 テストプラントの仕様

所在地	サタケ広島本社	タイ国スラナリ大学
ガス化炉形式	オープントップダウンドラフト方式	
能力	ガス生成能力:80m^3/h 発電容量:30kW (ディーゼルエンジン発電機)	ガス生成能力:300m^3/h 発電容量:80kW(ガスエンジン発電機) 98kW(ディーゼルエンジン発電機)
原料	消費量:33kg/h (最大負荷時,水分12%(w.b))	消費量:122kg/h (最大負荷時,水分12%(w.b))
発電機	ディーゼルエンジン発電機 型式:SSG60CI-S2(㈱サタケ) <交流発電機> 定格出力:50/60kVA 定格電圧:200/220V 回転数:1,500/1,800min^{-1} <エンジン> 機関型式:6気筒4サイクル水冷直接噴射式ディーゼルエンジン(過給器あり) ディーゼルエンジン発電機 型式:DCA-60ESI(デンヨー㈱) <交流発電機> 定格出力:50/60kVA 定格電圧:200/220V 回転数:1,500/1,800min^{-1} <エンジン> 機関型式:6気筒4サイクル水冷直接噴射式ディーゼルエンジン(過給器無し)	ディーゼルエンジン発電機 型式:DSG-135SPK(デンヨー㈱) <交流発電機> 定格出力:110/123kVA 定格電圧:200/220V 回転数:1,500/1,800min^{-1} <エンジン> 機関型式:6気筒4サイクル水冷直接噴射式ディーゼルエンジン(過給器あり) ガスエンジン発電機 型式:G855G(Cammins) <交流発電機> 定格出力:100kVA 定格電圧:380V 回転数:1,500min^{-1} <エンジン> 機関型式:6気筒4サイクル水冷エンジン(過給器なし)
稼動日時	2003年9月	2005年11月

バイオマス発電の最新技術

ガス化装置全景  　　原料投入部（装置最上部） 　　ガス化炉

燃焼残渣排出部（ガス化炉底部） 　　ディーゼルエンジン発電機、ガス混合制御装置

図11　30kW ガス化発電装置写真（サタケ広島本社）

ガス化装置全景 　　ガス化炉

燃焼残渣排出部（ガス化炉底部） 　　ガスエンジン発電機

図12　100kW ガス化発電装置写真（タイ国，スラナリ大学）

第4章　バイオマスガス化発電技術

表3　ガス化発電に使用する主なバイオマスの性状

原料	水分 (%d.b.)	灰分 (%d.b.)	高位発熱量 (kcal/kg)	低位発熱量 (kcal/kg)	元素組成 (%d.b.)			
					C	H	O	N
木材（タイ：アカシア）	12	1.2	4,528	4,180	47.0	6.4	44.9	0.5
籾殻（日本：短粒種）	11～13	16～20	3,540	3,240	42.1	5.1	35.6	0.5
籾殻（タイ：長粒種）	8～10	18～20	3,700	3,408	37.7	5.4	36.2	0.3
堆肥（牛糞）	61.7	13.6	3,740	3,430	41.8	5.7	41.4	1.1

表4　原料別の生成ガス組成

原料		H_2	CO	CH_4	CO_2	O_2	N_2	高位発熱量 ($Kcal/Nm^3$)
木材	角材	18.1%	19.1%	2.0%	11.5%	0.9%	48.4%	1,318
	製紙チップ	16.2%	20.5%	1.9%	10.4%	1.1%	49.3%	1,297
籾殻	短粒種（日本）	17.6%	19.8%	1.1%	10.4%	0.0%	49.1%	1,238
	長粒種（タイ）	17.4%	20.5%	1.1%	13.1%	—	48.0%	1,250
堆肥（牛糞）		19.1%	19.4%	1.3%	11.3%	0.9%	47.0%	1,291

4.3.2　試験結果

(1) 試験原料

表3に試験に使用した主なバイオマスの種類，性状を示す。いずれの原料も水分を15%以下に調整，粉状のものは成型してガス化を行った。発熱量は3,000～4,000kcal/kg程度で，灰分は1～20%であった。

(2) 生成ガス組成，発熱量

表4に原料別の生成ガス組成を示す。原料により若干差はあるが，おおよそ安定したガス組成となっている。高位発熱量も1,200～1,300kcal/Nm^3で固定床ガス化炉としては比較的高い値である。基本的には原料の発熱量が高いほど生成ガスの発熱量も高くなる傾向がある。

ガス化炉の立上げや安定性についてだが，通常ガス化炉に点火した後，2～3時間程度でガス化炉の温度やガス組成が安定する。図13に30kWテストプラントで籾殻の生成ガス組成，図14に生成ガス量の変化の例を示す。立上げ直後は水素や一酸化炭素が低くなっているが，2時間程度で18～20%となり，その後は安定している。この試験では試験開始2時間後より，エンジンへ生成ガスを導入している。そのため生成ガス量が2時間目以降，高い値となっている。ガス組成と同様に生成ガス量も安定している。

(3) 物質収支

表5に原料別の原料消費量と生成ガス量を示す（ガス組成は表4に対応している）。生成ガス

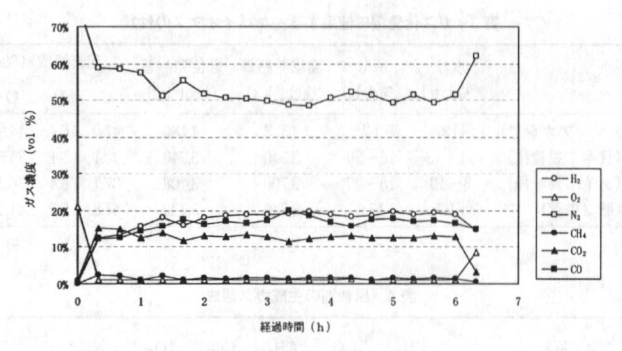

図13 生成ガス組成の変化（籾殻）

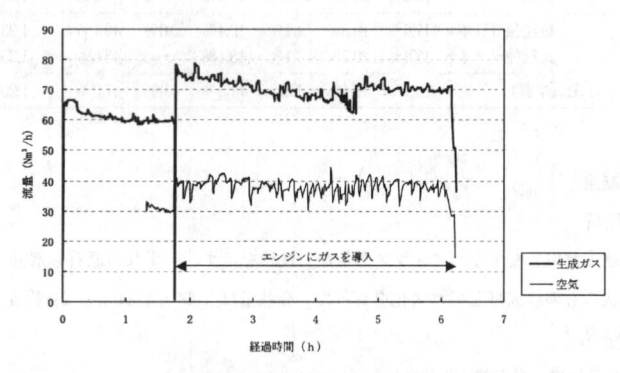

図14 生成ガス量の変化（籾殻）

の生成量は原料1kgあたり，2～2.5Nm^{3}程度となっている。木材のように灰分が低い原料は，原料1kgあたりの生成ガス量が多く，籾殻のように灰分が高いものは少なくなる。またガス化炉より燃焼残渣として炭が排出される。木材の場合，原料中の灰分が1％前後と低いため排出量は，投入原料に対して数％と低くなる。対して籾殻等は灰分が高いため20～30％となる。

(4) 熱効率

表6にガス化炉の熱効率（冷ガス効率），表7にエンジン発電機の熱効率，代替率を示す。冷ガス効率とは原料バイオマスの持つ熱量が生成ガス熱量に変換された比率である。原料により若干異なるが，原料熱量（高位基準）の70％が生成ガスに変換されている。残りの30％は，ガス化炉の放熱，原料や燃焼空気の昇温，生成ガスの持出し（冷却前のガス温度は400～600℃）などによる熱ロスとなる。エンジン発電機での生成ガスの熱効率は21～27.6％と，やや差が見られ

第4章　バイオマスガス化発電技術

表5　原料消費量と生成ガス量

原料		原料消費量		燃焼残渣排出量		生成ガス量
		現物量（kg/h）	乾物量（kg/h）	排出量（kg/h）	排出比率	(Nm³/h)
木材	角材	26.0	23.7	1.7	6.6%	—
	製紙チップ	27.0	23.9	1.1	4.1%	58.1
籾殻	短粒種（日本）	36.1	33.8	5.3	16.1%	71.4
	長粒種（タイ）	85.5	73.8	20.1	23.5%	157.3
堆肥（牛糞）		36.0	32.7	6.4	17.8%	67.2

表6　ガス化炉の熱効率

原料		投入熱量 (kcal/h)	生成ガス熱量 (kcal/h)	冷ガス効率 (%)
木材	角材	107,314	—	—
	製紙チップ	108,197	75,367	69.7%
籾殻	短粒種（日本）	119,615	88,461	74.0%
	長粒種（タイ）	273,060	196,647	72.0%
堆肥（牛糞）		122,298	86,789	71.0%

※熱量は高位基準

表7　エンジン発電機の熱効率，代替率

原料		投入熱量		発電量		発電効率※			エンジン発電機
		生成ガス (kcal/h)	軽油 (kcal/h)	(kWh)	(kcal/h)	生成ガス (%)	軽油 (%)	代替率 (%)	
木材	角材	—	15,031	30.6	26,316	—	30.9%	82.4%	ディーゼルターボ
	製紙チップ	75,367	20,211	30.9	26,574	27.1%	30.6%	76.7%	ディーゼルターボ
籾殻	短粒種（日本）	88,461	25,836	30.8	26,488	21.0%	30.5%	70.3%	ディーゼル
	長粒種（タイ）	196,647	—	63.0	54,180	27.6%	—	100%	ガス
堆肥（牛糞）		86,789	21,320	30.9	26,574	23.3%	29.9%	76.0%	ディーゼル

※軽油の発電効率は軽油専焼時のものである。混焼時も軽油の発電効率は変わらないものとして，生成ガスの発電効率を算出している。

る。ディーゼルエンジンの21〜23.3%に対し，ディーゼルターボエンジンやガスエンジンでは27%前後と効率が良い結果が得られている。原料や，生成ガスの性状が異なるため一概には言えないが，ガスエンジンやディーゼルターボエンジンの方がガス化発電に適している。施設全体の効率は冷ガス効率と発電効率の積となるので，15.5〜19.9%（軽油除く）になる。

表8 生成ガス中のタール,ダスト濃度

測定箇所	タール (mg/Nm^3)	ダスト (mg/Nm^3)
スクラバーNo.1後	150～250	500～1,500
バグフィルタ前	30～80	100～300
バグフィルタ後	1～15	5～30

表9 エンジン発電機排気ガス

条件	ダスト (g/Nm^3)	窒素酸化物 (ppm)	一酸化炭素 (ppm)	ハイドロカーボン (ppm)
専焼	0.021	520	94	28
混焼	0.008	66	3,300	240

※ディーゼルエンジン発電機(型式:SSG60CI-S2),木材での結果

(5) タール,ダスト,エンジン排気ガス

表8に生成ガス中に含まれるタール,ダストの濃度を示す。冷却後(スクラバーで1回洗浄した後)のタールは150～250mg/Nm^{3}となっている。アップドラフト方式等,タールの生成が多いとされるガス化炉では,一般的に改質前で1～10g/Nm^{3}程度といわれているので,非常にタールの生成が少ないといえる。さらに洗浄,バグフィルタにより最終的には1～15mg/Nm^{3}となる。

表9にエンジン発電機の排気ガスの測定結果を示す。ダスト,窒素酸化物については混焼時の方が軽油専焼にくらべ低くなっている。特に窒素酸化物については1/9程度と大幅に低下している。このことからガス化発電は二酸化炭素削減以外の面でも環境に良いといえる。逆に一酸化炭素やハイドロカーボンについては大幅に増加しているが,これらについては酸化触媒を使用することで容易に除去することが可能である。

4.4 稼動施設の例

表10に現在稼動している主な施設を示す。初期のものは100kW前後の比較的小型のものとなっているが,近年では1,000kWクラスの施設も商業稼動を行っている。その中でもArashi Hitech Biopowerは最大規模の施設で,2基のガス化炉と5台のガスエンジン発電機を擁している。施設の写真を図15に示す。この施設は稼動後,約4年となるが,売電による商業稼動を順調に行っている。またガス化炉については余力があるため,ガスエンジン発電機の増設が検討されている。

4.5 おわりに

バイオマスのエネルギー利用については,ハード面の技術的な問題だけではなく,ランニング

第4章 バイオマスガス化発電技術

表10 主な稼動施設

場所	事業者	発電機 (発電容量)	原料消費量 (kg/hr)	竣工年	エネルギー 供給先	バイオマス原料
インド	Madhya Pradesh	2×52kW	100	1997	製紙会社への電力供給	イッポミア草
スイス	Xylowatt SA	60kW	54	1997	送電線への電力供給	製材屑，残材
インド	Senapathy hiteley	2×75kW	500	1999	電力供給	桑の枝，ヤシ殻
インド	Bethamangala	20kW + 16kW	50	2000	ポンプへの電力供給	木材
インド	Synthetic Chemicals	—	450 (320kW 相当)	2000	マリーゴールドの葉の乾燥への熱供給	マリーゴールド屑，ヤシ殻
インド	Agrobiochem	—	450	2001	マリーゴールドの葉の乾燥への熱供給	Prosofis juliflora (ユリ科の植物)
インド	Tahafet	—	250	2001	熱処理炉への熱供給	ヤシ殻
インド	Ma Sarada Rice Mill Vivekananda Modern Industries	400kW	750	2002	精米工場への電力供給	木材
インド	Arashi Hitech Biopower (2004年に炉を増設，ガスエンジン導入)	5×256kW	1,400	2002	送電線への電力供給 (二次製品に活性炭生産)	ヤシ殻・木材
インド	Tanfac	—	1,100	2003	化学工場への熱供給	木材
広島	広島環境研究所	30kW	33	2004	試験プラント	木材，竹
タイ	サタケ タイランド	100kW	122	2005	試験プラント	木材，籾殻

　コスト，原料の収集やエネルギーの利用方法といったソフト的な条件も非常に重要な要素である。バイオマスガス化発電においても，施設を運営していくためには，これらを事前に十分検討しておくことが重要である。いずれの方式のガス化発電施設も技術的な性能面では，十分実用段階にあるといえるが，事業として成り立っているものは多くない。IISc方式のガス化発電施設についても，他の方式と同様である。

　事業として成立させるためには発電だけでなく，熱利用についても十分検討する必要がある。一般にエンジン発電機からは入熱の最大40％（つまり生成ガスが持つエネルギーの40％に相当）程度が回収可能といわれている。従い，これを有効利用することが重要である。また発電を行わず，ガスを直接利用することも考えられる。電気エネルギーとすることで利用は容易となるが，発電機のイニシャル，メンテナンスコストは運営上，非常に大きなウエイトを占めている。生成

図15 Arashi Hitech Biopower ガス化発電装置写真（インド）

（施設外観／原料（アカシアの一種）／ガス化炉／ガスエンジン発電機）

　ガスを直接利用することで，これらのコストを削減することができる。実際にIISc方式のガス化炉は発電用ではなく，熱源として使用されているものも多くある。
　バイオマスガス化発電を事業として成立させるためには，様々な運営上の問題があるが，IISc方式は他の方式と比較すると，装置が比較的単純・安価でランニングコストが低い，原料を成型することで多様な原料が使用可能，小規模でも効率が高い等の特徴がある。これらの特徴からIISc方式は，他の方式よりも事業として成立しやすいと考えられる。このため大規模化が困難なバイオマスのエネルギー利用としては有効な方法の一つであるといえる。

文　　献

1) S. Dasappa, H. V. Mukunda, P. J. Paul, N. K. S. Rajan, "Biomass to Energy", Advanced Bioresidue Energy Tecnologies Society (2003)

5 森林バイオマスのガス化発電

笹内謙一*

5.1 はじめに

森林は古くは里山として地域のエネルギー源であり，また近年まで木材資源の供給庫として，われわれの生活になくてはならない存在であった。しかし戦後港湾機能が整備されるとともに，安価で粒のそろった海外の木材資源が大量に輸入されるようになり，国産材の競争力が急速に薄れていった結果，今では木材の国内自給率が20％を切るまでに低迷している。この弊害は単に国内林業の不振だけにとどまらず，森林整備が放置され，集中豪雨のたびに繰り返される土石流問題など災害の発生にもつながっている。

また戦後の拡大造林政策で，日本の人工林面積の約2割が木材資源としての伐採利用が可能となる林齢46年生以上に達してきており，成長した森林を生かしつつ，伐採も含めた森林の整備・保全が必要な時代に入っている[1]。

こういった森林資源は大気中の二酸化炭素を炭素という形で木材中に固定していることから，まず建築などの材料として使用されることが望ましいが，一方間伐材などの小径木のように材料として適さないものは利用先がなく，山に捨て置かれている。この放置材は微生物により分解され，固定されていた炭素はやがては二酸化炭素として大気中に放散される。また製材される原木も製材作業に伴ってその4〜5割が製材くずとして排出され，一部はパルプ原料として製紙会社に引き取られるが，木の皮であるバーク材やカンナくずといった利用先のないものは焼却処分され，やはり二酸化炭素として大気中に戻っている。

このような森林バイオマスは未利用エネルギー資源として非常に魅力が大きいが，一方でエネルギー密度が低いことから大量の原料調達には向かず，小規模で効率よくエネルギー化することが必要である。この小規模エネルギー化の一つの方法として，熱分解によるガス化発電に着目した。

5.2 バイオマスのガス化発電とは

ものが燃える現象は，すべてガス化という過程を経ている。すなわち，火種があり，その火種の熱によって対象となる有機物が熱分解でガス化し，大気中の酸素と反応して燃焼し，その熱によってさらに残りの有機物がガス化するという過程を連続的に起こして燃焼反応を継続させている。バイオマスを単純に燃やしてその熱エネルギーを利用してもよいが，バイオマスはエネルギー密度が低いことから，効率よくエネルギーを得るためには工夫が必要となる。たとえばペ

---

* Kenichi Sasauchi　中外炉工業㈱　バイオマスグループ　グループ長

レット燃料のように小さく固める，炭化してエネルギー密度を上げるなどがある．
　一方，燃焼する手前の可燃ガスを採取できれば，ガスバーナーやガスエンジンなど既存の高効率のエネルギー機器が利用できる．われわれはガス化炉によってバイオマスを可燃ガス化し，このガスでガスエンジンを運転し発電機を回すことで電気エネルギーを得る方法を選択した．小規模の燃焼式ボイラー発電ではバイオマスのもつ熱量の数％しか電気エネルギーを得ることができないが，ガス化エンジン発電であれば，小型でも20％程度の電気エネルギーを得ることが可能となる[2]．
　森林バイオマスは比較的水分の少ないドライ系のバイオマスであり，燃焼や熱分解などのエネルギー変換方式に適した原料である．バイオマス先進地域のヨーロッパではチップやペレットが規格をもち，燃料市場を形成している．日本でも最近地方で森林組合や林業会社が中心となってこういった市場を作ろうという動きがあるが，趣味的に利用されている薪炭は別として木質燃料自体が現在では一般的でなく，供給側，需要側ともに解決しなくてはならない課題は多い．
　燃焼にしろ熱分解にしろバイオマスに熱を加えるため処理後のバイオマスは大きく減容される．炭化物や無機成分である灰が微量の残渣として残るだけであり，炭化物の場合は土壌改良剤や燃料など副産物利用しやすいというメリットもある．
　一方，ウェット系バイオマスと呼ばれる畜糞や汚泥，生ごみ，水産系残渣などはメタン発酵によるガス化が広く普及しており，同じくガスエンジンによる発電が行われている．こちらもバイオマスのガス化発電と呼ばれ熱分解ガス化と混同されるケースもあるが，熱分解ガス化とは明らかにガス化の原理が異なる．また，発酵ガス化後の水を含む大量の残渣は液肥として利用されることもあるが，用途がない場合その処理に困るという問題がある．
　ドライ系とウェット系の区分は含水率に依存するが，含水率が75％を超えると原料バイオマスがもつエネルギーで水を蒸発させ，かつその水蒸気をガス化温度まで上昇させることにエネルギーを使い果たしてしまい，利用できるものが残らない状態となるので，理論上の境界点となる．実際は乾燥の効率などを考えると50％程度が限界であるが，天日乾燥など乾燥のための熱供給を必要としない乾燥方法を採用し30％程度まで乾燥できれば，ウェット系バイオマスであっても理屈のうえでは熱分解ガス化は可能となる．

5.3　熱分解ガス化の方法
　ガス化の技術は決して新しいものではなく，世界中で200を超える方式があるといわれているが，バイオマスに熱を加える方法すなわち炉型の違い，使用するガス化剤の違い，ガス化温度の違い，さらには常圧でガス化するか高圧でガス化するかなどでさまざまな組み合わせのものが考案されている．代表的なガス化炉の分類を表1に示す．ガス化自体はいわゆるバイオマスを蒸し

第4章 バイオマスガス化発電技術

表1 国内の木質バイオマスガス化炉と事例

炉型式	固定床		流動床	
	アップドラフト式	ダウンドラフト式	バブリング式	循環式
概念図				
ガス化方式	直接	直接	直接	間接
ガス化剤	空気	空気	空気	水蒸気
ガス熱量	低	低	低	中
タール	大	小	大	中
国内実証試験機 (稼働中 or 建設中)	山形県立川町 兵庫県一宮町 山形県村山市	岩手県衣川村 岩手県葛巻町 奈良県五條市 兵庫県明石市 山口県下関市	高知県仁淀川町	徳島県阿南市 島根県平田市 千葉県袖ヶ浦市

炉型式	噴流床	ロータリーキルン	
		内熱式	外熱式
概念図			
ガス化方式	間接	直接	間接
ガス化剤	水蒸気	空気	水蒸気
ガス熱量	中	低	中
タール	小	大	中
国内実証試験機 (稼働中 or 建設中)	長崎県諫早市		山口県山口市 三重県伊賀市

焼きにするだけで簡単にできるが,このとき生成するタールの処理方法が普及への最大の課題となっており,ガス化炉自体でタール発生を抑制する方法と,後処理でタールを取り除く方法に大別される。

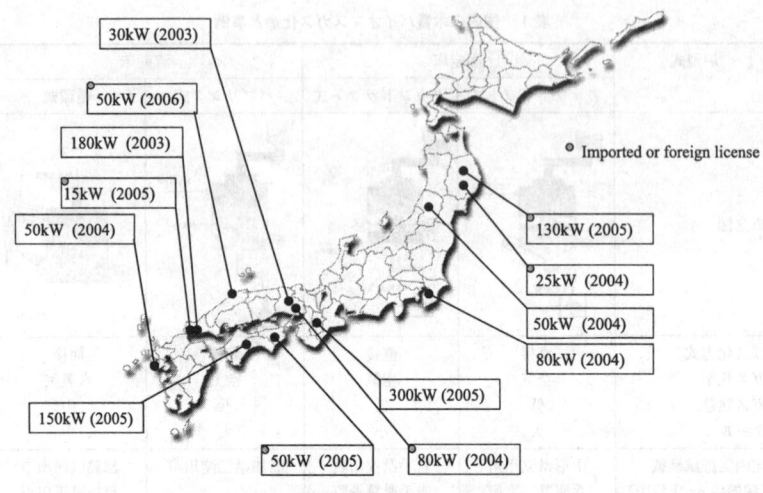

図1 日本の木質バイオマスガス化発電プロジェクト

2002年にバイオマス・ニッポン総合戦略が閣議決定されて以来，各地で多くの熱分解ガス化による木質バイオマス発電の実証試験設備が立ち上がっている。図1に示すように，2005年春現在でその数は明らかになっているものだけで13プロジェクトを数え[3]，企業や研究機関などが内部で行っているパイロットプラントも含めると30を超えるといわれている。ガス化方式としては1件を除き常圧ガス化であり，また固定床ガス化炉が8割を占めている。ガス化の研究の盛んなヨーロッパ地域からの輸入や技術導入も多い。

5.4 山口市にある森林バイオマスガス化発電実証試験プラント

本プラントは，新幹線新山口駅と宇部市の間に立地する企業団地内にある高次加工製材工場内に設置されている。原料としては，主として山口県森林組合連合会から供給されるスギ，ヒノキなどの間伐材や未利用竹材をチップ化したものを使用しているが，設置場所である製材所から発生するプレナーくずなども使用している。時間当たり約210kg（日量5トン）の原料を受け入れ，これを熱分解ガス化しガスを精製処理したのち，ガスエンジンに送ることにより約180kWの発電が可能である。この電力は設置場所である製材所の製材機械用電力の一部として使用している。また，コージェネレーション施設であるため熱エネルギーも得られ，この熱は蒸気という形で製材所の乾燥熱源として使用している。実証試験設備の写真を写真1に，またフローを図2に示す。

第4章　バイオマスガス化発電技術

写真1

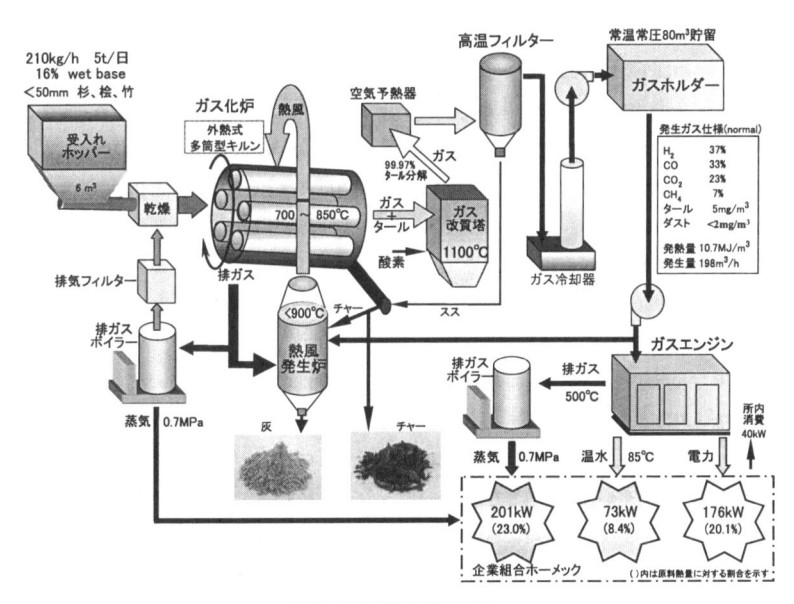

図2　実証試験設備のフロー

　森林組合からの原料は1m³のフレコンバッグで搬入されるため，手動で容量2トンのホッパーに投入し，フィーダーによる定量切り出しによってガス化炉へ自動投入される。またプレナーくずは製材所から空気搬送によって自動的に送られ，同じホッパーに投入される。これらは試験目的によって切り替えて使用している。

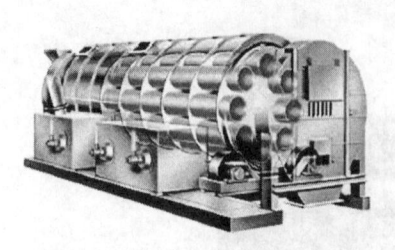

図3 外熱式多筒型ロータリーキルン　　　　写真2 ガス化後の残渣（炭化物）

　ガス化炉は図3のような外熱式多筒型ロータリーキルンで，複数の φ550 の反応筒から構成されている。バイオマス原料はガス化炉内の入口原料貯留槽にいったん落ち，この反応筒が回りながらすくい上げるというイメージで反応筒内に入る。φ550 の筒にすくい上げればよいため原料の大きさの制約は少なく，おがくず状の細かいものから竹やバークのような繊維の長いものまで扱うことが可能である。キルン全体が入側から出側にかけて傾きをもっているため，反応筒に入った原料は回転数に比例して炉内を転がりながら出側へと向かう。一方，反応筒は外部から 700～850℃ 程度に加熱されており，この熱により内部の原料バイオマスがガス化する。キルンの回転数を変えることにより，原料のガス化炉内での滞留時間，すなわちガス化時間を制御することが可能である。ガス化後に残った残渣（炭化物，写真2）は，ガス化炉の隣の熱風発生炉で燃やされ，この熱をガス化炉の反応筒外部に送ることによりガス化の熱源として利用し，その後の廃熱で前述した蒸気を作っている。

　一方，発生した可燃ガスはタール分とダスト分を含むため，ガス化炉後段の高温のガス改質塔で酸素吹き込みによりタールを，またその後の高温フィルターでダストをそれぞれ取り除き，スクラバーで冷却後ガスエンジンに送る。高温フィルターは自動払い落とし式であり，ここで回収したダストも熱風発生炉に送り熱源として利用している。結果，表2に示すようにガスエンジン前におけるタール，ダスト濃度はきわめて微量であり，エンジンメーカーが推奨するレベルを大きく下回る結果となった。

5.5　実証試験における課題とその対策

　実証試験は設備設置後の 2003 年 8 月から始まり，その中でいくつかの課題が明らかになった。主な課題とその対策について以下に述べる。

5.5.1　原料水分の問題[4]

　ドライ系のバイオマスである森林バイオマスではあるが，実際に搬入されてくる間伐材は生木

第4章 バイオマスガス化発電技術

表2 発生ガスの性状分析結果

(1) 条件

原料	プレナーくず
供給量	267kg-wet/h
水分	16.4wet%
熱風発生炉 出口温度	950℃
ガス化炉 材料滞留時間	多筒型外熱式キルン 1.5h
ガス改質塔 設定温度	酸素付加式 1150℃

(2) 結果

		ガス化炉出側	エンジン前
ガス量 (m^3N/h)	wet	343	256
	dry	209	254
ガス組成 (vol%)	CO_2	16	22
	CO	36	34
	H_2	20	38
	CH_4	16.7	2.9
	C_2H_4	3.3	0.075
	C_2H_6	0.8	0.006
	C_3H_8	0.028	<0.0001
タール (g/m^3N)		25	0.005
ばいじん (g/m^3N)		11	<0.002

であるため平均55%くらいの含水率をもっていた。これは当初計画の16%を大きく上回る値であり，結果としてガス化炉での熱不足を生じることになった。ヨーロッパなどでは原料水分の問題を解決するため，伐採後1年程度寝かせて水分を抜いてからチップ化するといった手法がとられているが，狭い土場しかなくかつ湿度の高い日本では，こういったことを望むべくもない。さらに，伐採後土場でチップ化された間伐材はすぐにフレコンバッグに袋詰めされると同時に水分もバッグに閉じ込められるので，生木の状態そのままでエネルギー化施設に搬入されることになる。したがって，施設内である程度乾燥せざるをえなくなり，設備廃熱を利用しホッパー内で簡易にバッチ乾燥できるように写真3のような廃熱吹き込みダクトを追加した。

写真3 受け入れ計量ホッパーと乾燥用ダクト
（シルバーの配管）

夜間はガス化試験を行わないため，炉温を維持するためだけのターンダウン保持運転とし，この際生じる廃熱で翌日の試験用原料を乾燥しようとするものである。この結果，目標には届かなかったが30%程度まで乾燥することができ，以後30%の含水率で試験を行うこととした。

一方，この手法では実機を想定した長期連続運転が不可能であるため，隣接する製材所の乾燥プレナーくずを併用できるように，製材所からの空気搬送ラインを増設した。また廃熱を利用し

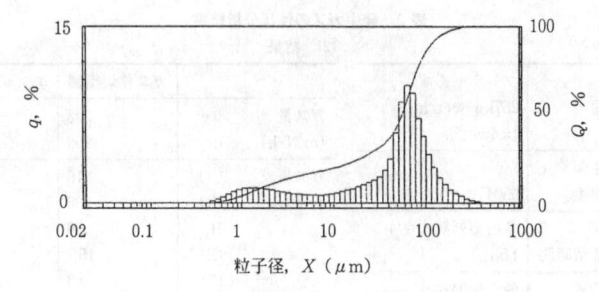

図4 ガス中のダストの粒径分布

た連続乾燥については当社研究所内に別途試験設備を設け、廃熱量に応じた高効率チップ乾燥のめどを立てている。

5.5.2 ガス中のダストの問題[5)]

ガス化炉に使用しているロータリーキルンは撹拌炉であり、原料のバイオマスは反応筒内で撹拌されながら加熱されガス化する。このためガス化の効率は高いが、反面バイオマスが細かく砕けてダストが生じることになる。一方、タールを除去するための高温改質では可燃ガスに酸素を吹き込み、高温状態を作ることから、いわゆる不完全燃焼によるすすが生じやすい条件となる。

表3 高温フィルターの除じん性能

測定項目	測定値
投入原料	プレナーくず (ベイマツ)
原料投入量	255kg/h
原料水分	13.3%
ガス温度	297℃
ガス量 (湿)	420m^3N/h
ガス量 (乾)	293m^3N/h
ガス水分	30.2%
ろ過風速	0.55m/min
入り口ダスト濃度	11,000mg/m^3N
出口ダスト濃度	<4 mg/m^3N
集じん効率	99.96%

図4に改質後のガスにおけるダストの粒径分布を示す。これをみると、約1μmと約80μmのところにそれぞれピークをもつことがわかる。小さいほうがすすであり、大きいほうが炭化物の砕けたものであると考えられる。これらは最終的にスクラバーで取り除くことが可能であるが、反面スクラバー水に混じることから大量のスカムが発生することになった。ダストの成分を分析したところほとんどが炭素分であり、スクラバーで凝縮除去したスカムはウェットであり再利用が難しいことから、改質塔の2次側に高温フィルターを設け、さらに自動払い落とし式としてダストを回収し、熱風発生炉で焼却するようにした。

高温フィルターにおけるダスト除去の結果を表3に示す。本対策後、スクラバー水のスカムは完全になくなった。

第4章 バイオマスガス化発電技術

5.5.3 立ち上げ時のタール発生の問題[4]

改質塔は酸素吹き込みによって約1,100℃の高温状態を作っているが，安全上，ガス化炉が立ち上がって発生ガス温度が700℃を超えるまでは酸素吹き込みを行わない運転方法をとっている。したがって，改質塔がある程度の高温になるまではタールの分解が行えず，タール分を含むガスがスクラバーに行くことになる。このタール分もスクラバーで除去されるが，スクラバー水は循環使用しているため，タールがスクラバー水に凝縮しスクラバーを詰まらせるなど問題が生じるばかりではなく，運転中は内部の清掃も不可能となる。こういった経験からスクラバーによるタール除去は非現実的であると判断し，改質塔がタールの分解が可能となる温度まで昇温する間の熱分解ガスはスクラバーで処理せず，すべて高温の状態で熱風発生炉に送り燃焼するようにした。この場合，熱風発生炉はガス化炉から来る炭化物と発生ガスを両方燃焼させる必要があるため大幅な熱余りとなるが，原料投入量を自動的に落とすようにするとともに，自動で冷却水を吹き込み温度調整するようにした。

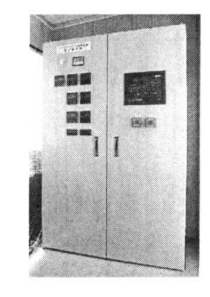

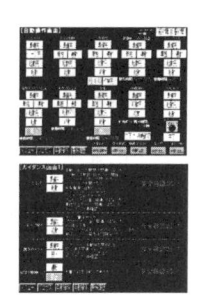

写真4 運転監視盤とタッチパネルのガイダンス

5.5.4 自動運転

ガス化発電設備は，定常運転に至るまでに安全上や安定運転のための各種条件確認や手順が重要であり，これらを手動で行っていてはまちがいも生じやすく，ひとたびミスを起こすと事故にもつながりかねない。また商用施設を考えた場合，運転に従事するのは専門知識のまったくないオペレーターを想定する必要がある。このため，実証試験中に各種操作基準条件を整備するとともに，研修中の女性を含む新入社員を受け入れてマニュアルを与えて運転させ，彼らが犯すミスを観察し，それらを起こさせない，あるいは仮にミスをしても安全な方向に自動運転できるよう，徹底的にソフトを検証した。さらに操作にパソコン，マウス操作をするとその操作にもたつき，画面の切り替えも煩雑との意見があったため，写真4のようなタッチパネル方式に変更した。また，試験機につきもののマニュアル操作や手動介入が必要な場面においても，タッチパネル上にガイダンスが表示され，現場での目視確認を自動指示するとともに，操作後確認ボタンを押さないと次に進めないといった機能も付け加えた。さらに夜間の自動運転用に，インターネットmail機能を付け，無人でも携帯電話のメール機能を利用して設備の状況を自動で送信するようにしている。

バイオマス発電の最新技術

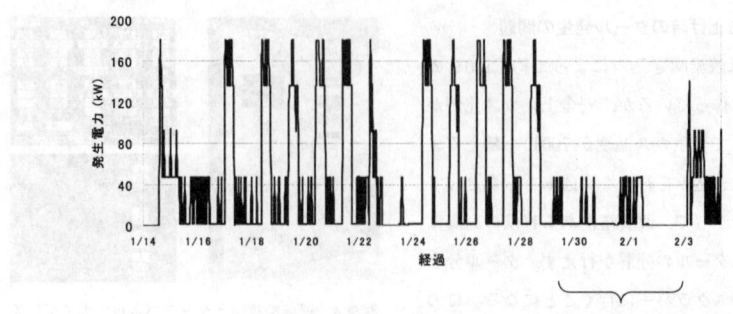

この間，大雪による材料不足で Min. 運転

図5　500時間連続運転試験発電経過

5.6　連続発電運転試験[5]

　タールやダスト濃度が微量レベルに収まったといっても，熱分解ガスでの連続発電運転はコジェネエンジンメーカーにとっても未知の世界であり，はたしてエンジンに悪影響がないかどうかわからない。タールやばいじんが悪影響を及ぼすとすればそれらの蓄積の結果であり，連続運転ができて初めてそのガスの清浄度が証明できると考え，2004年の1月から2月にかけてノンストップ500時間を目標に，連続ガス化発電試験を実施した。期間中必要な原料は約100トンであり，これだけの間伐材チップをスケジュールに沿って安定的に入手し，かつ乾燥し手動投入することは難しいため，製材所のプレナーくずを原料にこれを自動搬送して行った。期間中，各種データ採取や原料の確保要員として昼間3名，夜間は原則何も作業をしないという条件で2名を配置したが，結果として夜間は何も作業がなく無事に500時間のノンストップ運転を達成することができた。もっとも，年初で製材所の稼働率が低く，さらに記録的な大雪に見舞われ製材所の運転がストップするなど，ノンストップ達成のための原料確保には相当苦労した。

　図5に500時間連続運転の経過を示す。夜間は製材所が止まるため原料が来ないことから，昼間にストックした原料でミニマムの状態で発電を継続している。さらに2月の大雪時には昼間においても製材所からの原料供給が完全にストップし，あわやガス欠寸前となったが，雪で交通網が寸断された山口県内を走り回ってチップをかき集め，何とか乗り切った。期間中も約80名の見学者が訪れ激励を受けたり，地元テレビ局が徹夜で取材に来るなど，非常に注目を浴びた試験であった。

　なお，原料調達面における今回の反省を踏まえ，製材所需要期の2005年秋に再度の連続発電試験を予定している。

第 4 章 バイオマスガス化発電技術

5.7 今後の予定

　実証試験は 2006 年度まで継続される予定であり,これまでに要素項目における試験はほぼ完了したことから,今後は運転時間を延ばすことによるメンテナンス性の把握や商用機における設計基準の確立,効率向上のための諸試験の実施などを予定している。

5.8 おわりに

　今回の実証試験を通じて,バイオマスエネルギーの普及には単にエネルギー化施設だけでなく,川上と川下を含んだトータルスキームがいかに重要であるかを痛感している。特に安価で安定した原料確保については地域ごとに独自の課題をもち,地域特性に合わせた原料供給体制を考える必要がある。またエネルギー施設側もできる限り原料の前処理を軽減し,地域のバイオマスに合わせた柔軟な対応が必要となる。
　前述したように,今回の 500 時間連続運転試験においてですら終盤原料切れを起こしそうになり,山口県農林部の協力を得て事無きを得た。まったく別の観点ではあるが,行政との連携の重要性を再認識した。本実証試験の経験を生かし,今後はトータルスキームプランのモデルとなりうるような事業化につなげたいと考えている。

文　　献

1) 林野庁,平成 16 年度森林・林業白書
2) 笹内謙一,"バイオエネルギー技術と応用展開",柳下立雄監修,シーエムシー出版 (2003)
3) 笹内謙一,日本燃焼学会誌,47 (139),31-39 (2005)
4) NEDO・中外炉工業,"平成 15 年度バイオマス等未活用エネルギー実証試験事業成果報告書",NEDO 技術開発機構 (2004)
5) NEDO・中外炉工業,"平成 16 年度バイオマス等未活用エネルギー実証試験事業成果報告書",NEDO 技術開発機構 (2005)

6 内部循環型流動床ガス化炉を利用した下水汚泥のガス化発電システム

浅野 哲*

6.1 はじめに

バイオマスやその他廃棄物からのエネルギー回収推進に対する要求に応えるためには、今後更に多様化するであろう処理対象物、設備規模、立地条件等に対応可能な技術が求められている。

従来の燃焼処理による熱エネルギーへの転換の場合、処理設備周辺に必ずしも十分な熱利用の需要があるとは限らず、熱エネルギー利用用途の汎用性の低さもあいまって、熱として得られるエネルギーを十分に活用し難くなるケースが想定される。

また熱エネルギーを利用して蒸気タービン発電を行う場合、その発電効率は設備規模に合わせて大きく変化するため、今後バイオマス関連で増加が予想される中小規模の設備では、効率の低下により得られるメリットが少なくなる。

それに対し、バイオマスやその他廃棄物を加熱分解によりガス化転換し、熱エネルギーではなく化学エネルギー(可燃性ガスや、そこから精製した液体燃料等)として回収すれば、エネルギー活用の選択肢が大幅に広がり、設備の特性に合わせた有効活用が可能となる。

当社は千葉県袖ヶ浦市にある技術開発試験所(写真1)において、2003年より木材チップ、下水汚泥といったバイオマスや、一般廃棄物や廃プラスチック等をガス化し、生成される可燃性ガス(以下生成ガス)を燃料としたガスエンジン及びガスタービンでの発電に関する実証試験を行

写真1 一般廃棄物対応 ICFG 設備
(当社袖ヶ浦技術開発試験所)

写真2 下水汚泥ガス化発電システム実証設備
(東京都清瀬水再生センター内)

* Satoshi Asano ㈱荏原製作所 環境事業カンパニー 環境プラント事業本部
環境エネルギー技術室 開発グループ 主任

第4章 バイオマスガス化発電技術

い，その性能と有効性を確認してきた（設備の処理規模は一般廃棄物基準で15ton/d，試験時間延べ4,500時間，ガス化原料投入量延べ1,900トン以上）。

そして2005年9月より，東京都下水道局流域下水道本部，東京ガス㈱との共同研究として，東京都下水道局清瀬水再生センター内に下水汚泥処理量15ton/d規模のガス化発電実証設備（以下本設備）を建設し，実証試験を行っている（写真2）。

袖ヶ浦技術開発試験所及び本設備では，ガス化炉に内部循環型流動床ガス化炉（Internally Circulating Fluidized-bed Gasifier，以下ICFG）を採用している。

6.2 内部循環型流動床ガス化炉

ICFGの概念図を図1に示す。ICFG最大の特長は，炉内を仕切壁によりガス化室と燃焼室という異なる機能を持つ空間に分割しているところにある。ガス化室は蒸気，燃焼室は空気によりそれぞれ流動化されており，仕切壁下部に設けた開口部より流動媒体（珪砂）は二室間を循環する。二室は仕切壁及び流動媒体によりシールされるため，二室のガスが混ざることはない。

原料はガス化室側に投入され，水蒸気雰囲気下で650〜750℃程度に保たれた室内で熱分解されてH_2，CO，CH_4を主成分とする生成ガスと，熱分解残渣（タール，チャー等）となる。ガス化室で発生した熱分解残渣（タール・チャー等）は，流動媒体と共に開口部より燃焼室へと移送される（図1の①）。燃焼室は流動用空気により酸化雰囲気となっており，そこで熱分解残渣

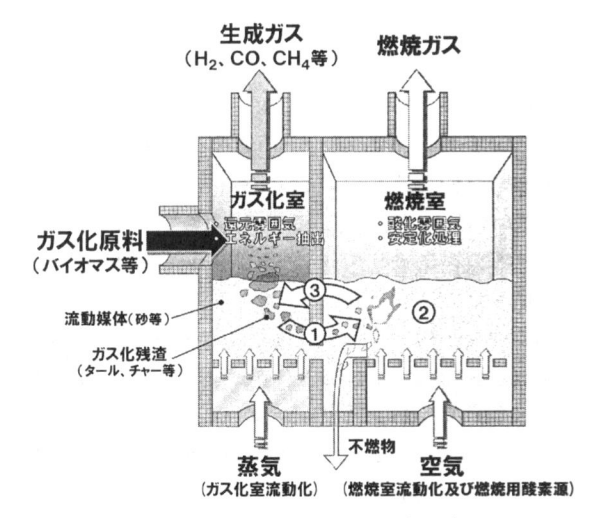

図1 内部循環型流動床ガス化炉（ICFG）

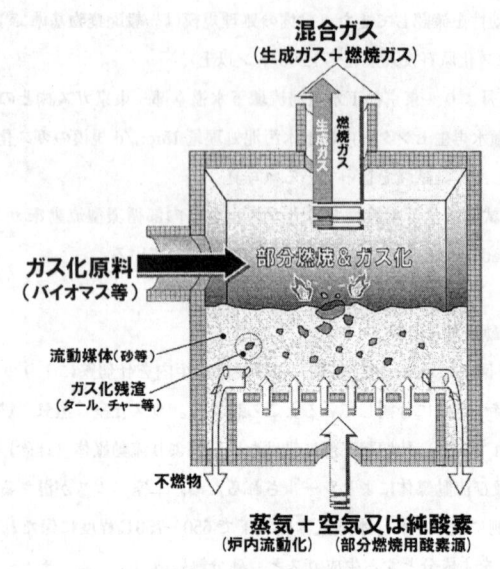

図2 部分燃焼型流動床ガス化炉

（タール，チャー等）は完全燃焼し除去される（図1の②）。燃焼の熱により燃焼室内は800～850℃に保たれ，ガス化室より移送された流動媒体は加熱される。その後，流動媒体は再度ガス化室へと移送され，ガス化室における熱分解反応に必要な熱量を供給する。これによりガス化室内は650～750℃程度に保たれる（図1の③）。このように流動媒体を熱及び熱分解残渣を伝達する媒体として循環利用する事で，ガス化（エネルギー抽出）と燃焼（安定化処理）という異なる現象を，同時に機能させる事が可能となる。

　従来の部分燃焼型ガス化炉（図2）と比べ，ICFGでは燃焼ガスにより希釈されていない，高濃度の生成ガスが容易に得られる。熱分解反応の熱源はどちらもガス化原料の持つ発熱量の一部を利用しているが，ICFGではガス化し難いタールやチャー等の残渣を選択的に燃焼させているので，回収される生成ガス発熱量のロスは少なく，高い冷ガス効率が得られる。

　また燃焼用酸素源として純酸素ではなく空気を使用しても，ガス化と燃焼の分離により生成ガスが空気中のN_2で希釈されないことも大きな特長である。

　加えて，ICFGの燃焼室では他プロセスで発生する未燃分を投入し，完全燃焼処理することが可能である。燃焼室より排出される燃焼ガスには未燃分が含まれないため，後段での複雑な排ガス処理設備は不要となる。

第 4 章　バイオマスガス化発電技術

そして当然のことながら，流動床炉の特長である流動層温度管理の容易性，投入原料の破砕・攪拌効果，流動媒体との比重差を利用した不燃物排出機構等も ICFG は併せ持っている。

6.3　下水汚泥ガス化発電システム

6.3.1　背景

下水汚泥の発生量は下水道の普及拡大と高度処理の推進に伴い年々増加しており，その有効活用，減容化が強く望まれている。現在は焼却処理のほかセメント原料化によるリサイクル等が行われているが，下水汚泥の持つエネルギーの回収と言う観点では十分に有効利用されているとは言えない。そして下水道事業分野におけるエネルギーの消費量をみてみると，国内全電力使用量の約 0.7％（約 68 億 kWh/年）をも占めており，そのほとんどが電力によって賄われている。このような背景のもと，下水汚泥をガス化し，得られる生成ガスを利用して発電を行う事により，エネルギー消費量の削減やそれに伴う温室効果ガス排出量の削減といった大きなメリットが期待されている。

6.3.2　設備概要

図 3 に本設備の構成を示す。本設備では，隣接した下水処理場で発生する下水汚泥をガス化原料として受け入れている。本設備で使用する各種用水に関しても，可能な限り下水処理場にて発生する下水処理水を利用している。

下水処理場より本設備へ供給される下水汚泥（含水率 80％程度）は，造粒乾燥機にて含水率 20％程度まで乾燥されると同時に直径 10mm 程度の球体状に造粒され，以後のハンドリングを容易としている。乾燥用の熱源は，設備内で発生する高温ガスの熱を回収している循環予熱ガス

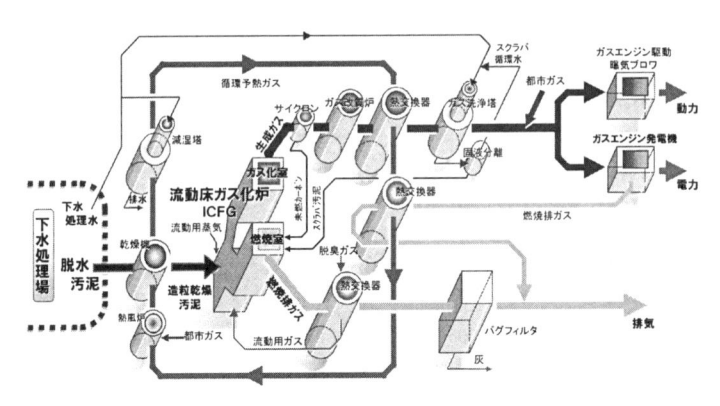

図 3　下水汚泥ガス化発電システムフロー

により賄われる。

　乾燥汚泥はガス化炉ICFGに投入し，650～750℃程度で熱分解される。前述のICFGの特性により，ICFGからは可燃性の生成ガスと燃焼排ガスとが分離された状態で排出される。

　生成ガスはサイクロンにて粒径の大きいダストを取り除いた後，ガス改質炉で800～900℃まで加熱され，生成ガスに同伴されているタール分等の分解を行う。改質炉には燃焼ガスとの熱交換により加熱された空気を供給する事で生成ガスの一部を燃焼させ，その熱源としている。サイクロンで捕集されるダストはICFGの燃焼室へ投入され，燃焼処理される。

　生成ガスは循環予熱ガスと熱交換した後，ガス洗浄塔にて洗浄される。スクラバ用水は下水処理水を使用し，洗浄後のスクラバ排水は固液分離によりスクラバ汚泥と，再利用するスクラバ循環水とに分離される。スクラバ汚泥はICFGの燃焼室に投入して燃焼処理される。

　洗浄された生成ガスは都市ガスと混合された後，ガスエンジン駆動用燃料として使用する。本設備ではガスエンジン発電機のほか，ガスエンジン直接駆動型ブロワも設置されている。ガスエンジンより排出される燃焼排ガスは，循環予熱ガスと熱交換した後大気に放出される。生成ガス単独でもガスエンジンの運転は可能であるが，本設備ではシステムの安定性向上，及び発電規模を大きくすることで汚泥乾燥用に回収出来る熱量を増やしシステムトータルでの効率向上を図るため，都市ガスとの混合ガスによりガスエンジン発電を行っている。

　ICFGの燃焼室より排出される燃焼ガスは，燃焼室及びガス改質炉に投入する空気と熱交換した後，バグフィルタによる除塵を経て大気に放出される。

　各所での熱交換により加熱された循環予熱ガスは汚泥乾燥用の熱源として使用された後，減湿塔において下水処理水を噴霧され除湿及び除塵される。その後，再び前述の生成ガス，燃焼排ガスとの熱交換及び熱風炉での加熱により400℃程度まで昇温され，汚泥乾燥のために使用される。

　上記のように，本設備はICFGより得られる高濃度生成ガスによるガスエンジン発電と，ICFG燃焼室の利用，そして各プロセスでの熱をカスケード利用して乾燥系の熱源としていることが特長である。生成ガスでのガスエンジン発電，及び循環予熱ガスでの熱回収により，ICFGに投入される乾燥汚泥含有エネルギーの約50～60％を回収し，ガスエンジンからの温水回収を含めると約65～75％のエネルギー回収が可能となっている。

6.4　下水汚泥ガス化発電実証試験

6.4.1　試験概要

　本実証設備は2005年9月より2006年3月までの7ヶ月間で，運転時間延べ2,400時間，下水汚泥総処理量1,200トン以上の実証試験を行った。その中にはガス化設備の56日連続運転も含まれており，本設備の安定性を確認している。

第4章 バイオマスガス化発電技術

表1 汚泥組成

		下水汚泥		乾燥汚泥
		濃縮	沈降	
炭素 C	wt% (可燃分)	51.2	51.5	51.3
水素 H		7.6	7.4	6.5
酸素 O		31.1	35.8	34.4
窒素 N		8.7	4.7	6.7
全硫黄 S		0.9	0.5	0.6
全塩素 Cl		0.5	0.3	0.5
水分	wt%(wet)	82.2	76.5	20.6
灰分	wt%(dry)	16.5	12.3	15.7
揮発分		74.1	77.0	73.5
固定炭素		9.4	10.6	10.8
HHV(湿ベース)	MJ/kg	3.4	4.6	15.3
LHV(湿ベース)		1.1	2.3	13.8

写真3 造粒乾燥汚泥

6.4.2 下水汚泥について

本設備で使用している下水汚泥及び乾燥汚泥の組成を表1に,乾燥汚泥の外観を写真3に示す。本設備では2種類の汚泥(沈降汚泥,濃縮汚泥)が一定の比率で混合されたものを受け入れ,それを前述のように水分20%程度まで乾燥させたものをガス化炉に投入している。乾燥汚泥の発熱量(LHV)は13~14MJ/kg程度となる。

6.4.3 生成ガスについて

スクラバでの洗浄プロセス後の生成ガス組成を表2に示す。発熱量(LHV)は5.0~7.0MJ/m^3(NTP)程度となり,冷ガス効率としては55~65%であった。本設備は実機想定規模の10~15%程度と小規模であるため放熱や系内に投入するパージ用N_2等の影響が大きくなっているが,実機相当へとスケールアップした際には更なる性能の向上が期待できる。

図4に生成ガスの組成及び発生量の時間変化を示す。流量,組成ともに変動は±数%以内と安定している。これはガス化原料である下水汚泥の性状が安定していること,下水汚泥造粒により炉内への安定供給を可能としていることが大きな要因であり,生成ガス性状・発生量の変動を吸収させるためのバッファーを設けていない本設備においても,ガスエンジンの燃料として十分使用できることが実証された。

他に,下水汚泥ガス化の際に生じる特徴的な微量成分としてシロキサン及びシアン化水素がある。シロキサンについてはスクラバで洗浄後の生成ガス中には含有されておらず,ガスエンジン供給に際して問題とはならないことが確認された。これはガス化室〜改質炉での高温域において

表2 生成ガス組成

流量	m³/h (NTP)	200〜250
H_2	vol%	7〜10
CO	vol%	9〜13
CO_2	vol%	10〜12
CH_4	vol%	4.0〜9.0
C_2H_4	vol%	0.5〜1.0
C_2H_6	vol%	0.02〜0.08
C_3H_6	vol%	0.02〜0.05
C_3H_8	vol%	0.1〜0.2
H_2O	vol%	1〜1.5
N_2	vol%	50〜60
LHV	MJ/m³ (NTP)	5.0〜7.0

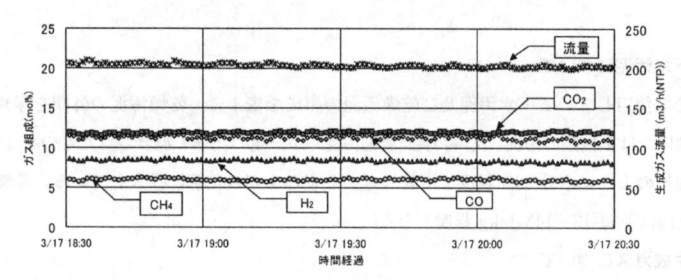

図4 生成ガス組成及び流量

分解されているためと推測される。シアン化水素についてはガス洗浄設備においてスクラバ水側へ移行することが確認されている。本設備ではスクラバ排水に移行したシアン化水素は凝集沈殿によりスクラバ汚泥としてICFGの燃焼室にて完全燃焼させ，システム系内で完結した処理を行っている。

6.4.4 ガスエンジン発電について

本設備では定格出力200kWのガスエンジン（4サイクル6気筒，水冷式，火花点火方式，空気混合による希薄燃焼式）を使用している。

前述のように燃料として生成ガスと都市ガスの混合ガスを使用しているが，ガスエンジン始動時及び停止時は都市ガスのみでの運転となる。都市ガスのみでのガスエンジン運転時に，生成ガスを所定の混合率まで混合する場合，またその逆の場合にも，ガスエンジンは継続して安定運転

第 4 章　バイオマスガス化発電技術

図 5　ガスエンジン発電出力

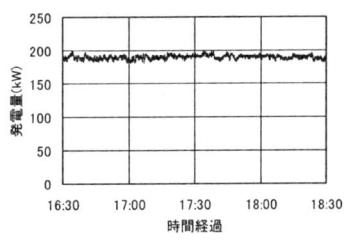

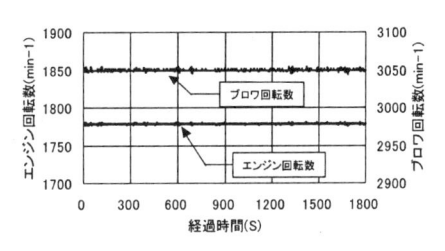

図 6　ガスエンジン駆動ブロワ回転数

が可能である事を確認している。本設備での生成ガス混合量は熱量比で 20～30％程度（混合ガス発熱量は 16～17MJ/m^3（NTP）），その際の発電効率は 30～35％程度となっている。実機規模までスケールアップした際には，ガスエンジン規模の設定にもよるが，熱量比で 30～50％程度の混合を想定している。

　図 5 に混合ガス供給時のガスエンジン発電機の発電出力の時系列変化を示す。安定した発電出力が得られることが確認されている。

　図 6 にガスエンジン直接駆動型ブロワの回転数時系列変化を示す。ガスエンジン発電機同様に安定しており軸部の振動も問題ないレベルであるため，下水処理場における消費電力の多くを占める曝気用ブロワ駆動装置としての使用に対しても十分な性能を有していることが確認された。

6.4.5　温室効果ガス削減効果について

　今回の実証試験結果を基に，下水汚泥処理量 100ton/d，動力回収量 3,000kW 規模の下水汚泥ガス化発電システムにおける温室効果ガス排出量を試算すると，従来の下水汚泥を単純に焼却するシステムと比較して約 45％程度の削減が可能と推測される（図 7）。

　これは下水汚泥のもつエネルギーをガス化発電利用により従来以上に有効に回収することと，前述の熱のカスケード利用による高いエネルギー効率による処理場での一次エネルギー消費量の削減に伴う CO_2 排出量削減効果と，汚泥のガス化による燃焼排ガス中の N_2O 削減効果によるものである。ICFG においては，原料中の窒素分はガス化室側にて NH_3，HCN 等の窒素化合物として放出され，ガス洗浄設備においてスクラバ水に捕集されていることが N_2O 削減効果に大きく寄与していると推測される。

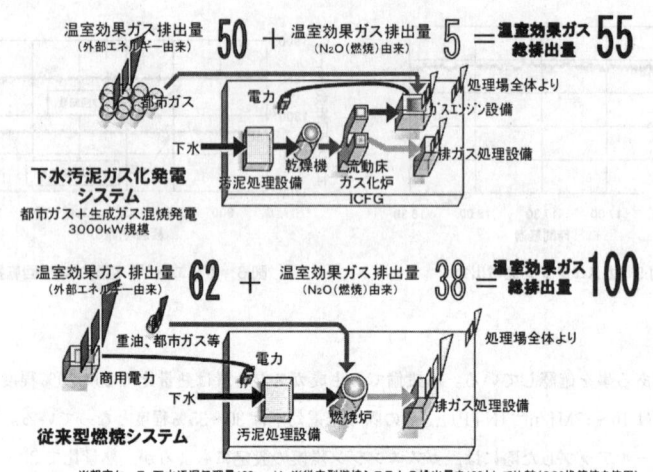

図7 温室効果ガス排出量比較

6.5 まとめ

今回の実証試験により,熱分解ガスを利用したガスエンジン発電が実用レベルであることが実証された。今後は,生成ガス中不純物に対するガスエンジン発電機の耐久性の確認を中心に,実証試験を行う予定である。

7 非天然ガス燃料対応ガスエンジン

杉田成久[*1], 佐々木幸一[*2]

7.1 はじめに

日立エンジニアリング・アンド・サービスは General Electric 社 GE Energy 部門のイエンバッハ社 (GE's Jenbacher gas engine division, 以下 GE イエンバッハと略す。) と 2004 年にディストリビュータ契約を結び, 300kW~2,400kW 級ガスエンジンのパッケージングをおこない日立製作所を通して国内に販売している。

GE イエンバッハ社は, 天然ガス燃料を利用した高効率なガスエンジンを提供しているだけではなく, バイオガスをはじめとする非天然ガス燃料用ガスエンジンを提供している。ここでは非天然ガス燃料をガスエンジンに用いる場合の注意点を GE イエンバッハ社の実績に基づいて紹介する。

7.2 GE イエンバッハ社の概要

GE イエンバッハ社は, オーストリア チロル地方インスブルック近郊イエンバッハに工場を持つガスエンジン専業メーカで, ガスエンジン初号機を 1957 年に開発し, ガスエンジンのトップランナーとして, 世界各国向けに 4,000 台以上のガスエンジン発電設備を販売しており, 日本国内では 200 台以上の販売実績がある。

最初の 20 気筒エンジン (Type3 J320) は 1994 年に開発され, 1998 年には販売台数 1,000 台を達成している。1997 年には 3MW 級では世界で最もコンパクトな 20 気筒ガスエンジン J620 を開発し, 2004 年には次世代の高性能機 Type4 (J420) を市場に投入している。環境問題に対する関心が高まりガスエンジンが注目されるなかで, その性能, 実績が世界的に評価され, 2003 年には General Electric 社の一部門となり, 天然ガスのみならず非天然ガス用として注文が急激に増大している。

7.3 GE イエンバッハ社ガスエンジンの特徴

GE イエンバッハ社ガスエンジンは, ディーゼルエンジンからの転用ではなくガスエンジン専用として設計されているため, コンパクト, 軽量である特徴を有しているだけでなく発電効率が高く, 効率的な温水回収システムにより排熱を含めた総合効率が高いことでも知られている。

[*1] Shigehisa Sugita ㈱日立エンジニアリング・アンド・サービス ES 推進本部
電源エンジニアリング部 主任技師

[*2] Kouichi Sasaki ㈱日立製作所 電機システム事業部 電機システム部 主任技師

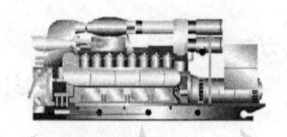

```
            天然ガス              バイオガス           特殊ガス
         （主成分メタン）      （主成分メタン＋二酸化炭素）   （水素、一酸化炭素等）
        ・都市ガス13A         ・ごみ埋め立て場発生ガス      ・木材ガス化ガス
        ・LNG, ...            ・バイオマス              ・熱分解ガス
                            ・下水処理場発生ガス         ・コークスガス
```

図1 燃料ガスの分類

GE イエンバッハ社ガスエンジンでは，燃料ガスと空気を予混合しエンジンに供給し，効率の良い火花点火にて希薄燃焼を行なうシステムを採用している。このシステムにより，排ガス中のNOx 発生を抑えるとともに，天然ガス系の燃料だけでなく，非天然ガスへの応用にも適しており，天然ガスと非天然ガスの混焼にも多くの実績を残している。

図1は，ガスエンジン用燃料ガスの分類を示したもので，以下の3種類に分類している。

7.3.1 天然ガス：メタンを主成分

ガスエンジン燃料の主流であり，国内では都市ガス13Aが主であり，LNGサテライト燃料等が含まれる。

7.3.2 バイオガス：メタンと二酸化炭素等の不活性ガスの混合

バイオガスにはごみ埋め立て場から発生するガス，農作物の廃棄物等から発生するバイオマス発生ガスおよび下水処理場で発生する消化ガス等が含まれる。これらのガスの可燃性成分はメタンであり不活性ガスとして二酸化炭素を含んでいる。天然ガスと比較して発熱量が低く，硫化水素，シロキサン等の不純物を含んでいる場合がある。GE イエンバッハ社ガスエンジンでは，バイオガスに関しては，不純物を処理し，不純物が許容値以内であれば，7.3.1の天然ガスとほぼ同様に取り扱うことができる特徴を有している。

7.3.3 特殊ガス：一酸化炭素や水素を含む

特殊ガスは，7.3.1，7.3.2 以外のガスで，通常バイオガスとして分類される木材のガス化ガスやごみ分解ガス，コークスガス，炭鉱発生ガス等を含み，一酸化炭素，水素等を含む燃料ガスとして分類される。特殊ガスは，発熱量が低いだけでなく，燃焼特性の異なるガス成分を含み，一般には不純物の含有量が多い。GE イエンバッハ社では，特殊ガス用ガスエンジンに多くの実績を持っているが，具体的にガスエンジンへの適用をおこなう場合にはケース毎に詳細な検討をおこなっている。

第4章 バイオマスガス化発電技術

表1 各種燃料ガスの性状

燃料	組成	密度 (kg/m³N)	低位発熱量 (kWh/m³N)	メタン価	層流火炎速度 (cm/s)
H_2	水素	0.0899	2.996	0	30.2
CH_4	メタン	0.717	9.971	100	41
C_3H_8	プロパン	2.003	26.00	33	45
CO	一酸化炭素	1.25	3.51	75	24
天然ガス(例)	CH_4 = 88.5% C_2H_6 = 4.7% C_3H_8 = 1.6% C_4H_{10} = 0.2% N_2 = 5 %	0.798	10.14	80	41
下水処理場発生ガス(例)	CH_4 = 65% CO_2 = 35%	1.158	6.5	135	27
ごみ埋立地発生ガス(例)	CH_4 = 50% CO_2 = 40% N_2 = 10%	1.274	4.98	150	20
木材ガス化ガス(例)	H_2 = 7 % CO = 17% C_nH_m = 5 % N_2 = 56% CO_2 = 15%	1.258	1.38	—	13

7.4 ガスエンジン性能に影響するガス燃料の特性

ガスエンジン性能に影響する主なガス燃料の性状を表1に示す。ガス燃料の主な特性として発熱量が注目されるが、ガスエンジンはレシプロ機関であり、発熱量だけでなくノッキング性能に影響するメタン価、層流火炎速度が重要となる。これらの特性とガスエンジン性能の関係を以下に示す。

7.4.1 燃料発熱量

発熱量は、エンジンに供給されるエネルギーを決めることになり、発熱量が低い燃料では、発熱量が低下した分燃料流量を増加させる必要がある。GEイエンバッハ社ガスエンジンでは、燃料ガスと空気を予混合した希薄予混合気をエンジンに供給するシステムを採用し、広範囲の燃料発熱量に対応できる。

例えば、天然ガス(メタン100%)とバイオガス(メタン65% + 二酸化炭素35%)を利用する場合の比較を図2に示す。メタン100%の燃料1m³Nを供給する場合、例えば空気過剰率1.8で燃焼用空気と予混合すると、ガスエンジン入口で混合気量は18.1m³N、メタンの容積比は5.5%

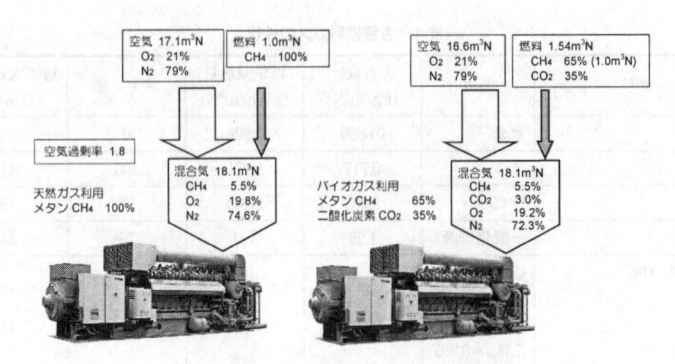

図2 天然ガスおよびバイオガス利用時比較

となる。バイオガスでは，メタン濃度が低いためメタン$1m^3N$を供給するには$1.54m^3N$のバイオガスが必要となる。また，燃料中には不活性ガスである二酸化炭素が含まれるため，その分燃焼用空気の供給量を減少し$16.6m^3N$とすることにより，ガスエンジン入口の混合気量を天然ガス利用時と同じ$18.1m^3N$とし，メタンの容積比も5.5%とすることができる。

7.4.2 メタン価

メタン価は，メタンをメタン価100，水素をメタン価0として燃料の耐ノッキング性を示すパラメータで，メタン価が高いほどノッキングが発生しにくいことを示す。メタン価の低い燃料をガスエンジンで使用する場合にはノッキングを防止するため出力を低下させ運転する必要がある。例えば，メタン価63の都市ガス13AによりGEイエンバッハ社のガスエンジンJ420の運転を計画する場合，発電出力1,253kW，発電効率41.6%となるが，メタン価70以上の天然ガスにて計画する場合には，発電出力1,426kW，発電効率42.5%で運転することができる。

二酸化炭素を含むバイオガスはメタン価が高く，不純物を完全に処理すればガスエンジン性能は，天然ガス利用時の性能と同等とすることが可能であるが，水素を含む特殊ガスはメタン価が低く，ノッキングを防止するため部分負荷運転に制限され，出力および効率は低下する。

7.4.3 層流火炎速度

燃焼の伝播速度で，層流火炎速度がいちじるしく異なるガスを混合して利用する場合には，燃焼が不安定になるのを防止するためエンジンの運転は制限されることになる。

天然ガスと特殊ガスを混焼させる場合には，メタンの燃焼速度と水素の燃焼速度が異なるため，特殊ガス仕様のエンジンを適用する必要がある。

第 4 章　バイオマスガス化発電技術

7.5　ガスエンジン燃料ガスの条件

　ガスエンジンの燃料として利用するために必要なガス特性は前項で示した発熱量，メタン価，層流火炎速度だけでなく，ガスの圧力，温度，含有する不純物の制限値を守ることが必要となる。GE イエンバッハ社ガスエンジンに必要な燃料ガスの条件を以下に示す。

・燃料ガス圧力：80〜200mbar で基準圧力を設定
・燃料ガス温度：40℃以下
・燃料ガス相対湿度：80％以下　活性炭フィルタがない場合
　　　　　　　　　　50％以下　活性炭フィルタがある場合
・凝縮水が生じないこと
・ダストサイズ：3μm 以下
・許容ガス圧力変動幅：基準圧力内で±10％以内
・許容ガス圧力変動率：10mbar/sec 以内
・熱量変化率：1％/30sec 以内

　非天然ガス利用時に注意しなければならないのは燃料ガスの湿度で，ガスエンジン内にて水分が凝縮しないように相対湿度を低減させる必要がある。燃料ガスからシロキサンを除去するために活性炭フィルタを設置する場合は，活性炭の性能低下を防止するため相対湿度は 50％以下にする必要がある。

　ガス中の主な不純物の許容量を以下に示す。

・ダスト量：50mg/m^{3}N 以下
・H_2S：10ppm 以下
・ハロゲン化物：100mg/m^{3}N 以下
・けい素：5 mg/m^{3}N 以下
・アンモニア：50mg/m^{3}N 以下
・残油：5 mg/m^{3}N 以下
・タール：検出されないこと

　これらの許容値は，燃料ガス低位発熱量を 10kWh/m^{3}N とした場合の値であり，燃料ガスの発熱量が異なる場合には発熱量により補正する必要がある。例えば 6 kWh/m^{3}N のガスを使用する場合，ダスト量許容量は 50mg/m^{3}N × (6 kWh/10kWh) = 30mg/m^{3}N 以下となる。

　また，ガスエンジン出口に酸化触媒，脱硝触媒等を設置する場合には，触媒の劣化を防止するため，H_2S，ハロゲン化物，けい素等の許容値は，さらに厳しく制限されることとなる。

　木材のガス化ガス等にはタールが含まれるが，タールがガスエンジンに供給されると燃料ガス配管系統，ターボチャージャ，中間冷却器等に付着して障害を発生させることとなり，前処理に

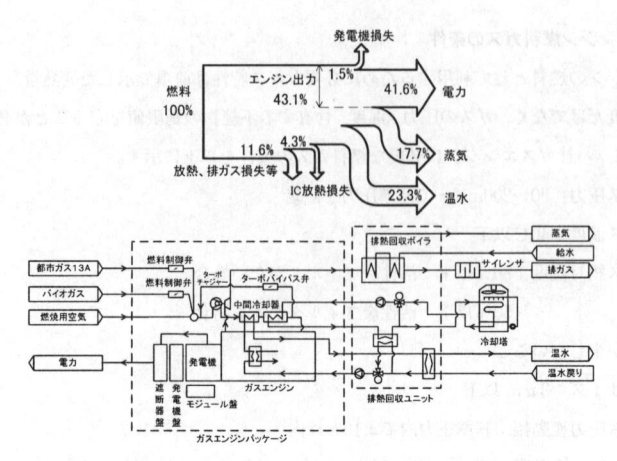

図3 ガスエンジン系統および熱バランス例 (JMS420GS-N/B.L)

てタール除去することが必要となる。

7.6 ガスエンジン系統

図3に都市ガス13Aと不純物を除去したバイオガスの混焼システムによる，GEイエンバッハ社 Type4 (J420) ガスエンジンの系統と熱バランスを示す。燃料である都市ガス13Aとバイオガスは燃料制御弁により，流量をそれぞれ制御した後に燃焼用空気と予混合され混合気となる。ターボチャージャ圧縮機に供給された混合気は昇圧され，昇圧により高温となるため中間冷却器で冷却された後にガスエンジンに供給される。発電出力の制御は，モジュール盤によりおこなわれ，ターボバイパス弁を通して昇圧された混合気をターボチャージャ圧縮機入口に戻すことによりガスエンジンに供給される混合気流量を制御する。

中間冷却器は2段で構成され，前段は温水により熱回収をおこない，後段はエンジンに供給する混合気の温度を制御するために用いられる。温水は，エンジン内部の潤滑油，ジャケット冷却水および中間冷却器後段を循環し，効率的な排熱回収をおこなう。

都市ガス13Aとバイオガスは燃料制御弁を制御することにより，各燃料ガスによる単独運転だけでなく，都市ガス13Aとバイオガスの混焼運転を可能にしており，良質なバイオガスであれば，天然ガス利用時と同様に図3に示す熱バランス性能を示すことが可能である。

図4はバイオガス供給系統の例を示す。バイオガス発生設備で発生したバイオガスは前処理設備で，脱硫，けい素等不純物を除去後，バッファタンクに供給される。バッファタンクは燃料ガ

第4章 バイオマスガス化発電技術

図4 バイオガス供給系統例

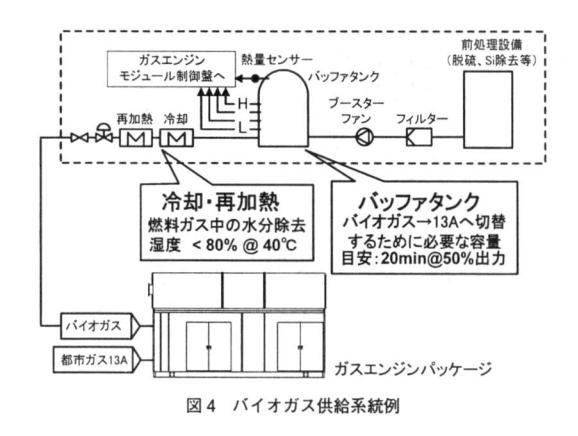

スの圧力，発熱量を安定化させる他，バイオガスの発生量が減少した場合に，都市ガスへの切替に必要な容量を持つように計画される。この例では，バッファタンクのレベルを一定にするようにガスエンジンへのバイオガス供給量を調整し，発電量要求値に対してバイオガス流量が不足する場合は，都市ガスを供給して混焼運転をおこなう。

バッファタンクを出たバイオガスは，冷却し，ガス中の水蒸気を凝縮させ分離する。水蒸気分除去後のバイオガスは再加熱をおこないガスエンジンに供給される。

7.7 非天然ガス ガスエンジン例

GEイエンバッハ社では，非天然ガスを利用した多くの実績を持つが，以下に実施例を示す。

7.7.1 ごみ埋立地発生ガス利用例

図5に英国における実施例を示す。図に示すようにごみ埋立地から発生するガス（メタン＋二酸化炭素）を集合して，ガスエンジンに供給する。1トンのごみから約150〜200m^{3}Nのガス（メタン濃度40〜50％）が発生し，その約40％を約15〜25年間回収可能である。このプラントでは，1999年10月にGEイエンバッハ社J320ガスエンジン18台を設置し，運転を開始し，発電効率は38.9％で約18MWの発電出力を発生する。このガスエンジン発電設備は40フィートのコンテナに納められ，コンテナ上部にはラジエタ，サイレンサーを設置し，ガス配管を接続するだけで，発電を可能にし，発生ガス量が減少した場合には，ガス発生場所にコンテナを移動して発電することが可能である。

7.7.2 バイオガス利用例

1家畜単位（Live Stock Unit（LSU）＝各500kg）を基準にしたバイオガスの発生量は，

バイオマス発電の最新技術

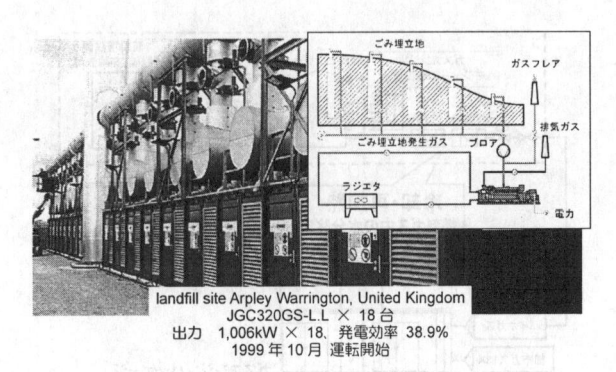

landfill site Arpley Warrington, United Kingdom
JGC320GS-L.L × 18台
出力 1,006kW × 18、発電効率 38.9%
1999年10月 運転開始

図5 ごみ埋立地発生ガス利用例

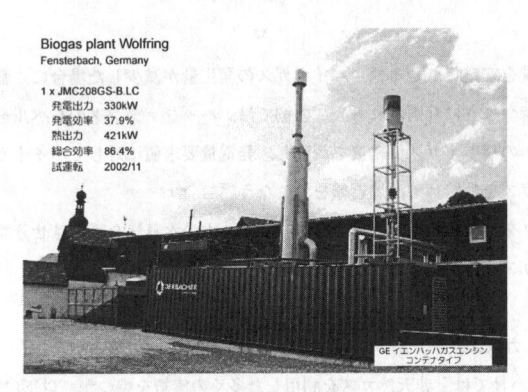

Biogas plant Wolfring
Fensterbach, Germany
1 × JMC208GS-B LC
発電出力　330kW
発電効率　37.9%
熱出力　　421kW
総合効率　86.4%
試運転　　2002/11

図6 バイオガス利用例

a) 乳牛　　1LSU = 0.6～1.2頭　　バイオガス約 $1.3m^3$/LSU/日　　発熱量約 $6.0kWh/m^3N$
b) 豚　　　1LSU = 2～6頭　　　　バイオガス約 $1.5m^3$/LSU/日　　発熱量約 $6.0kWh/m^3N$
c) 鶏　　　1LSU = 250～320羽　　バイオガス約 $2.0m^3$/LSU/日　　発熱量約 $6.5kWh/m^3N$

となり，欧州では数多くの実績がある．図6はバイオガス利用の例で，ガスエンジン発電設備をコンテナに収容している．このプラントは，2005年11月，ドイツ連邦消費者保護・食料農業省から，農業で発生するバイオガスからエネルギーを発生する環境および経済に適した解決モデルであると認められたもので，発電出力330kW，発電効率37.9%で運転されている．

7.7.3 木材ガス化ガス利用例

　木材のガス化ガスは，一酸化炭素および水素が主成分であり，これを燃料としてガスエンジン

第4章 バイオマスガス化発電技術

Biomass Gasification Harboore/DK

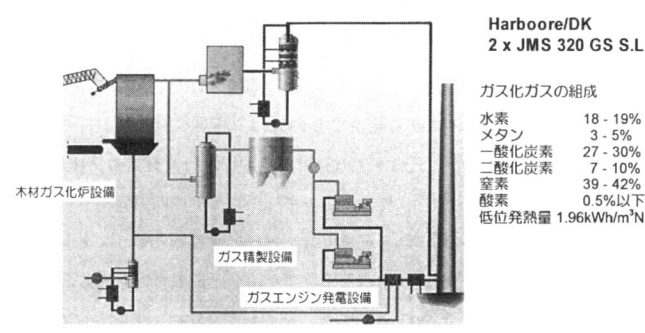

Harboore/DK
2 x JMS 320 GS S.L

ガス化ガスの組成
水素　　　　　18 - 19%
メタン　　　　　3 - 5%
一酸化炭素　　27 - 30%
二酸化炭素　　 7 - 10%
窒素　　　　　39 - 42%
酸素　　　　　0.5%以下
低位発熱量　1.96kWh/m^{3}N

図7　木材ガス化ガス利用例

に用いるにはノッキングを防止するため出力を低下させ運転する必要がある。木材から発電をおこなうには直接燃焼⇒ボイラ⇒蒸気⇒蒸気タービンあるいはガス化⇒ガスタービン等の方法があるが，発電効率の面から出力数MW以下ではガスエンジンが有利であると考えられる。安定したガス燃料がガス化炉で発生し，ガスエンジンに必要なガス精製が行なわれれば，ガスエンジンをより効率的な発電をおこなうことが可能である。

図7に，木材ガス化炉とGEイエンバッハ社ガスエンジンを組み合わせた利用例を示す。発生ガスの状況に合わせて運転を重ね，その運転実績に基づき出力を増加することが可能である。この例では，ガスエンジンを当初648kWで運転していたが，現在は運転実績に基づき768kWまで出力を増加させている。

7.8　おわりに

ガスエンジンは，天然ガス，バイオガス等のクリーンな燃料を利用し，排気ガス中の有害物を低減し，発電効率が高いコージェネレーション設備を実現できるため，世界規模で，その需要が拡大している。

GEイエンバッハ社は，天然ガスのみならず非天然ガスの利用に豊富な実績を持っており，今後増大することが予想されるバイオガス利用にも最適なガスエンジン発電システムを提供することができる。

日立エンジニアリング・アンド・サービスは世界最先端の技術と実績を誇るGEイエンバッハ社ガスエンジンのディストリビュータとして，高効率なガスエンジン発電システムの普及をとおしてエネルギー問題および地球環境問題に貢献する所存である。

8 ガスエンジン

後藤　悟*

8.1 はじめに

地球温暖化防止に関する国際議論は，1997年12月に開催されたCOP3：京都会議以来，各分野で活発に行われている。天然ガスから発生するCO_2は，石炭の約6割，石油の7割程度と，化石燃料の中で最も低いことから，天然ガスの利用が地球環境負荷軽減の具体策の一つとなる。このことは，石油系燃料への高い依存に伴うエネルギー・リスクの回避効果も引き出す。バイオガスおよび廃棄物の熱分解により得られる可燃ガスを燃料とする高効率ガスエンジンの開発は，エネルギー資源の有効利用という意義があるため重要な開発と位置付けられる。バイオガスは嫌気性微生物が有機物を分解するときに発生する。その成分として，CH_4とCO_2が各々60％と40％程度含まれる。真発熱量（以下発熱量と記す）は約$21MJ/m^3_N$である。熱分解ガスは，ガス変換方式および廃棄物の種類・性状，並びにプラント運転条件の違いにより，その組成や発熱量が異なる。例示をすれば，CO，H_2およびCO_2が各々30～35vol％含まれ，発熱量は約$7.5MJ/m^3_N$である。CO_2は消火剤として用いられるように燃焼の抑制効果を与える。このため，着火の確実性と火炎伝播時間の短縮が，CO_2を含むこれらの燃料ガスを確実に燃焼させるために克服すべき技術課題となる。

8.2 各種ガスエンジン性能の推移と燃焼技術

ガスエンジンの正味平均有効圧力（BMEP：Brake Mean Effective Pressure）と発電効率の推移を図1に示す。1980年頃までのガスエンジン燃焼技術は，理論混合気・三元触媒方式であった。この時代の正味平均有効圧力は1.0MPa，発電効率は35％前後である。その後20数年間の技術開発により，最新ガスエンジンの正味平均有効圧力は2.0MPa，発電効率は42～45％に達し，出力は2倍，発電効率は概ね30％向上している。最新型高効率ガスエンジンの基幹技術は，希薄燃焼[注1]，ミラーサイクル[注2]，マイクロパイロット燃焼方式ミラーサイクルである。

注1）気体燃料を燃焼させるために必要な理論空気量に対して，概ね2倍の燃焼用空気と燃料を混合させ，爆発下限界に近い燃料ガス濃度の状態で燃焼させること。

注2）圧縮比よりも膨張比を大きくした機構のサイクル。吸気弁閉じ時期を，下死点（ピストンが最下部に達した状態）前か後に設定することにより実現する。

各種ガスエンジンは，点火源の種類および燃焼室の構造で分類される（図2参照）。各種ガスエンジンの特徴を以下に記す。

---

* Satoru Goto　新潟原動機㈱　技術センター　GE開発チーム　開発チーム長

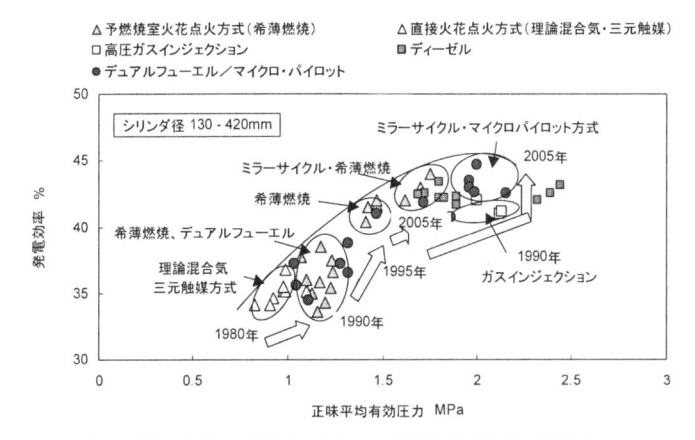

第4章 バイオマスガス化発電技術

図1 ガスエンジンの性能向上推移 —正味平均有効圧力と発電効率—

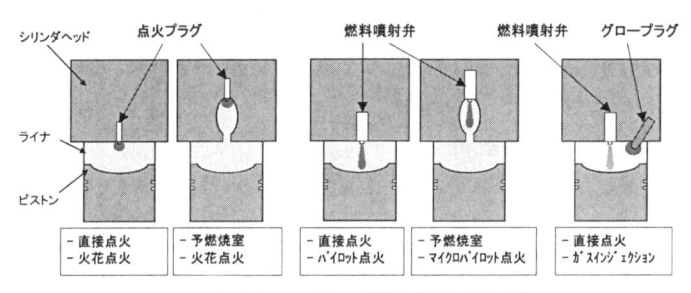

図2 各型ガスエンジンの燃焼室構造と着火方式

8.2.1 直接火花点火方式

直接点火方式は，点火プラグのギャップ間で発生する電気火花エネルギーを着火源として，シリンダヘッド・ピストン・ライナにより形成される主燃焼室内の混合気を点火するものである。三元触媒を使用してNO_x浄化を図る理論混合気燃焼ガスエンジンはこの方式が採用される。この設計は数百 kW の小型高速（1,500〜1,800min^{-1}）ガスエンジンに適用される。

8.2.2 予燃焼室火花点火方式

予燃焼室方式は，シリンダヘッド・ピストン・ライナにより形成される主燃焼室と，シリンダヘッドに設けられた予燃焼室の二つの燃焼室により構成される。予燃焼室内に点火プラグが装着され，ここでの電気火花エネルギーを着火源として予燃焼室内に充填された混合気が燃焼する。予燃焼室内の混合気は平均値としては理論混合気に近いが，局所的な濃度は不均一である。従っ

て，点火プラグ近傍の混合気濃度を適正に維持する制御技術が不可欠である。予燃焼室内の燃焼ガスは火炎ジェットとなって主燃焼室へ噴出し，主燃焼室内の希薄混合気を燃焼させる。この設計は概ね1～5 MWの中型中速（720～1,000min^{-1}）ガスエンジンに適用される。

8.2.3 デュアルフューエル

本燃焼方式により設計されたエンジンは，発電運転を維持したままディーゼル運転又はガス運転のいずれかに，停機させることなく切換ができる。この設計ではディーゼル運転用の燃料噴射ポンプと噴射弁を用いてガス運転時の着火用パイロット油を噴射する。この燃焼方式では着火用の油燃料が熱量比で約10％必要とされる。このため，発生NO_x濃度はディーゼルエンジンよりは低いが，希薄燃焼ガスエンジンよりも高くなる。NO_x規制に対しては脱硝装置が必要となる。この設計は概ね1～5 MWの中型中速（720～1,000min^{-1}）ガスエンジンに適用される。

8.2.4 マイクロ・パイロット

予燃焼室内にパイロット燃料噴射弁が装着される。この噴射弁により熱量比1％程度の微量燃料油（軽油またはA重油）が予燃焼室内に噴射され，予燃焼室内で圧縮着火する。予燃焼室内の燃焼ガスは火炎ジェットとなって主燃焼室へ噴出し，主燃焼室内の希薄混合気を燃焼させる。この燃焼方式は最近実用化されたものであり，1～5 MWの中型中速（720～1,000min^{-1}）ガスエンジンに適用されている。

8.2.5 高圧ガスインジェクション

本方式の特徴は，ディーゼルエンジンと同じ拡散燃焼のためノッキングを発生しない。圧縮比はディーゼルエンジンと同一値に設計されるため，高い熱効率が得られる。燃料ガスは約25MPaに昇圧され，圧縮行程後半のシリンダ内に噴射される。少量（投入総熱量の約5％）のパイロット燃料（液体燃料）またはグロープラグが点火源となる。

高圧ガス燃料噴射弁，高圧ガスコンプレッサの動力損失や高圧ガスの漏洩防止装置などがイニシャルコストを上昇させており，これが経済的なマイナス要因である。ディーゼルエンジンと同じ熱効率レベルであっても実質的にはガスコンプレッサの動力損失（発電量の約5％）を差し引かねばならないこと，NO_x規制に対しては脱硝装置が必要となることなどの問題がある。この設計は概ね5～10MWの大型中速ガスエンジンに適用される。

8.3　22AG型マイクロパイロット・ガスエンジンの紹介

8.3.1 マイクロパイロット着火方式の燃焼概念

図3はマイクロパイロット着火方式ガスエンジンの燃焼構造を示す。予燃焼室内にパイロット燃料噴射弁が装着される。この噴射弁により定格発電運転に必要な全熱量に対して約1％に相当する熱量と等価の微量燃料油が噴射され，予燃焼室内で圧縮着火する。予燃焼室内で生成した燃

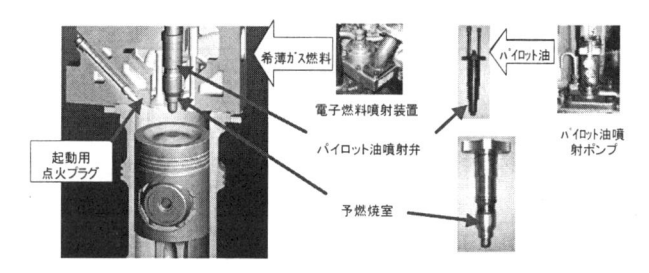

第4章 バイオマスガス化発電技術

図3 マイクロパイロット着火方式ガスエンジンの燃焼室構造および構成品

焼ガスは火炎ジェットとなって主燃焼室へと噴出して，主燃焼室内の希薄混合気を燃焼させる。パイロット油のエネルギーは500〜600J（1 MW クラスのマイクロパイロット・ガスエンジンの場合），これは火花点火の概ね5,000〜10,000倍である。火花点火方式よりも強力な点火エネルギーが希薄混合気の確実な着火と安定した燃焼を実現するための要因となる。

強力な着火エネルギーにより，都市ゴミなどの廃棄物由来熱分解ガスやバイオガス（ここでは下水汚泥メタン醱酵ガス，消化ガスの代名詞とする）のような CO_2 を含む低発熱量（熱分解ガスは都市ガス13Aの発熱量の約1/6，バイオガスは1/2である）ガスも燃料ガスとして使用することができる。さらに，パイロット油はピストンの圧縮による高温環境場において自己着火をする。従って，火種の形成は確実に実現できるため，負荷急変時であるとか，燃料ガス性状が変化した場合にも失火することなくエンジンの運転が継続できる。

8.3.2 22AG型ガスエンジン

22AG型エンジンシリーズは，表1に示す5機種で構成される。このシリーズエンジン発電装置は1〜3 MW の発電範囲をカバーする。図4は，AGエンジンの制御ブロックダイヤグラムを示す。少量の液体燃料（パイロット油）を供給するために新しく開発された燃料噴射ポンプは，ディーゼルエンジンのポンプとの部分共通化を計り，単純な構造となっているためメンテナンス性に優れる。パイロット噴射量はポンプのノッチ設定により変更できる。燃料ガスは，EFI（電子燃料噴射装置）システムによってエンジンに供給される。本システムは，エンジン・コントローラ，ガバナドライバ，および各シリンダに装着された電磁弁によって構成される。エンジン・コントローラは，最良の性能を維持するために燃料ガスの供給タイミング，供給量を最適に制御し，各シリンダの排気温度は，EFIシステムによって自動的にコントロールされる。また，ノッキング制御システムは，あるシリンダにノッキングが発生した場合，これを検知し，当該シリンダへの燃料ガス供給量を自動的に減少させてノッキングを回避する。このシステムにより，安定した連続運転を維持することができる。これら燃焼制御技術によって，希薄混合気の燃

153

表1 22AG主要目表

エンジン型式	6L22AG	8L22AG	12V22AG	16V22AG	18V22AG
シリンダ数	6	8	12	16	18
シリンダ径	\multicolumn{5}{c}{220mm}				
ストローク	300mm				
排気量	11.4L/cyl.				
正味平均有効圧力	1.96MPa				
発電機端出力 50Hz（1,000min^{-1}）	1,050kWe	1,400kWe	2,120kWe	2,850kWe	3,200kWe
発電機端出力 60Hz（900min^{-1}）	950kWe	1,260kWe	1,910kWe	2,560kWe	2,880kWe
着火方式	マイクロパイロット着火方式				

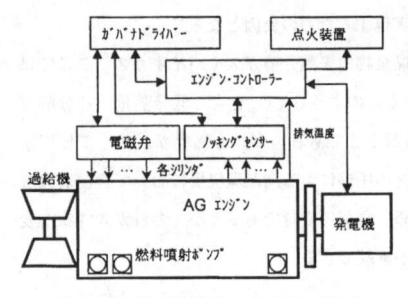

図4 エンジン制御ブロックダイヤグラム

図5 8L22AG（1260kWe）

焼を確実にしている。また，希薄燃焼であるが故に断熱火炎温度は低く，燃焼によって生成するNO$_x$濃度は低い。従い，大気汚染防止法規制値や地方大都市部の規制値をクリアできる。

図5は8L22AG型エンジンである。国内化学工場のコージェネレーションシステムのキーハードとして2002年の夏から3台同時に稼動している。エンジン出力は1,260kW/900min^{-1}であり，3台共に連続常用運転を行っている。燃料ガスはメタン価65の都市ガス13Aである。現在に至るまでの各々の総運転時間は約32,000時間を越えており，この間大きなトラブルは発生していない。

第4章 バイオマスガス化発電技術

表2 単気筒燃焼試験エンジン要目

型式	1-26HX-AG
シリンダ径	260mm
ストローク	275mm
定格回転数	1,000min^{-1}
排気量	14.6L/cyl.

図6 単気筒燃焼試験エンジン

表3 使用燃料ガス性状

ガス名	H_2	CO	CO_2	N_2	メタン系炭化水素	低位発熱量 MJ/m^3_N
7.9MJ/CO_2 (CO_2 base)	32	35	33	0	0	7.9
5.7MJ/CO_2 (CO_2 base)	26	23	51	0	0	5.7
10.1MJ/CO_2 (CO_2 base)	46	40	14	0	0	10.1
5.0MJ/N_2 (N_2 base)	23	20	0	57	0	5.0
LNG	0	0	0	0	100	41.0
LNG+CO_2	0	0	40	0	60	21.0

(Vol. %)

8.4 マイクロパイロット・ガスエンジンへのバイオガスの適用
8.4.1 バイオガスおよび熱分解ガスの燃焼試験
(1) 試験装置及び試験方法

　燃焼試験はLNG及び熱分解ガスあるいはバイオガスを模擬した混合ガスの使用により4サイクル単気筒エンジン（シリンダ径260mm，ストローク275mm，定格1,000min^{-1}）で行なった。単気筒エンジンの主要目を表2に，外観を図6に示す。本試験に使用した燃料ガス（以下疑似ガス）は，熱分解ガス性状を模擬するものとして，CO，H_2およびCO_2またはN_2を混合調整したものである。その成分濃度，発熱量を表3に示す。

図7　シリンダ内燃焼圧力の比較

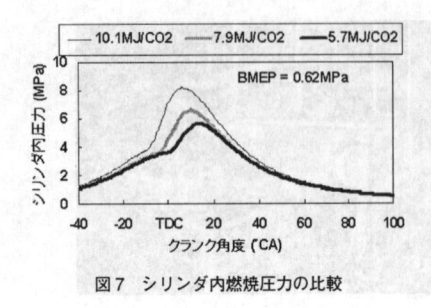

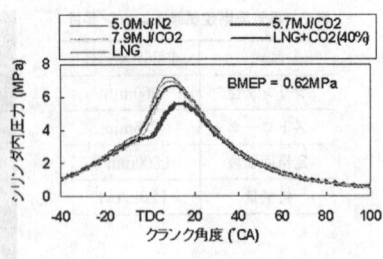

図8　シリンダ内燃焼圧力の比較

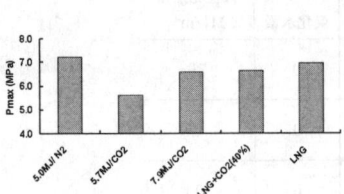

図9　各種性状ガスを用いた場合の燃焼最高圧力値比較

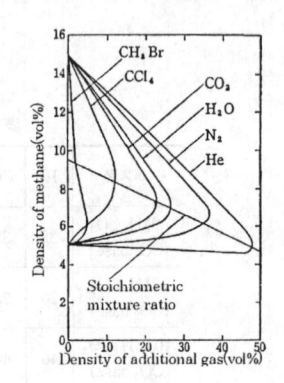

図10　不活性ガス添加時の可燃範囲変化

(2) 試験結果と考察

　正味平均有効圧力 0.62MPa，同一パイロット油噴射時期で運転した時のシリンダ内の圧力波形を図7に示す．圧力上昇開始時期は発熱量が低くなる（燃料ガス中の CO_2 濃度が高くなる）に従って遅くなり，シリンダ内最高圧力（以下 Pmax）も発熱量低下に呼応して下がることがわかる．

　図8に示す燃焼圧力波形では，$5.7MJ/CO_2$ の場合を除いて 4°CA BTDC で圧力上昇を始めている．$5.0MJ/N_2$，$5.7MJ/CO_2$ および LNG の燃焼圧力波形を比較すると，$5.0MJ/N_2$ は発熱量が $5.7MJ/CO_2$ や LNG より低いにも関わらず，Pmax は他の燃料ガスの場合より高い．また，$5.7MJ/CO_2$ の Pmax は最も低い結果となっている（図9を参照）．つまり，N_2 ベースの疑似ガスは，CO_2 ベースの疑似ガスに比べ圧力上昇の開始が早く，Pmax は高い．それ故に，着火タイミングが同じ場合でも，圧力上昇開始時期と Pmax の値は異なることになる．この結果より，CO_2 は N_2 より燃焼抑制効果があるものと言える．

第4章 バイオマスガス化発電技術

可燃条件にある燃料と空気の混合気に，他の不活性物質を添加すると燃焼範囲が変化する．燃焼反応による発生熱が不活性物質に伝熱するので，不活性物質量が多くなるほど着火し難い．CH_4 と空気の混合気中に他の物質を添加した場合の燃焼範囲変化を報告した例[1]がある．図10は，気体添加物の混入による燃焼範囲の変化を示す．このデータから CO_2 は約23vol％，N_2 は約37vol％の添加により燃焼範囲が無くなることがわかる．この基礎試験例が，同じ発熱量の疑似ガスでも，CO_2 ベースの燃料ガスは N_2 ベースの燃料ガスよりも燃焼しにくいことの説明となる．

本燃焼試験により，発熱量 $5\,MJ/m^3_N$ の熱分解ガスや CO_2 を40％程度含むメタン燃料ガス（バイオガス）は，マイクロパイロット・ガスエンジン発電の燃料として利用できることが検証された．

8.4.2 廃棄物熱分解ガス発電

(1) 実ガス発電実証例

① 始動

都市ゴミなど廃棄物のガス化により得られる生成ガス（真発熱量は約 $7.5MJ/m^3_N$）を，6L22AG型廃棄物熱分解ガス発電用エンジン（図11参照）の燃料として発電実証運転を行った．図12は熱分解ガスを燃料として始動した時のエンジン回転数変化を示す．エンジン始動は熱分解ガス以外の補助燃料は使用せず，熱分解ガスのみで可能である．始動時のエンジン回転数の上昇設定は，エアスタータにより約 $170min^{-1}$ でクランキングしアイドル回転 $200min^{-1}$ から定格回転まで60秒で到達するように設定した例である．結果は，都市ガス仕様と同じ約60秒であり，低カロリーのガスを使用したことによる不具合は見られず，始動は良好である．

② 発電負荷試験

燃料ガス発熱量を $7.5MJ/m^3_N$ と設定して，エンジン起動（図12）から定格発電量650kWま

図11 廃棄物熱分解ガス発電エンジン 6L22AG　　図12 廃棄物熱分解ガスによるエンジン起動

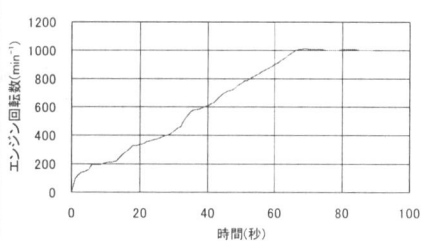

157

図13 発電負荷操作の例

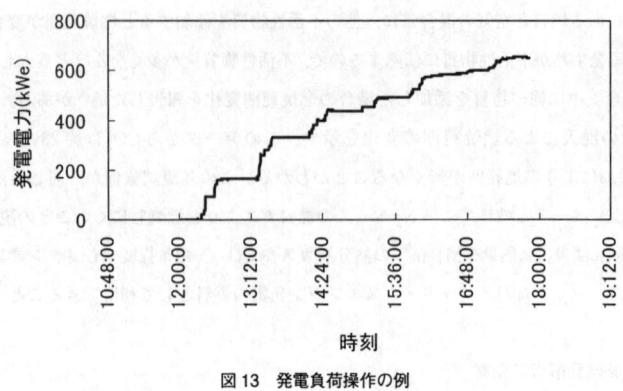

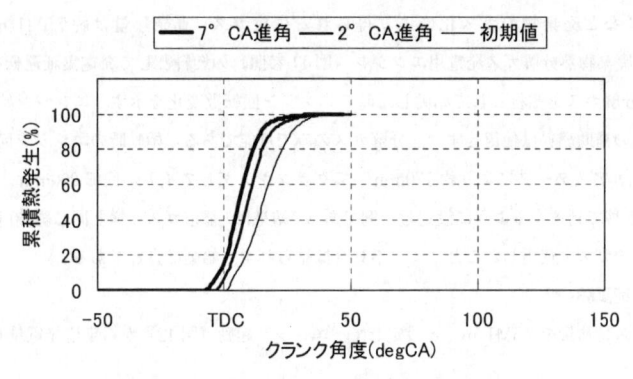

図14 パイロット噴射時期変更時の累積熱発生比較

での発電量操作の例を図13に示す。発電した電力は液体抵抗器と乾式抵抗器で消費し，その抵抗器負荷特性のために電力の上昇がステップ状になっている。また，定格発電量650kWまでの中間発電量では，燃焼状態を計測しながら運転検証をしたため，負荷操作の停滞時間が存在している。この運転試験により失火等の異常燃焼が無い事が検証された結果，商用電力と系統連携して発電することが可能と判断された。

③ パイロット噴射時期変更

パイロット噴射時期を初期値に対して2°CA進角時と7°CA進角時の累積熱発生比較を図14に示す。上死点（TDC：Top Dead Centre）での熱発生は初期値では0％，2°CA進角時は6％

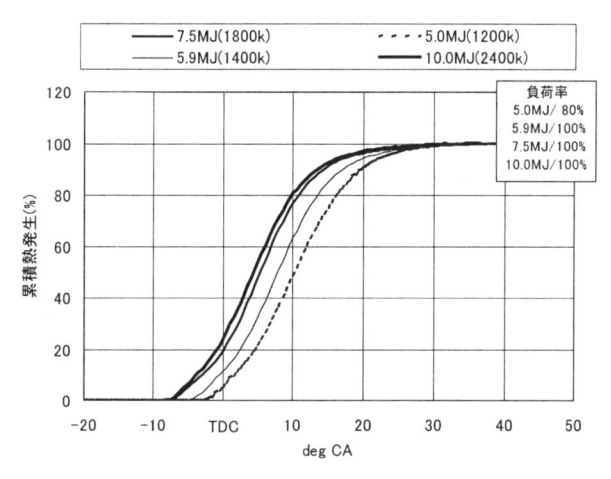

第4章 バイオマスガス化発電技術

図15 各燃料ガス発熱量での累積熱発生比較

である。即ち，パイロット噴射時期を進角させることにより，TDC前の熱発生量を増加させるような制御ができる。この，熱発生量を適切に維持することが発電効率の改善に寄与する。

④ 燃料ガス発熱量と累積熱発生率の比較

図15にこれまで試験した各燃料ガスの累積熱発生パターンを示す。5.0MJ/Nm^3（1,200kcal/m^3_N）を除いて100％負荷運転時のデータである。同一パイロット油噴射タイミングのため，燃料ガスの発熱量が低くなるにしたがってCO$_2$の比率が高くなり熱発生の時期が遅く（TDCまでの累積熱発生量が少なく）なっている。これは，燃焼が緩慢になり，効率が低下することを意味する。

⑤ 発熱量変動の影響検証の例

実際の廃棄物熱分解装置によって発生した熱分解ガスの実発生量が少ないため，H$_2$を添加して発電可能なエネルギー量に調整し，設定定格650kWの発電運転を行った例を明示する。その際のエンジン回転数，発電電力，H$_2$添加後の燃料ガス発熱量を図16に示す。燃料ガス中の水素濃度が32〜24％に変化することに対応して発熱量は6分の間で若干振れながら6.6〜7.6MJ/m^3_Nと変動している。このような燃料ガス性状変化があっても，エンジン回転数は大きな変動が無く安定した発電ができることが検証された。

8.4.3 バイオガス発電用ガスエンジン

18V22AG型マイクロパイロット・ガスエンジンにおいて，バイオガス（概ねメタン60％＋CO$_2$ 40％）のみによりエンジン起動を行い，正味平均有効圧力1.96MPaに該当する定格発電負

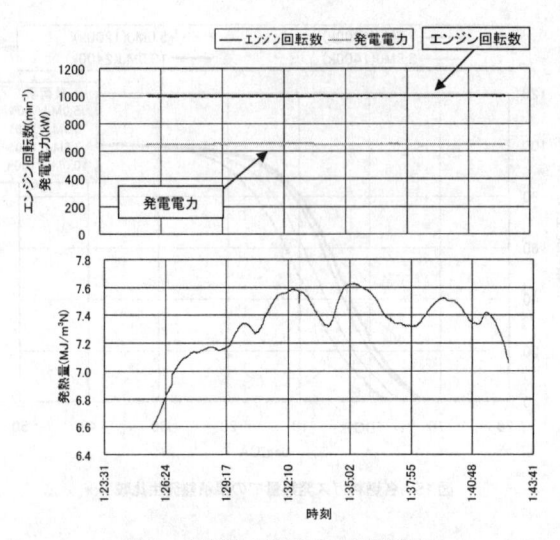

図16 廃棄物熱分解ガスによる発電運転

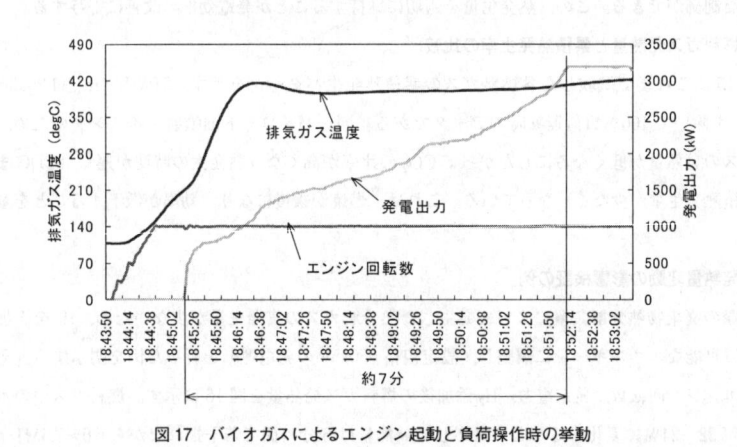

図17 バイオガスによるエンジン起動と負荷操作時の挙動

荷 3,200kW までの運転操作を行った例を図17に示す。この燃料ガスの発熱量は約 $21MJ/m^3_N$ で都市ガス 13A の概ね 1/2 である。なお，3,200kW は都市ガス 13A と同一の定格発電出力である。定格回転無負荷から定格負荷 3,200kW まで約7分で立ち上げている。図18は正味平均有効圧力 1.96MPa 運転において，消化ガス（CH_4 60％，CO_2 40％）および LNG（都市ガス 13A 相当）を

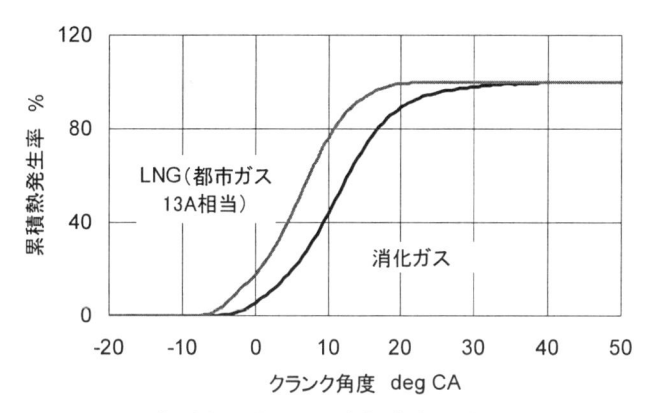

第4章 バイオマスガス化発電技術

図18 正味平均有効圧力1.96MPa負荷運転時の累積熱発生率比較

燃料として用いたときの累積熱発生率を示す。同一パイロット燃料噴射時期に設定して燃焼させたため，CO_2の燃焼抑制作用に依り緩慢な燃焼となり，燃焼開始時期が遅く且つ燃焼期間が長い。バイオガスでは，このように緩慢燃焼となるため，高い熱効率を維持するためには，上死点前の熱発生量が適正となるような燃焼チューニングが必要である。燃焼改善の方法としては，熱発生時期を早めるためのパイロット油噴射時期の進角，燃焼速度を高める（短期燃焼）ための給気圧力即ち空気過剰率の低下及び給気温度の上昇が挙げられる。ここでは熱効率の改善と共に，NO_x排出値を抑えることも考慮し，エンジンチューニングを試みた。試験により得られたパイロット油噴射時期，空気過剰率及び給気温度の関係を図19に示す。なお，エンジンチューニングの手段としてパイロット油量の増減もあげられるが，ここではLNG運転時と同様に，熱当量比の1％のパイロット油量にて試験を行っている。つまり，22AG型エンジンでは，燃焼抑制効果のあるCO_2が40％含まれる低カロリーガスであっても1％パイロット油量にて運転できることが実証された。

東京都大田区の森ヶ崎水処理センターに汚泥消化ガスを有効利用する常用発電設備が建設され，2004年4月に国内初のPFI事業[2]として運用を開始しセンターに電力および温水を供給している。常用発電設備のキーハードとして，汚泥消化ガスを燃料とする3MW級希薄燃焼マイクロパイロット着火ガスエンジン（18V22AG）が設置されている。汚泥消化ガスの性状は，概ねCH_4 60％とCO_2 40％であるが，ガス由来は汚泥のメタン醱酵によるものであるため季節毎時間毎に変動する。このような不安定性状の燃料ガスであっても，マイクロパイロット着火方式のガスエンジンでは安定的に3MWの発電が可能であり，またエンジン起動に都市ガスやLPGなどの補助燃料ガスを必要とせず，汚泥消化ガスのみによってできることが実証された。

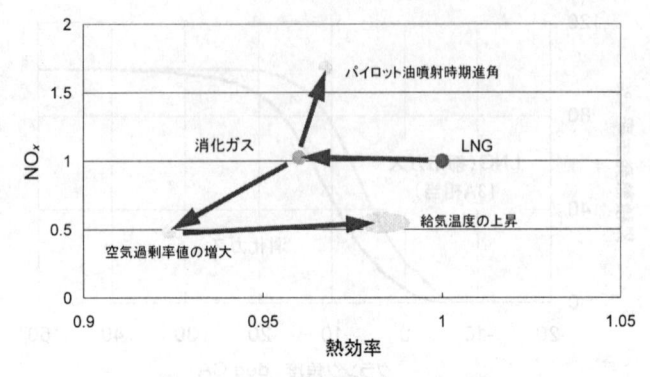

図19 バイオガスの燃焼最適チューニング手法

8.5 まとめ

マイクロパイロット着火方式を採用した 22AG エンジンは，点火エネルギーが大きいことと，そのエネルギー量が可変であることが最大の利点である．従って，CO_2 を多く含むバイオガスとか廃棄物由来熱分解ガスの燃焼技術として最適である．さらに，パイロット油はピストンの圧縮による高温環境場において自己着火をする．従って，火種の形成は確実に実現できるため，燃料ガス性状が変化した場合にも失火することなくエンジンの運転が継続できる．またエンジン起動に際して都市ガスや LPG などの補助燃料ガスを必要とせず，バイオガスおよび廃棄物由来熱分解ガスのみによってできることが実証された．マイクロパイロット・ガスエンジンは，再生可能エネルギー有効利用発電分野において，エネルギー有効利用と環境に適合する原動機として貢献することが期待される．

文　　献

1) 平野敏右著，燃焼学，海文堂出版社，P121（原出典：Zebetakis, M. G. "Flammability Characteristics of Combustible Gases and Vapours", Bulletin 627, Bureau of mines, 1965）
2) 東京都，http://www.op.cao.go.jp/pfi

9 燃料電池

麦倉良啓[*]

9.1 はじめに

はじめに,燃料電池の概要について紹介する。燃料電池は使用する電解質により分類され,固体高分子を用いる固体高分子形(Polymer Electrolyte Fuel Cell:PEFC または Proton Exchange Membrane:PEMFC)や,リン酸形(Phosphoric Acid:PAFC),溶融炭酸塩形(Molten Carbonate:MCFC),固体酸化物形(Solid Oxide:SOFC),が主要な燃料電池である。MCFC と SOFC は他に比較して電池の動作温度が高く,電池からの排熱を利用した複合発電もできるため,高温形燃料電池と呼ばれている。燃料電池の種類を表1に示す。200℃以下の比較的低温で動作させる PEFC や PAFC では,化学反応を活発に行わせるため,白金を触媒として使用している。白金は一酸化炭素に被毒し,触媒能を失う。一般的に,燃料電池の燃料としては都市ガス等が考えられているが,都市ガスの主成分であるメタン(CH_4)を,PEFC や PAFC は直接,燃料として利用することができない。このため,メタンは改質器(リフォーマ)で水素(H_2)に変換される。メタン改質反応は以下で示される。

$$CH_4 + H_2O = 3H_2 + CO \tag{1}$$

この改質反応を改質器で行わせてから水素を電池に供給する方式を外部改質方式と呼び,これに

表1 燃料電池の種類と特徴

	固体高分子形 (PEFC)	リン酸形 (PAFC)	溶融炭酸塩形 (MCFC)	固体酸化物形 (SOFC)
動作温度	約80℃	約200℃	600〜700℃	800〜1,000℃
電解質	プロトン導電性高分子膜	リン酸水溶液	溶融炭酸塩 (Li/K, Li/Na)	固体酸化物 (YSZ)
反応イオン	H^+	H^+	CO_3^{2-}	O_2^-
使用可能源燃料	水素 天然ガス メタノール	天然ガス メタノール	天然ガス メタノール 石炭	天然ガス メタノール 石炭
適用分野	移動用電源 分散電源など	火力代替電源 分散電源	火力代替電源 分散電源	火力代替電源 分散電源
備考	CO による 触媒被毒	CO による 触媒被毒	—	—

---

[*] Yoshihiro Mugikura ㈶電力中央研究所 エネルギー技術研究所 上席研究員

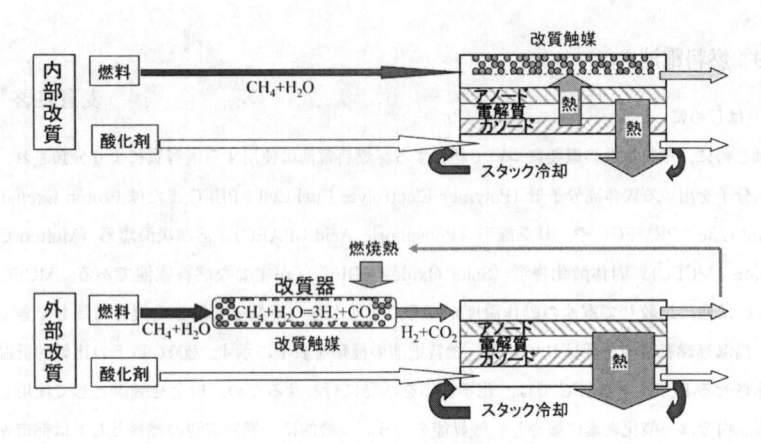

図1 外部改質と内部改質

対して、改質反応を電池内部で行う方式を内部改質方式と呼び、その適用は高温形燃料電池（MCFC, SOFC）に限定される。その主な理由は、①内部改質で副反応的に生成される一酸化炭素がPEFCやPAFCで触媒として使用している白金を被毒する、②PEFCやPAFCの運転温度である200℃以下の温度域では改質反応が遅い、③改質に必要な水蒸気を多く供給する必要がある、などである。一方、MCFC, SOFCでは低温形（PEFC, PAFC）とは対照的に、①改質反応で生成される水素を発電により常に消費するのに加え、改質に必要な水蒸気が発電により常に供されるため、(1)式のメタン改質反応が促進されメタンの改質率が向上し、プラント効率向上につながる、②内部改質で生成する一酸化炭素も燃料となる、③電池運転温度である600～1,000℃で改質反応が円滑に進行する、のように内部改質には有利な条件が整っている。内部改質方式を採用するメリットは、①改質反応に必要な熱として電池の発電に伴う発熱を有効利用できる、②改質器を電池内に設けるため、プラントとしてはコンパクトな設計が可能となる、③改質により熱が吸収されるため電池冷却に必要な動力を低減できる、などである。内部改質方式では、発電に伴う発熱量の約60％が改質反応に利用されるため、電池を冷却する動力を大幅に抑制することが可能となる。図1には、改質方式の違いを示す。外部改質方式ではアノード排ガスを燃焼させ、改質用の熱を賄い、また、電池冷却のためカソードガス等を循環させることが必要となる。内部改質方式では、電池で発生する熱で改質を行うため、冷却に必要なカソードガス等の循環量も少量で済む。バイオマス、廃棄物や石炭等のガス化ガスの成分は一酸化炭素や水素が主体でメタンは多く含まれないため、メタンを改質する必要性は低く、シンプルな外部改質方式が向いており、後述するバイオマスを発酵させたガスには内部改質方式が適している。

第4章 バイオマスガス化発電技術

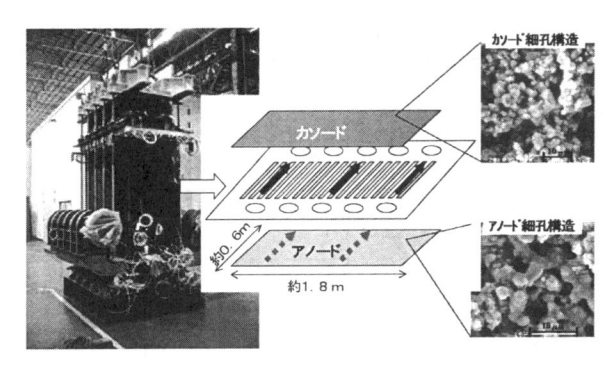

図2 MCFCスタックと電極構造

バイオマスと燃料電池とを組み合わせて発電する場合，バイオマスを直接，燃料電池の燃料として利用することは難しく，バイオマスを発酵あるいはガス化して燃料電池に供給する必要がある。発酵には家畜糞尿や下水残渣のような水分の多いものが適しており，これらの発酵ガスはメタン主体であり，天然ガスに準じて燃料電池の燃料として利用可能である。

バイオマスや家畜糞尿を発酵させたガスを燃料とするPAFCやMCFCプラントは既に稼働しており，発酵ガスの発熱量基準で送電端効率38〜43％（HHV基準，以下同様）が達成されている。

一方，バイオマスをガス化して燃料電池に供給することも可能である。ガス化には水分量が比較的少ない木質や廃棄物などが適している。バイオマスをガス化してガスエンジンで発電する場合の発電効率は10〜20％であるのに対し，燃料電池と組み合わせた場合は30％程度が期待でき，大幅に発電効率を向上できる可能性がある。バイオマスガス化ガスは相対的に水素成分が少なく一酸化炭素の含有量が多いため，白金触媒を用いるPEFCやPAFCの燃料としては適していない。一方，MCFCやSOFCは動作温度が高いため白金触媒が必要なく，一酸化炭素を多く含むバイオマスガス化ガスを燃料とする場合には高温形燃料電池が適している。

実際の高温形燃料電池の一例として，市場への導入が始まっているMCFCのスタックと電極構造を図2に示す。スタックとは，乾電池1つに相当する単セルを何枚も積層したものである。本スタックはIHI社製の300kW級スタックで面積$1m^2$の250枚の単セルから成り，1枚当たり1.2kW程度の発電出力が得られる。MCFC発電プラントでは，天然ガスを燃料とする場合には発電効率50〜65％が試算されており，日本，米国，欧州において開発が進められている。米国FCE社およびドイツMTU社により天然ガス燃料250kW級常圧プラントが開発され，米国，欧州において既に40基以上，日本においても7基のプラントが稼働している。日本においても，

表2 燃料ガス組成の比較

		天然ガス改質ガス	バイオマスガス化ガス	廃棄物ガス化ガス	発酵バイオマス
H_2	vol.%	74.5	12	29	
CO	vol.%	11.2	14	49	
CO_2	vol.%	11.4	15	16	15〜30
CH_4	vol.%	2.3	3	0.1	85〜70
N_2	vol.%	0.6	56	5.6	
H_2S	vol.%	1〜9 ppb	0.023	0.36	0.2〜0.03
COS	vol.%	0		0.02	
HCN	mg/Nm^3	0	0.02	0.01	
NH_3	mg/Nm^3	0	1.25	0.25	

国の開発計画として MCFC 発電システム技術研究組合が 0.4MPa で動作する 300kW 級小型加圧システムを開発し,中部電力やトヨタもこのスタックを用いて 300kW 級プラントを開発し,愛知万博において運転を行い,パビリオンに電力を供給した。このように,天然ガスを燃料とする MCFC 発電プラントについては技術的な見通しが得られており,バイオマス発酵ガスも後述する不純物を除去すれば天然ガスと同様に利用できる。

一方,高温形燃料電池の燃料としてバイオマスガス化ガスを用いる場合には,いくつかの課題がある。バイオマスガス化ガス等と天然ガス改質ガスとの相違点は,表2に示すように天然ガス改質ガスでは水素(H_2)濃度が約 75%,CO が約 11% であるのに対し,バイオマス,廃棄物,石炭のガス化ガスでは H_2 が 10〜30%,CO が 10〜50% と,H_2 濃度が低く,CO 濃度が高いことが特徴である。また,これらガス化ガスには不純物として H_2S, HCl, NH_3 等が含まれることも天然ガスとは大きく異なる。バイオマスガス化ガスを燃料とする高温形燃料電池発電プラントを実現するためには,①低 H_2・高 CO 濃度燃料,②H_2S のような不純物,が高温形燃料電池の性能や寿命へ与える影響の解明が重要であり,以下では,MCFC で検討した結果を紹介する。

9.2 電池性能への低 H_2・高 CO 濃度燃料の影響

低 H_2・高 CO 濃度燃料の影響は,最終的には 1m^2 級の実用面積スタックを用いて検証する必要があるが,基礎的な検証は小型単セルを用いて行われている。図3には,天然ガスと,廃棄物のガス化ガス,バイオマスガス化ガス,酸素吹き石炭ガス化ガスを模擬した組成を燃料とした場合の単セル性能を示す。燃料電池の出力電圧は発電効率にほぼ比例し,出力電圧が高いほど発電効率は高い。天然ガス改質燃料に比較して,バイオマスや廃棄物のガス化ガスを燃料とした場合

第4章 バイオマスガス化発電技術

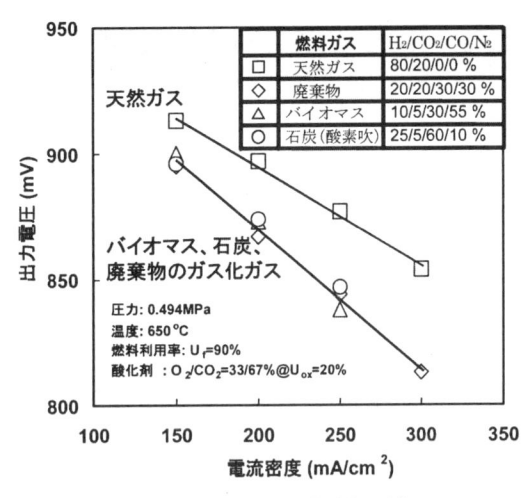

図3 小型単セルでの初期性能の比較

燃料ガス	$H_2/CO_2/CO/N_2$
天然ガス	80/20/0/0 %
廃棄物	20/20/30/30 %
バイオマス	10/5/30/55 %
石炭(酸素吹)	25/5/60/10 %

圧力: 0.494MPa
温度: 650 ℃
燃料利用率: U_f=90%
酸化剤: O_2/CO_2=33/67%@U_{ox}=20%

の出力電圧は低いが，これはこれら燃料自体の発熱量が天然ガスに比較して低いためである．出力電圧は，実用的な電流密度である 300mA/cm^2 程度まで電流と直線関係にあり，電池反応の観点から MCFC は低 H_2・高 CO 燃料で十分，発電可能である．

実用面積スタックを用いて，低 H_2・高 CO 濃度燃料の初期性能への影響を検討した結果を図4に示す．実用面積スタックとしては，IHI 製の 1m^2 級セルを 10 枚積層したスタックを用いた．なお，スタックに使用した電極や電解質板の仕様は，小型単セルと同様である．図4の横軸には供給する燃料ガス中の CO と H_2 の和に対する CO の比率をとり，縦軸にはスタックの平均セル電圧をとった．燃料中の CO 濃度が低い，つまり，CO/(CO+H_2) 比が 0 に近いケースは天然ガス改質燃料に対応し，CO/(CO+H_2) 比が 1 に近づくほど CO 濃度が高くなる．いずれの比率においても，スタック平均セル電圧は安定しており，温度分布のある実用面積スタックにおいても，天然ガス改質燃料と同様にバイオマスガス化ガスが適用可能であることがわかる．また，天然ガス改質燃料の場合とバイオマスガス化ガスの場合との電圧差は，小型単セルの場合と同等であり，大面積化やスタック化することによる新たな問題は生じないものと考えられる．

9.3 電圧安定性への H_2S 不純物の影響

バイオマス，廃棄物等のガス化ガスには，表2に示したように天然ガスにはほとんど含有されない不純物が含まれる．バイオマスガス化発電プラントでは，このような不純物を除去可能な燃

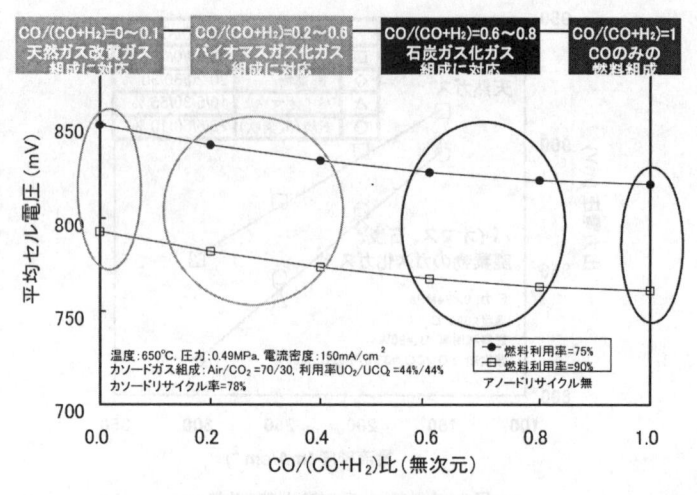

図4 実用面積スタックでの初期性能の比較

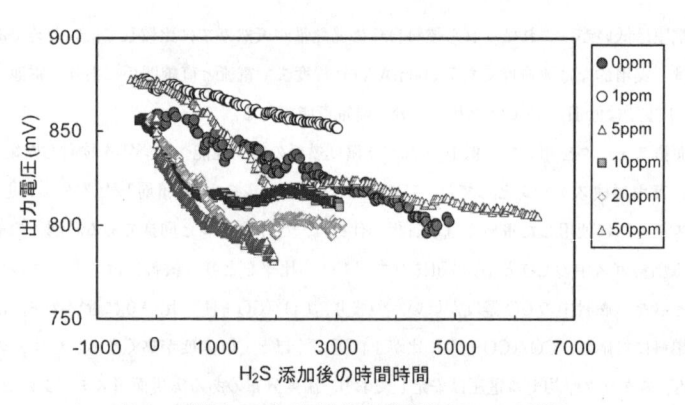

図5 小型単セルによる天然ガス改質燃料でのH_2Sの影響

料ガス精製設備が必要である。このような設備を設計するためにはMCFCの不純物に対する許容値を明らかとすることが重要である。ここでは，代表的不純物であるH_2SがMCFCの電圧安定性に与える影響について述べる。

図5には，天然ガス改質燃料ベースにH_2Sを1～50ppm添加した場合の出力電圧の経時変化を示す。H_2Sが1ppmまでは無添加の場合と差はないが，5，10，20，50ppmと添加量が増える

第4章 バイオマスガス化発電技術

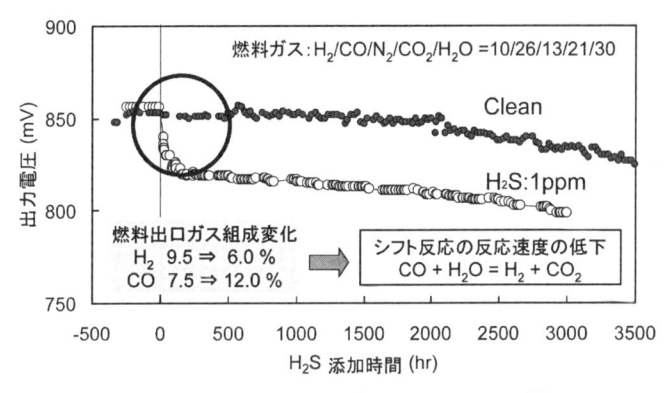

図6 小型単セルによる低 H_2・高 CO 燃料での H_2S の影響

に従い,H_2S 添加後 2,000 時間までの電圧降下が大きくなる。しかし,2,000 時間以降の電圧低下の傾向は無添加の場合と差異はない。図6には,低 H_2・高 CO 濃度燃料をベースとして H_2S を 1 ppm 添加した場合と無添加の場合の出力電圧の比較を示す。天然ガス改質燃料ベースの場合と異なり,低 H_2・高 CO 濃度燃料ベースでは,H_2S を添加した直後に 30mV 程度の急激な電圧降下が起こる。H_2S 添加前後に燃料出口ガスを分析した結果を図中に付記したが,H_2 濃度は 9.5% から 6% に減少し,CO 濃度は 7.5% から 12% に増加した。これは,燃料電池内で CO から H_2 に転換するガスシフト反応が H_2S 添加により阻害されるため,CO から H_2 への転換が抑制され,H_2 濃度が H_2S 添加前に比較して減少するためにアノード反応抵抗が増加し,急激な電圧降下が発生したと考えられる。この現象は,添加された H_2S の硫黄（S）成分が MCFC のアノードであるニッケル（Ni）表面に吸着し,ガスシフト反応を阻害するためと考えられる。また,図5,6から,H_2S 添加後 2,000 時間以降の出力電圧の低下傾向は無添加の場合と変わりないことから,H_2S 添加はガスシフト反応のみに影響するものと考えられる。

このように,燃料中の不純物の電池への影響評価が重要である。MCFC での影響については,表3のとおり評価が完了し,ガス精製の目標値が明確化されている。SOFC では,MCFC のように系統立てた総合的な評価や,燃料として重要である CO を多く含むガス組成での試験結果は報告されておらず,ガス精製設備の設計には更に詳細な研究が必要である。

9.4 バイオマスガス化高温形燃料電池発電システムの検討

バイオマスガス化高温形燃料電池発電システムの効率試算結果[1]を紹介する。高温形燃料電池として MCFC,温度 800℃以上で動作する SOFC を採り上げ,各電池性能の試算は各タイプの

表3 MCFCの不純物許容レベル

不純物	影響	高H_2濃度燃料	高CO濃度燃料
H_2S	反応速度低下（CO→H_2）	5 ppm	1 ppm
HCl	電解質損耗	1 ppm	
HF	電解質損耗・腐食	1 ppm	
NH_3	なし（実験は500ppmまで）	500ppm	
SO_2	腐食・反応速度低下（H_2→CO）	3 ppm	1 ppm
NO_x	内部抵抗の増加	50ppm	

電池製作を手掛ける代表的なメーカーでの性能公表値（天然ガスベース）を電力中央研究所で開発した性能表示式に適用することで行った。バイオマスガス化燃料としては，木質系バイオマス原料による空気吹きガス化ガス（冷ガス効率62％［HHV］程度）を想定した。各電池仕様および規模としては，常圧，燃料利用率75％にて300kW級出力とし，システム補機としての熱交換器，ブロワー，インバーター等は各システム共通の性能仕様としてシステムの効率を試算した。

バイオマスガス化ガスは，表2に示したように水素，一酸化炭素が燃料の主成分となるが，850℃程度のガス化温度では，一般的に数％のメタンもガス化ガス中に含まれるとされ，表2ではメタン濃度を3％とした。また，ガス化炉からのバイオマスガス化ガスには，前述のように燃料電池に有害な不純物等も含んでおり，電池手前で不純物除去を行う必要がある。このガス精製方式としては，技術的に完成度が高いと思われる低温湿式プロセス（～60℃）を採用した。

図7に試算したMCFCシステムを示す。バイオマスガス化ガス中に含まれる数％程度のメタンであっても，MCFCでは，(1)式の改質反応によりメタン1 molを水素と一酸化炭素の4 molに変換することは電池出力向上にとって重要であるため，電池手前にはプレ改質器を設けた。図7における発電端および送電端効率はそれぞれ約24％，18％であり，天然ガス燃料の場合の約半分程度の効率しか出せない。この理由は，バイオマスガス化ガス燃料電池システムでの効率が，ガス化炉性能（≒冷ガス効率約62％）と電池性能との両者の組み合わせにより決まるためで，概算的には，両者の掛け算となる。このためバイオマスガス化ガス燃料電池システムにおいては，ガス化炉の性能向上もシステム効率上，重要なファクターとなる。

図8には試算したSOFCシステムを示す。近年，SOFCに関しては，800℃以下で動作する低温形のSOFC開発が盛んであるが，本SOFCにおいては，MCFCシステムとの温度的レベルの差別化を図るため，800℃以上で動作する高温形のSOFCシステムとした。図7のMCFCシステムと比較して図8のSOFCシステムでは，800℃以上のNi系燃料極上では温度的にメタンの改質反応が進むと仮定しプレ改質器を不要としたが，電池入口温度800℃を得るために必要な空

第4章　バイオマスガス化発電技術

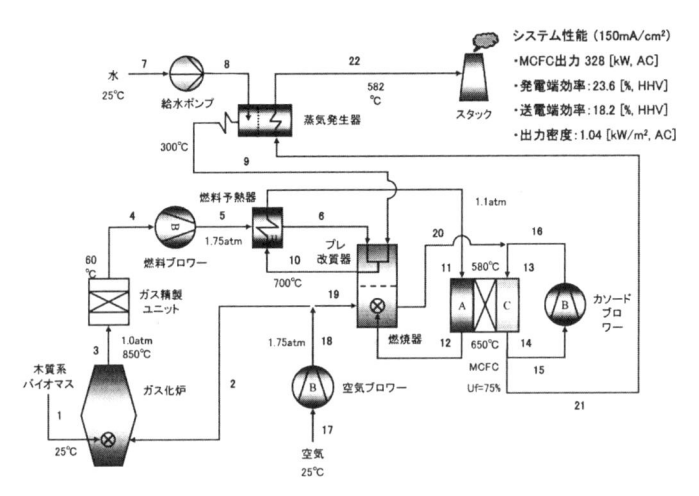

図7　バイオマスガス化ガスMCFCシステム

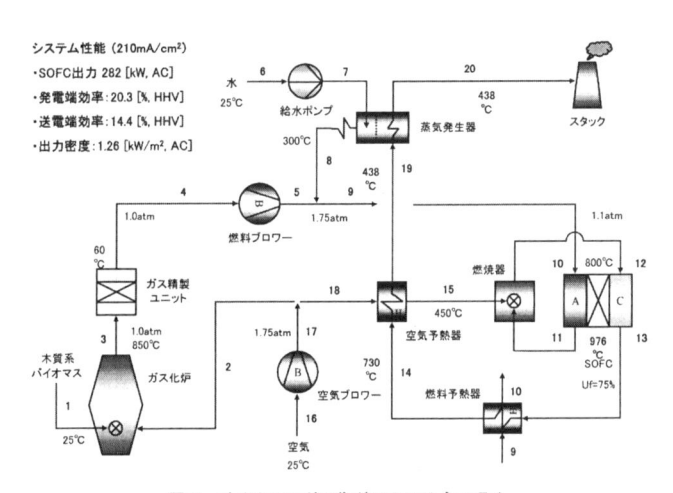

図8　バイオマスガス化ガスSOFCシステム

気予熱器は燃焼器手前に設けた。また，800℃以上の温度では，電池出入口の温度制御を担う高温のカソードブロワーを設けることが機器的に困難と判断し，カソードブロワーの導入は見送った。このため本SOFCシステムでの電池出口温度は，電池の電流密度をパラメータサーベイす

171

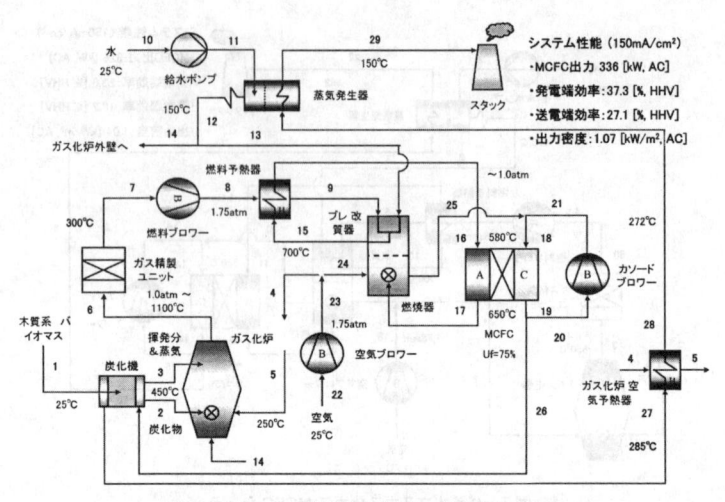

図9 バイオマス炭化機ガス化ガスMCFCシステム

ることにより決定される計算出力値となっている。電池の入口温度として800℃をシステム的に得ようとした場合，より高温となる電池出口のガス温度を用いて入口温度を800℃まで上げる必要があるが，本システムにおいては，$200mA/cm^2$以上の電流密度とした際に得られる980℃程度の電池出口温度にて，入口温度800℃を確保できる計算結果となった。このためセル出力電圧は630mV程度となっており，システム効率はMCFCより更に低い発電端効率20%，送電端効率14%となっている。しかしながら，出力密度的には，他のシステムに比べて高い値が得られる。いずれにしても，800℃以上で動作する燃料電池の機器構成には，電池自体を高温に保つための高温機器が必要不可欠であり，システム的には電池周りの高温部分を如何に構成していくかが課題となる。

　上述したようにガス化ガス燃料電池システムの効率向上には，ガス化炉自体の性能向上が必要不可欠であり，このガス化炉と高温形燃料電池の組み合わせシステムにおいては，燃料電池からの高温排ガスをガス化炉側へフィードバックし，ガス化炉性能を向上させることがシステム効率の観点から望まれる。電力中央研究所においてはバイオマス燃料を無酸素状態の高温で蒸焼きにし，バイオマス燃料を炭化物と揮発分に改質してからガス化炉に投入する炭化機付バイオマスガス化炉の開発を行っており，図9では，この炭化機付ガス化炉とMCFCの組み合わせによるシステムを検討した。図9におけるシステムは，図7におけるガス化炉部分を炭化機付ガス化炉に，ガス精製部分を高温乾式プロセス（～300℃）に置き換えたものであり，これら機器の採用によ

第4章 バイオマスガス化発電技術

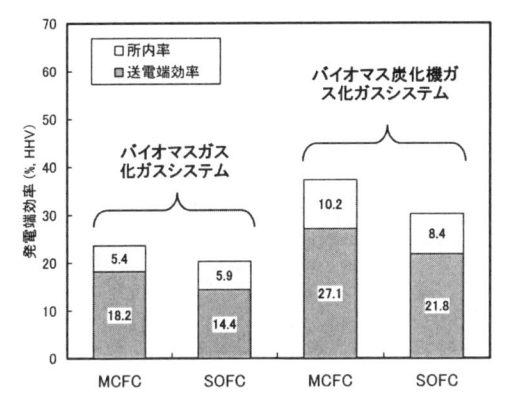

図10 バイオマスガス化高温形燃料電池システムにおける効率試算比較

り図7に比べて，システムの効率は発電端で24%から37%へ，送電端で18%から27%まで向上する結果となっている。しかしながら，システム機器構成が複雑になる分，所内率は5%から10%程度まで増加する。

図10にシステム効率の比較を示す。MCFCで天然ガス燃料の場合には送電端効率43%の高い効率が得られているが，バイオマスガス化炉と高温形燃料電池を単純に組み合わせたガス化ガスシステムでは，ガス化炉効率（約60%）との兼ね合いにより送電端効率は20%以下に留まっている。ガス化ガスシステムにおける効率向上策としては，燃料電池からの高温排ガスをガス化炉側にフィードバックし，ガス化炉自体の性能を向上させる方策が考えられるが，システム的な機器構成がその分増え，それに伴うシステム運用の煩雑性，プラントコストが増加する可能性もある。この点は，効率とコストの関係を見極めた上で，バイオマス燃料による高温形燃料電池の適用を図っていく必要がある。

以上，バイオマスガス化と高温形燃料電池を組み合わせたシステムについて記したが，バイオマス等の再生可能エネルギーへの高温形燃料電池の適用技術の開発をより一層進めて行くことが，バイオマスの高効率利用法として重要である。

文　　献

1) 麦倉良啓，森田寛，電力中央研究所調査報告，M04013（2005）

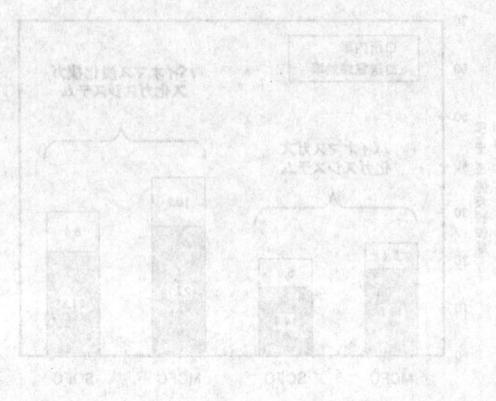

ウェットバイオマス編

第5章　バイオマス前処理・ガス化技術

1　石炭火力混焼利用のための下水汚泥炭化燃料化技術

田島　彰*

1.1　はじめに

　地球温暖化防止や循環型社会形成のため，新エネルギーであるバイオマス資源の利用促進が求められている。しかしながら，バイオマス資源の有効利用は，安定供給性や経済性に課題があり実現が困難なことが多い。一方，自治体の浄化センター等で発生する下水汚泥は，現在多くの有効な利用方法が模索されているが，供給・利用安定性に優れ有機分を含有すること等からマテリアルリサイクルよりも，燃料化してサーマルリサイクルすることへ期待が高まっている（図1に代表的なバイマスエネルギーの賦存量を示す）。本節では，下水汚泥を「炭化技術」により熱処理した炭化物（以下炭化燃料）に関して，火力発電用燃料としての適用方法を述べる。

1.2　炭化燃料の生成方法

1.2.1　炭化技術

　下水汚泥を燃料化する方法としては，炭化，乾燥，メタン発酵，スラリー化等が考えられるが，炭化方式は導入実績，環境性，生成物及び副製品の特性，経済性などから現時点で最も優位なものと評価できる。

　炭化方式は，外熱式ロータリーキルン，内熱式ロータリーキルン及び外熱式スクリューコンベア等を用いるものが存在するが，現在中型〜大型機で主流になりつつあるのは，外熱式ロータリーキルンである。外熱式ロータリーキルン（図2に構造例を示す）は内筒及び外筒より構成され，低酸素状態の内筒中に導いた下水汚泥を間接的に外筒側より加熱・蒸し焼きにし炭化燃料を生成するものであり，生成物である炭化燃料の性状が比較的

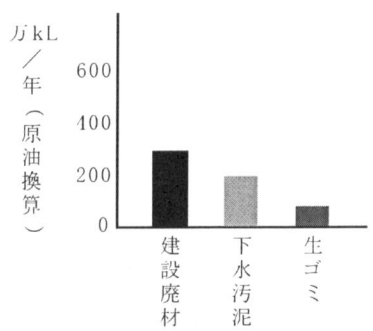

出典：「新エネルギー導入促進基礎調査」
　　　(社)日本エネルギー学会　H14.5

図1　バイオマスエネルギー賦存量

---

*　Akira Tajima　バイオ燃料㈱（東京電力㈱出向）　取締役副社長

図2 外熱式ロータリーキルン構造例

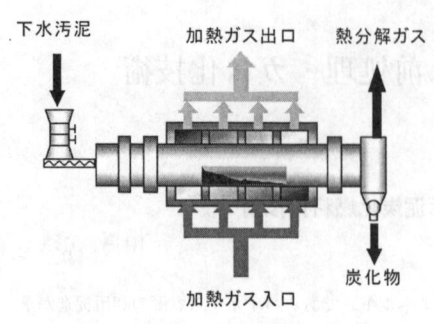

図3 炭化燃料

表1 炭化燃料性状例

		炭化燃料	下水汚泥
工業分析	水分（％）	10～20	78
	灰分（％）	40～60	20
	可燃分（％）	40～60	80
	高位発熱量（MJ/kg）	11～15	19
元素分析（乾燥）	炭素（％）	25～40	44
	水素（％）	1～4	6
	窒素（％）	1～5	4
	硫黄（％）	0.2～1.0	0.7

安定することが特徴として上げられる。なお，設備規模等により炭化処理用のロータリーキルンの前段に乾燥機を配置する場合もある。

1.2.2 炭化燃料

炭化燃料は，木炭に類似した特性を有するが，発電に用いられる石炭に比べると発熱量が約半分程度，硫黄分は同等であり低品位の石炭並の品質と言える（図3に炭化燃料写真を示す）。性状は，収集する下水汚泥の地域，季節や燃料生成時の温度条件により変化する。代表的な炭化燃料と下水汚泥の性状例を表1に示したが，水分については，生成時は1％未満であり，表中の値は加湿後のものである。なお，現状では下水汚泥より生成する炭化物は，燃料として利用されたケースは少なく，土壌改良剤等に用いられている例が多い。

第5章　バイオマス前処理・ガス化技術

1.3 炭化燃料の発電用燃料としての適用評価方法

発電用燃料としての利用方法は，炭化燃料が粉体状であることから石炭火力発電所の石炭燃料の代替，すなわち石炭との混焼を前提とする。発電用燃料としての評価・検証方法は，基本的には発電設備へ新たな燃料を導入する場合と同様の内容であり，具体的な評価・検証のステップは以下のとおりとなる。

なお，石炭と炭化燃料の混焼可能割合については，STEP1及びSTEP2の結果より適切な数値を設定するが，炭化燃料生成時の発熱量，発電設備の各機器毎の設備能力や固有の環境規制等も考慮する。

1.3.1　STEP1－炭化燃料性状評価

炭化燃料の性状より微粉炭機粉砕性，ボイラ，環境性への影響を予測評価する。

・微粉炭機粉砕性（形状，粒径，硬度）
・ボイラでのスラッギング性，ファウリング性，磨耗性，腐食性（工業・元素分析値）
・環境性／NO_x，SO_x，煤塵，塩化水素等の排出特性（工業・元素分析値）

（　）内の性状より各特性を予測する。

1.3.2　STEP2－ハンドリング性，安全性，燃焼性，環境性の評価

(1)　ハンドリング性

炭化燃料の微粉炭機での粉砕性を確認するため，試験機等により粉砕特性を把握する。また，コンベア移送時の粉塵飛散性なども事前に試験確認するとよい。

(2)　安全性

炭化燃料の自己発熱性，粉塵爆発性，有害性に関して問題がないことを確認する。

(3)　燃焼性

テストバーナーを用いて炭化燃料の燃焼性が良好であることを確認する。

(4)　環境性

NO_x，SO_x，煤塵，塩化水素，シロキサン（有機珪素酸[※]）等の排ガス特性を把握するとともに，環境設備（電気集塵器，脱硝装置，脱硫装置）の性能面への影響を評価する。また，燃焼灰の溶出試験により埋め立てに関する環境規制を遵守していることを確認し，特定の有効利用を行っている場合は，有効利用上支障がないことも評価する。

※シャンプーやワックス等のコーティング剤に含まれる有機系珪素化合物であり，下水汚泥中に微量に含まれる。金属部材の劣化，触媒腐食などに影響があるといわれている。

1.3.3　STEP3－石炭火力実機試験による評価

(1)　炭化燃料混合方法

ボイラ本体，石炭バンカ，運炭コンベア，貯炭設備等での投入が考えられ，運用性，経済性等

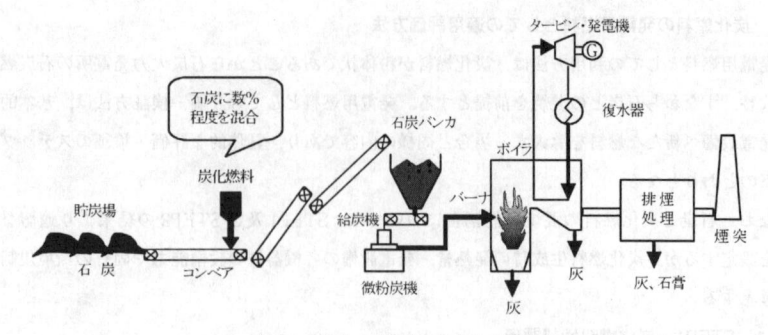

図4 石炭火力発電所での投入方式

表2 実機試験評価項目例

設備名称		評価項目
受入・貯蔵設備	貯蔵サイロ	自己発熱性,粉塵爆発性,移送性
移送設備	コンベア	粉塵飛散性,粉塵爆発性,移送性
粉砕設備	微粉炭機,給炭機	粉砕性,移送性
燃焼設備	ボイラ本体	燃焼効率,熱効率
環境設備	脱硝装置,電気集塵器,脱硫装置	排ガス特性,燃焼灰特性

から混合方法を決定する。なお,現状の一般的なバイオマス燃料(木質チップ等)の投入方法については,運炭コンベア上で混合する例が多い(図4に投入方式例を示す)。

炭化燃料を石炭と混合する割合は,石炭移送量と混焼率より炭化燃料の投入量を調整して行う。

(2) 実機試験評価

基本的には,STEP2の内容を実機で確認するものである。

設備毎の確認事項を表2に示した。試験結果については,設備能力及び運用上に制約がないことや法令・条例等の規制を遵守していることを確認する。

1.4 炭化燃料貯蔵設備計画

1.4.1 自己発熱特性

炭化燃料は,炭化処理する温度条件によって自己発熱性を有する。自己発熱性は,自己酸化や蓄熱によるものであるが,一定量以上の水分を加湿することで抑制可能と考えられている。よっ

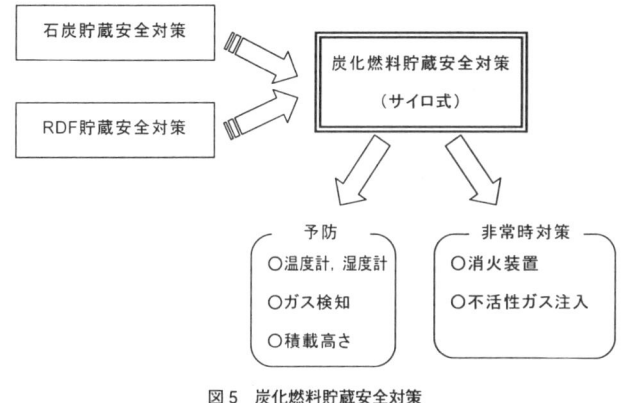

第5章 バイオマス前処理・ガス化技術

図5 炭化燃料貯蔵安全対策

[図：石炭貯蔵安全対策、RDF貯蔵安全対策 → 炭化燃料貯蔵安全対策（サイロ式）→ 予防（○温度計,湿度計、○ガス検知、○積載高さ）、非常時対策（○消火装置、○不活性ガス注入）]

て，安全性を重視した場合，自己発熱性を抑制できる温度条件で炭化燃料を生成し，生成後に加湿処理を行う方法が考えられるが，さらに安全性を高めるためには炭化燃料貯蔵設備での各種予防措置や非常時対策を講じることが重要である。

1.4.2 粉塵爆発特性

事前試験により粉塵爆発性がないことを確認するが，周辺環境への配慮からも粉塵発生防止には十分に配慮する必要がある。

1.4.3 設備計画

炭化燃料を発電用燃料としてサイロ等の密閉型貯蔵設備で貯蔵する場合，自主的に万全な設備安全対策を講じることが重要である。法令的には現在，電気事業法の廃棄物固形化燃料貯蔵設備の規制と消防法の再生資源化燃料の規制が適用される予定である。本規制は，RDFの事故対策に対応した規制であるが，炭化燃料の貯蔵に対しても同程度の安全対策が法令的に要求されるものである。よって，炭化燃料貯蔵の設備計画に際しては，図5の内容を留意して実施する必要があるが，実績のある石炭サイロ貯蔵の安全対策等も参考にして十分な安全対策を講じる。

一方，炭化燃料の輸送や燃料受入に関しても，十分な安全対策を行うことが必要である。

1.5 各種評価

1.5.1 燃料価格

炭化燃料の価格は，発熱量等の品質に加えて環境的価値をも考慮した価格設定が望まれている。

表3 各種法令上取り扱い

	対象	適用
電気事業法	炭化燃料貯蔵設備	廃棄物固形化燃料貯蔵設備
消防法	炭化燃料	指定可燃物再生資源燃料
環境関係条例	炭化燃料	個別自治体条例による

表4 計画概要

「東部スラッジプラント汚泥炭化事業」の概要	
地点	東京都下水道局東部スラッジプラント
場所	東京都江東区新砂三丁目9番1号　砂町水再生センター内
事業者	東京都下水道局（事業主），東京電力株式会社，バイオ燃料株式会社
運営開始	平成19年10月
計画製造量	下水汚泥処理により生成される脱水汚泥　99,000トン/年から，8,700トン/年の炭化燃料を製造する。
炭化燃料販売先概要	
会社名	常磐共同火力株式会社
プラント名	勿来発電所7号機（燃料：石炭，重油混焼）
最大出力	25万kW（勿来発電所全体では6〜9号機で合計出力162.5万kW）

1.5.2 温室効果ガス

(1) 火力発電所

下水汚泥由来の炭化燃料は，カーボンフリーの燃料であり石炭の代替として利用することにより，CO_2の排出量を低減することができる。なお，実際のCO_2の排出量ベースでも，炭化燃料の（炭素含有量/発熱量）比が石炭よりも若干低いため，石炭に較べてCO_2排出量が同等以下となる。

(2) 炭化設備

現行の下水汚泥を焼却する方式と較べて，炭化方式の場合は下水汚泥からの揮発性ガスをより高温で燃焼処理するため，亜酸化窒素N_2O（CO_2の310倍の温室効果）の排出量を低減でき，この結果，温室効果ガスの排出量が少なくなる。

1.6 適用法令について

炭化燃料の発電用燃料としての利用は，近年廃棄物固形化燃料であるRDFの事故等により関係法令の改正が行われているため，関係官庁・自治体との事前協議が必要である（表3に電気事

第5章 バイオマス前処理・ガス化技術

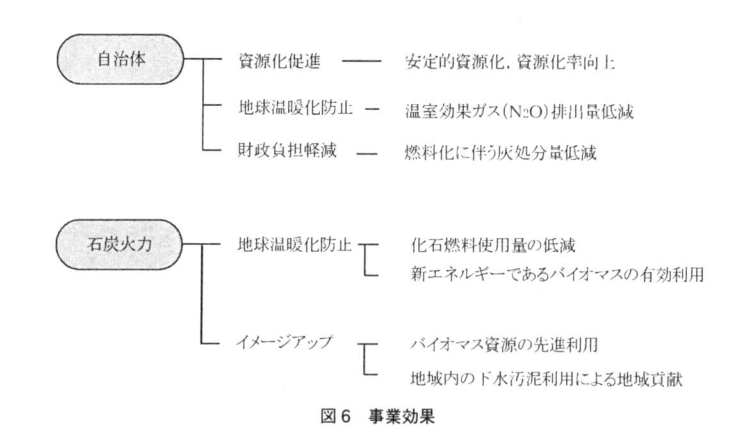

```
┌─自治体─┬─ 資源化促進 ───── 安定的資源化,資源化率向上
         ├─ 地球温暖化防止 ── 温室効果ガス(N₂O)排出量低減
         └─ 財政負担軽減 ─── 燃料化に伴う灰処分量低減

┌─石炭火力─┬─ 地球温暖化防止 ┬─ 化石燃料使用量の低減
                              └─ 新エネルギーであるバイオマスの有効利用
           └─ イメージアップ ┬─ バイオマス資源の先進利用
                              └─ 地域内の下水汚泥利用による地域貢献
```

図6　事業効果

業法,消防法の適用例を示す)。

1.7　汚泥炭化事業

　現在,浄化センター(旧名称,下水処理場)に炭化設備を設置し,発電用燃料として利用する事業が東京都東部スラッジプラントで計画中である(表4に計画概要を示す)。汚泥炭化事業は,日夜国民の生活環境を支える下水道事業において,資源化促進,地球温暖化防止,財政負担の軽減等に効果を有する。一方,汚泥を炭化して燃料利用する石炭火力発電所にとっても化石燃料使用量の低減等の効果をもたらす(図6に効果の概要を示す)。

2 水蒸気加熱処理による下水汚泥の燃料化前処理技術

波岡知昭[*1], 吉川邦夫[*2]

2.1 背景

下水汚泥，厨芥等の湿潤バイオマスを燃料として用いる場合の問題点は，高い含水率が故に有効発熱量が低い[1]ことにある。しかしながら，乾燥重量あたりの発熱量は木質系バイオマスよりも高く，小規模の自治体であっても下水汚泥・厨芥収集のインフラは整備されている。また，全国的に見ても，例えば下水汚泥の排出量は濃縮汚泥ベースで年間7,500万トン[2]にも達し，乾燥基準で比較すると，現在，エネルギー資源として未利用の林地残材排出量（年間370万トン）[2]とほぼ等しく，質的にも量的にも潜在的に高いポテンシャルをもつエネルギー資源の一つといえる。これらの資源を有効に活用するためには，乾燥（及び脱水）技術の高効率化がキーテクノロジーとなることは間違いない。高効率乾燥の最大の障害は，水の蒸発潜熱の大きさにある。そこで現在，超臨界（亜臨界）水酸化[3]，VRC乾燥[4]等を利用して，潜熱分のエネルギー投入量を低減する利用法・乾燥法について検討がなされている。

我々は，湿潤バイオマスを低いエネルギー投入量で，乾燥速度の遅い物質から速い物質に改質処理を行い，実質的な乾燥は自然乾燥，もしくは送風乾燥によって行うことで潜熱分のエネルギー投入量を低減する方法を提案している。この方法は，既存の乾燥プロセスと比較して処理時間（自然乾燥分）が必要となるが，投入するエネルギーは乾燥に必要な熱量の半分程度で，かつ汚泥をそのまま自然乾燥させる場合に比べ速く乾燥させることが可能なため，10t/day以下程度の小規模の下水処理場等における汚泥乾燥プロセスとして適しているものと考えられる。本プロセスで乾燥させた汚泥は，同時に滅菌・脱臭処理もなされているため，運搬することが可能で，燃料として流通させ微粉炭火力発電所の石炭に数%程度混合することを考えている。また，最終的には小規模分散型電源用の燃料として用いることで，その地域から排出されたバイオマスによってその地域のエネルギーをまかなうことを想定している。

2.2 水蒸気加熱処理プロセスの概要

本プロセスは，加圧容器内に湿潤バイオマス（下水汚泥等）と籾柄を投入し，473Kの飽和水蒸気条件で加熱混合処理を行い，その後一気に水蒸気を外部に放出させ，その後固体生成物を反応器下部から回収するプロセスである。本プロセスの運転・処理条件は木材の蒸煮・爆砕[5〜7]，下水汚泥・有機物の可溶化[8〜10]，条件とほぼ等しく，また炉内で生じている現象・反応も，爆

[*1] Tomoaki Namioka　東京工業大学　大学院総合理工学研究科　助手
[*2] Kunio Yoshikawa　東京工業大学　大学院総合理工学研究科　教授

第5章 バイオマス前処理・ガス化技術

写真1 パイロットスケールプラント (西村組鬼鹿プラント)

表1 実験条件

投入試料量	
脱水汚泥 [kg] (含水率 80wt%)	300
籾柄 [kg] (含水率 20wt%)	200
運転条件	
炉内 (水蒸気) 温度 [K]	473
処理時間 [min]	5

砕・加水分解で共通である。ただし，プロセスの目的が異なるため，可溶化率を下げ，固体生成物収量を上げることが必要となる。そのため，処理時間は5分以下とし，可溶化を抑制することが既存の汚泥可溶化プロセスと本プロセスとの最大の違いである。本プロセスの検証は，主として写真1に示す内容積3m^3の加圧容器を用いて行った。代表的な運転条件を表1に示す。この条件の場合，投入試料中の炭素が可溶化せずに固体生成物中に残存する割合は90％以上で大半の炭素分は固体中に残存していることが確認できた。本プロセス自身は乾燥プロセスではなく，処理直後の固体生成物の含水率は60％程度である。しかし，以上の処理を行った後の固体生成物は，①粉砕と均一な混合，②乾燥速度増加，③臭気低減等の効果が得られる。

2.3 本プロセスの特徴とメカニズムの検討

2.3.1 粉砕と均一な混合

本処理を行うことで，投入した試料は粉砕・微粉化され，また茶褐色に着色し均一に混合され

185

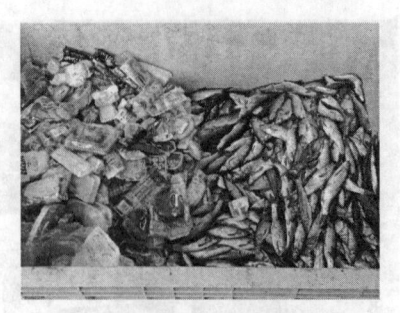

写真2 廃弁当及び漁業残渣

写真3 廃弁当及び漁業残渣を籾柄と共に水蒸気加熱処理したもの

る。運転結果の一例として，処理前後の写真を写真2，3に示す。これはコンビニエンスストアから排出された廃弁当・及び漁業残渣（写真2）を，籾柄と混合処理した場合の固体生成物（写真3）の様子を示す。処理後の物質は形状だけでなく，色相の点においても変化があり，外見は腐葉土に近い。既に，廃オムツ，厨芥類，廃電話帳，漁網等の試料についても検討を行ってきたが，すべて同様の結果となった。また，混合状態の詳細を観察するため，下水汚泥・籾柄混合処理前後の物質を SEM によって観察した。写真4に処理前の下水汚泥，写真5に処理前の籾柄，写真6に処理後の固体生成物を示す。凹凸のある構造の籾柄の表面上に下水汚泥が均一に分散して存在している様子が観察できた。

　微粉化がなされた機構の一つに，水蒸気爆砕効果[5〜7]が考えられる。これは，投入した水蒸気が物質の組織内に取り込まれ，水蒸気開放時に急激に膨張するために微粉化される機構である。また，汚泥と籾柄が均一分散される機構は，下水汚泥の流動化による影響と考えられる。下水汚泥をはじめとして，湿潤バイオマスは本運転条件で流動化（液状化）状態[10, 11]となる。よって，

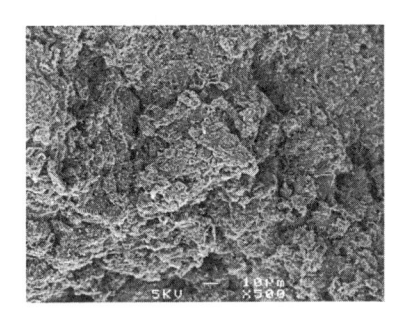

第5章 バイオマス前処理・ガス化技術

写真4 下水汚泥 SEM 観察結果

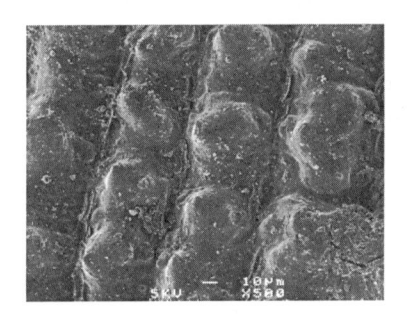

写真5 籾柄 SEM 観察結果

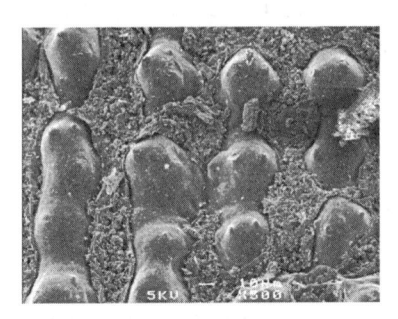

写真6 固体生成物 SEM 観察結果

図1 含水率の経時変化
○脱水汚泥, □固体生成物

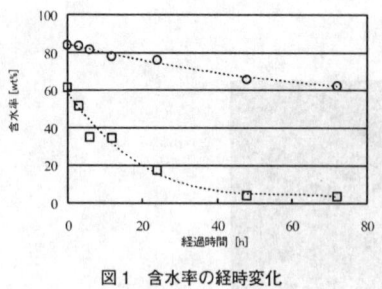

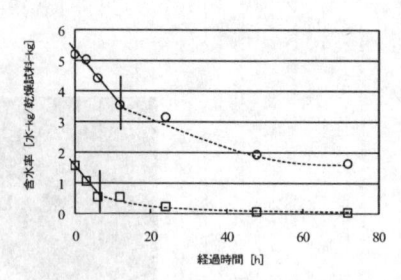

図2 乾燥速度曲線
○脱水汚泥, □固体生成物, －恒率乾燥期間,
…減率乾燥期間, ｜限界含水率

常温では乾燥バイオマスも湿潤バイオマスも固体同士であったものが，本処理条件下では湿潤バイオマスが液体状態となるため，固液混合処理となる。そのため，乾燥バイオマスと湿潤バイオマスが均一に混合されたものと考えられる。それぞれの物質が褐色に変化した理由は，加熱による炭化の影響とともに，糖のカルメラ化やメイラード反応（還元糖とアミノ酸の反応）による非酵素的褐変[12〜14]による機構も考えられる。

2.3.2 乾燥速度増加効果

下水汚泥と固体生成物の自然乾燥時の含水率の経時変化を図1に示す。処理直後の含水率は60％程度と下水汚泥と大きな差は見られない。しかしながら，含水率の変化率を見かけの乾燥速度と定義すると，見かけの乾燥速度は本処理を行うことで約4倍に増加したことがわかった。乾燥速度曲線を図2に示す。本水蒸気加熱処理は恒率乾燥速度に対しても減率乾燥速度に対してもほとんど影響を及ぼすことはなかった。しかしながら，限界含水率は約1/7に低下したことがわかった。限界含水率は，物質の厚みと相関があるもの[15]と考えられており，今回見かけの乾燥速度が増加したのは，汚泥が籾柄上に均一に分散（写真6）したことにより，下水汚泥の比表面積が増加し，含水率の低い領域まで恒率乾燥機構，すなわち汚泥表面から水分が蒸発する乾燥機構により乾燥が支配されていたためであることがわかった。

2.3.3 臭気低減特性

悪臭防止法で定められている悪臭22成分[16]について脱水汚泥と処理後の物質に関して同一条件で臭気をサンプリングし，その臭気成分の定量分析を行った。結果を表2に示す。本処理を行うことで，下水汚泥の代表的臭気と考えられる含硫黄臭気成分（硫化水素，二硫化メチル，硫化メチル，メチルメルカプタン）濃度は1/10以下に低下したことがわかった。これは，単に重量割合で汚泥と籾柄を混合した場合よりもさらに低減しており，本処理が臭気低減に対してなんらかの影響を及ぼしていることが考えられる。

第5章 バイオマス前処理・ガス化技術

表2 悪臭22成分濃度測定結果

単位 ppm

	生汚泥	固体生成物
硫化水素	0.67	0.019
メチルメルカプタン	14.2	0.2
硫化メチル	8.1	0.18
二硫化メチル	1.65	0.045
アンモニア	(—)	(—)
トリメチルアミン	(—)	(—)
スチレン	(—)	0.023
トルエン	0.41	0.072
キシレン	0.17	0.14
アセトアルデヒド	0.19	2
プロピオンアルデヒド	0.25	0.69
n-ブチルアルデヒド	(—)	0.35
iso-ブチルアルデヒド	(—)	0.13
iso-バレルアルデヒド	(—)	—
n-バレルアルデヒド	(—)	0.16
酢酸エチル	(—)	0
メチルイソブチルケトン	0.055	0.091
イソブタノール	(—)	0
プロピオン酸	0.042	0.059
n-酪酸	0.027	0.14
n-吉草酸	(—)	0.043
iso-吉草酸	0.005	0.06

(—) 検出限界以下

　臭気低減機構を明らかにするため,ニオイセンサー[17]（双葉エレクトロニクス社製,OMU-Sn）を用いて臭気の気体・液体・固体への分配状況を調べた。ニオイセンサーの出力はセンサーの信号強度であり,信号強度は臭気濃度と相関のある数値である。本ニオイセンサーには重質炭化水素（炭化水素系臭気）,軽質炭化水素（有機酸系臭気）,アンモニア,硫化水素の4種類のセンサーが搭載されている。なお,本検証のみ実験室規模の高圧マイクロリアクター（オーエムラボテック㈱製,MMJ型）を用いて,下水汚泥単体を水蒸気加熱処理した場合の結果を示す。図3,4,5,6に各センサーの出力値を示す。いずれの臭気成分に関しても,乾燥後の固体生成物の臭気は大幅に低減していることが確認できた。一方で,液状生成物,ガス状生成物の臭気は大幅に増加していることがわかった。下水汚泥の代表臭気成分と考えられる含硫黄臭気成分,及びアミン系臭気成分の大半は,沸点が373K以下であり,これらの成分は蒸留[18]と同様の現象によりガスとして,もしくは水蒸気に可溶化したうえで固体中から分離・排出されたものと考えられる。また,下水汚泥からの悪臭成分発生機構は,たんぱく質の嫌気性腐敗によるものである。本処理

189

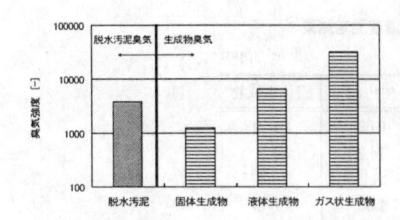

図3 水蒸気加熱処理による臭気強度の変化と生成物中への分配状況
（重質炭化水素臭気成分）

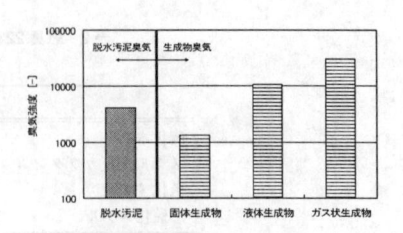

図4 水蒸気加熱処理による臭気強度の変化と生成物中への分配状況
（軽質炭化水素臭気成分）

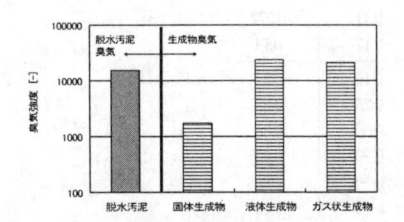

図5 水蒸気加熱処理による臭気強度の変化と生成物中への分配状況
（アンモニア）

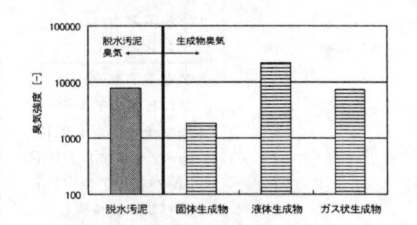

図6 水蒸気加熱処理による臭気強度の変化と生成物中への分配状況
（硫化水素）

は滅菌効果もあり，このことも処理後の生成物から悪臭成分濃度（強度）が低減した一因と考えられる。

2.4 エネルギー投入量の考察

本処理では，ボイラーから供給した飽和水蒸気が下水汚泥・籾柄と直接接触し，加圧容器内で飽和水蒸気が凝縮し，飽和水蒸気のもつ顕熱及び潜熱を下水汚泥と熱交換することにより下水汚泥・籾柄は昇温する。炉内の昇温特性についてエネルギー収支式を基にしたモデル計算を行うと，例えば，先の実験結果で示した表1と同じ条件の昇温・昇圧プロファイルは理論的には図7に示す通りとなり，そのときのエネルギー投入量（投入水蒸気量と493K飽和水蒸気の顕熱＋潜熱の積）は297MJとなる。同量の試料を373Kまで加熱して乾燥させる場合628MJ必要となるため，理論的には乾燥に必要な熱量の47％程度の熱量投入で本処理を行うことが可能となる。今回のモデルを，写真1に示すパイロットスケール規模の装置の結果と比較した結果[※]を図8に示す。炉内温度の上昇に関して，理論値と実測値との間には解離が見られるが，これは装置（加圧容器）自体の熱容量による影響であり，装置の熱容量として妥当な数値を与えると，実測値と計算値はほぼ一致する。

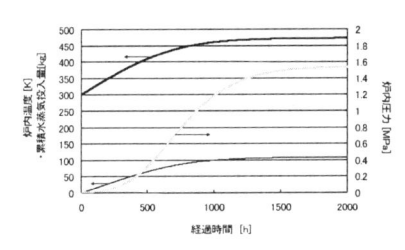

第5章 バイオマス前処理・ガス化技術

図7 モデル計算による理想状態時の昇温，昇圧，累積水蒸気投入量経時変化
――計算値・炉内温度 [K] ――計算値・累積水蒸気投入量 [kg] ――計算値・炉内圧力 [MPa]

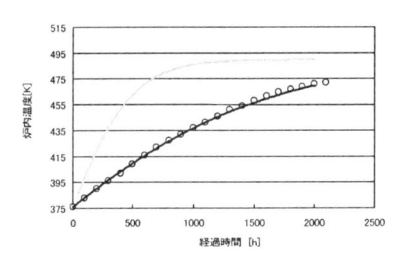

図8 炉内温度の実験値と計算値の比較
○実験値　――計算値・理想状態　――計算値・反応器熱容量を考慮

　以上の結果より，本処理は理論的には乾燥プロセスの半分程度のエネルギー投入量で行うことが可能であることがわかった。しかしながら，特にバッチプロセスの場合には装置の熱容量の問題により必要以上のエネルギーを投入する必要があり，このことが効率低下の要因となりうることがわかった。このような問題点を解決するための手段の一つとしては，連続プロセスとすることがあげられる。また，バッチプロセスとする場合でも，装置の熱容量に比べ下水汚泥・籾柄の熱容量が大きくなる条件で運転を行うと，投入熱量は理論熱投入量に近づくことになる。なお，ボイラー容量の大型化，投入飽和水蒸気温度の高温化は投入熱量自身にはほとんど影響を及ぼさないが，昇温時間の短縮には効果的である。
　※　図7と図8の理想状態時の計算結果が異なる。これは，実験時に装置を予熱したことを考慮したためである。

2.5　想定される実用化の形態

　現在，国内には約1,300箇所の下水処理場が稼動している。しかしながら，脱水汚泥の焼却処分を行っている処理場は10t/day以上の規模を持つ約300箇所であり，残りの1,000箇所は埋め立て処分を行っている。本システムは，このような小規模自治体の下水処理場，もしくは比較的大規模な牧場，養豚，養鶏場に設置することが適当と考えられる。籾柄を混合処理することに抵抗を感じる見解もある。しかし，「バイオマス・ニッポン総合戦略」において想定されている，バイオマスのみで日処理量10tから100t程度の規模のプロセス構築[2]は，乾燥バイオマスのみで達成することは物理的・経済的に困難であり，将来的には，乾燥バイオマスに下水汚泥，家畜糞等を混合し，その資源量（処理量）を確保することが必要となるものと考えられる。
　本プロセスは，単に乾燥速度を高めるだけでなく，粉砕および混合プロセスとしての役割も果

191

たすことから，包括的な乾燥バイオマスと湿潤バイオマスの前処理・燃料化プロセスとして稼動することが想定される。また，本処理は既存の粉砕機が比較的不得意としてきた繊維質の物質（髪・衣服等，ただしナイロンを除く）の粉砕を行うことが可能なこと，籾柄を混合させなくても脱水特性を向上させることが可能[19]なことから，バイオマスだけでなく，一部の分別された都市ゴミも含めた，固体燃料製造前処理プロセスとして発展することも期待される。

2.6 今後の課題

本技術はまだ研究段階にあり，いくつかの課題も残されている。本水熱処理では廃水に可溶化した炭素分が可溶化し，茶褐色に変色しTOCで数千ppmになる。可溶化は固体燃料製造の観点からはエネルギーの損失につながるため，可能な限りTOCを低くする条件を明らかにするとともに，低エネルギー消費の廃水浄化システムについて検討を行う必要がある（なお，この廃水の主成分は有機酸，アミノ酸，オリゴ糖類のため，液体肥料として活用することも検討している）。また，気体・液体側に下水汚泥臭気が濃縮された形で存在していることから，この臭気に対しても対策を検討する必要がある。投入エネルギー量に関しても，さらなる高効率化を行うため，加熱の仕方に工夫を行う等のプロセスの最適化を検討する必要があるものと考えている。

謝　辞

本研究は，㈱新エネルギー・産業技術総合開発機構のバイオマスエネルギー高効率転換要素技術開発/バイオマスエネルギー転換要素技術開発事業として，月島機械㈱，㈱西村組との共同研究として行われたものである。関係者各位の協力に感謝する。

文　献

1) 美濃輪智朗ほか，"バイオマスエネルギーの特性とエネルギー変換・利用技術"，315-335，NTS（2002）
2) 新たな「バイオマス・ニッポン総合戦略」（平成18年3月31日閣議決定）
3) M. Goto et al., Ind. Eng. Chem. Res., 38 (5), 1863-1865 (1999)
4) 日野俊之，日本エネルギー学会誌，84, 4, 353-358 (2005)
5) C. Asada, et al., Biochem. Eng. J., 12, 79-86 (2002)
6) M. J. Nedgro, et al., Biomass Bioenergy, 25, 301-308 (2003)
7) H. Chen, et al., Biomass Bioenergy, 28, 411-417 (2005)
8) H. Tokumoto, et al., Extended Abstract of International Symposium on EcoTopia Sci-

ence 2005 (ISET05), Nagoya, Japan 731-734 (2005)
9) IHI 水熱処理システム 石川島播磨重工業㈱ホームページ (http://www.ihi.co.jp/ihi/products/environ/suinetu.html)
10) 加藤玲朋ほか, 日本エネルギー学会誌, **82**, 97-102 (2003)
11) Y. Dote, *et al., Biomass Bioenergy*, **4**, 4, 243-248 (1993)
12) 藤巻正生, "食品化学", 朝倉書店, p.105 (1983)
13) 食品科学便覧編集委員会, "食品科学便覧", 共立出版, p.179 (1978)
14) J. E. Hodge, *et al., J. Am. Chem. Soc.* **75**, 316-322 (1953)
15) W. L. McCabe, *et al.,* "UNIT OPERATION OF CHEMICAL ENGINEERING", McGRAW-HILL, P.808, Singapore (2005)
16) 石黒辰吉, "臭気の測定と対策技術", オーム社 (2002)
17) 岡野達夫, 計装, **1**, 85-91 (2000)
18) 前一広ほか, 第12回日本エネルギー学会大会予稿集, 204-205 (2003)
19) 岩井重久ほか, "廃水・廃棄物の処理(廃水編)", 講談社 206-208 (1977)

3 高含水バイオマスの省エネルギー乾燥技術

日野俊之[*]

3.1 背景と目的

バイオマスの利活用は廃棄物系に始まり，未利用バイオマス，資源作物，新作物へと展開して行くことが期待されている。その第一歩となる廃棄物系バイオマスは，わが国では年間に湿潤重量で約3億2千700万トン（乾燥重量で約7千600万トン）が発生するとされ，そのエネルギー量を原油換算すると約3千280万kLになる[1]。これは国内年間石油需要量2億8千万kLの約1割に相当する。廃棄物系バイオマスでは，図1に示すように，家畜排せつ物，下水汚泥，食品廃棄物，パルプ廃液（黒液）などの高含水（WET）バイオマスが，廃棄紙などの乾燥（DRY）バイオマスに比して圧倒的に多い。なお，WETバイオマスの多くは高含水廃棄物と呼ばれる難処理物でもある。

WETバイオマスは，腐敗や臭気などの問題からマテリアル利用は容易ではなく，エネルギー利用においては水分の多さが問題となる。図2は，バイオマスの水分量と発熱量の関係を示したものである。ここでは平均的なバイオマスとして，乾物（DS）単位質量当たりの高位発熱量（HHV）を18.8[MJ/kg-DS]に想定した。水分量は湿量基準（W. B.）である。有効発熱量は，バイオマス分子中の水素が燃えてできる水の蒸発潜熱量をHHVから引いて低位発熱量（LHV）を求め，さらにバイオマスが含む水分の蒸発潜熱量を引いたものである。一方，燃焼では，水蒸気，二酸化炭素，窒素を主成分とする排ガスの温度が900℃以上になるため，この熱量と有効発熱量の交点から自燃できる水分量が決まり，図2では約65％W. B.になっている。自燃水分量はバイオマスの発熱量によって異なるものであり，一般に50％W. B.前後よりも低いものをDRY

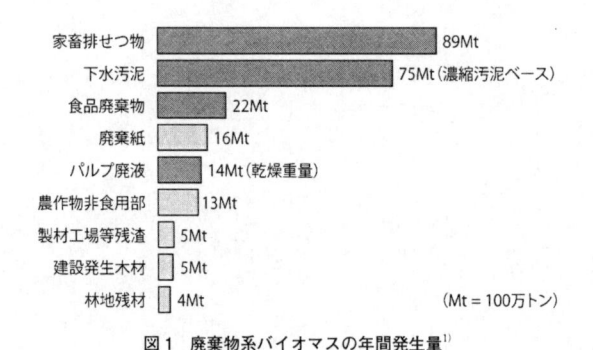

```
家畜排せつ物      89Mt
下水汚泥         75Mt（濃縮汚泥ベース）
食品廃棄物       22Mt
廃棄紙           16Mt
パルプ廃液       14Mt（乾燥重量）
農作物非食用部   13Mt
製材工場等残渣    5Mt
建設発生木材      5Mt
林地残材          4Mt         （Mt = 100万トン）
```

図1　廃棄物系バイオマスの年間発生量[1]

---

[*]　Toshiyuki Hino　鹿島建設㈱　技術研究所　建築環境グループ　上席研究員

第5章 バイオマス前処理・ガス化技術

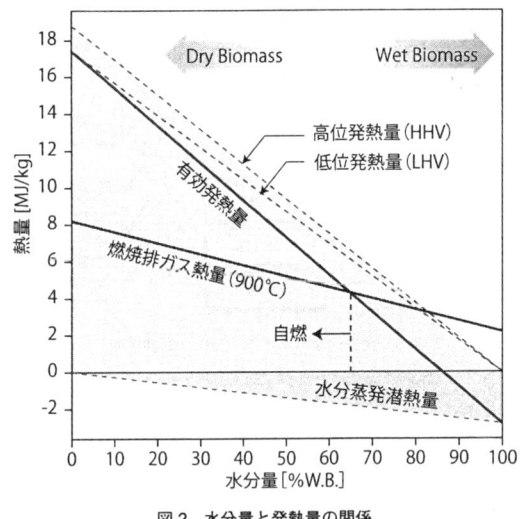

図2 水分量と発熱量の関係

バイオマス，70％W. B. 前後よりも高いものを WET バイオマスと呼んでいるが，その中間もあり，区分はやや恣意的と言える。何れにしても，有効発熱量は水分量が低いほど大きくなるため，燃料用途には 20％W. B. 以下に乾燥することが望ましい。

代表的なバイオマスのエネルギー（バイオエネルギー）転換技術を図3に示す。DRY バイオマスでは，直接燃焼による熱利用と発電，ペレット燃料化，熱分解によるガス化などの熱化学的変換が主であり，生化学的変換にはエタノール発酵がある。そして，WET バイオマスではメタン発酵があり，油脂類ではエステル化してバイオディーゼル油を得るなど，多様な技術が実用化されている。しかしながら，WET バイオマスについて言えば，排出量が莫大で性状が多様にも拘らず利用可能な技術はメタン発酵に限られ，生化学的変換では避け難い適用上の制約と発酵残渣の問題がある。WET バイオマスの熱化学的変換としては高温高圧の水熱反応も研究されているが，実用化にはなお課題を残しているようである。

WET バイオマスの難しさは水分量の多さに起因するものであるから，乾燥が解決策になるはずが，乾燥に多量の熱エネルギーを消費しては，エネルギー利用は成り立たない。一例として，水分 80％W. B. の WET バイオマス 1,000kg を水分 20％W. B. まで乾燥し，これをボイラーの燃料にして熱を乾燥へ戻す仮想的なプロセスのエネルギーバランスを図4に示す。この WET バイオマスは，水 800kg と DS（乾物）200kg から成り，水分を 20％W. B. まで下げるためには 750kg の水を蒸発脱水する必要がある。これに従来型の乾燥機として水蒸気加熱の伝導伝熱式を

195

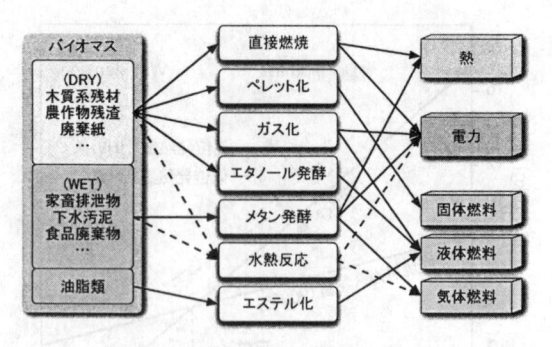

図3 代表的なバイオエネルギー転換技術

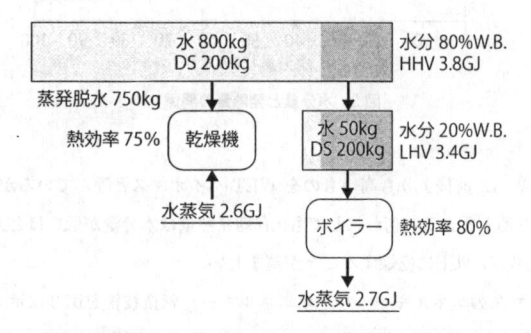

図4 従来型乾燥機を用いた WET バイオマス利用のエネルギーバランス

使い，その熱効率を 75％ に仮定すると，2.6GJ の水蒸気を消費する。バイオマスの HHV を前述の 18.8[MJ/kg-DS] に仮定すれば，DS 成分 200kg が保有する HHV は 3.8GJ である。ボイラーの熱効率は LHV 基準のため，この値から LHV を算出すると 3.4GJ となり，熱効率が 80％ のボイラーから 2.7GJ の水蒸気が得られる。両者を比較すると，0.1GJ のプラスになるが，エネルギーが利用できるとは言い難い。さらに，乾燥機は送風や撹拌などに補機動力を使うため，実質的にはかなりのマイナスとなる。

　乾燥は，水の蒸発潜熱が大きいことに起因して，多量の熱エネルギーを消費する。これは熱力学第一法則上の事実であるが，第二法則を使えば大幅な省エネルギー化が可能になることを次に説明する。

第5章　バイオマス前処理・ガス化技術

3.2　省エネルギー蒸発脱水技術

新しい省エネルギー蒸発脱水技術の原理は，図5に示すように，予熱した被乾燥物から生ずる水蒸気を昇圧して凝縮させ，その潜熱を引き続く蒸発に回収利用するものである。この技術を，蒸気の圧縮と凝縮（vapor compression and condensation）から VCC と呼ぶことにする。VCC 蒸発脱水は，WET バイオマスに含まれていた液体の水分を凝縮水（液体）として排出

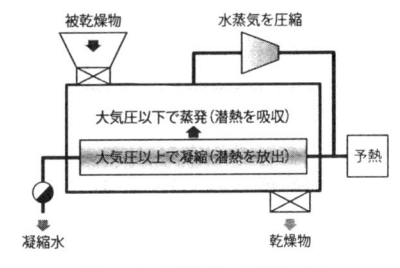

図5　VCC 蒸発脱水技術の原理

し，気化潜熱を廃棄しない。乾燥容器は気密構造であり，大気圧以下で蒸発させるために安全性が高く，水蒸気凝縮器は大気圧以上のため凝縮水をスチームトラップから自発的に排出するシンプルな構造である。水蒸気圧縮機の機能は，水蒸気の圧力差から飽和温度の違いを作り，潜熱を熱交換させることである。

VCC 蒸発脱水技術は，水を冷媒として蒸発熱を凝縮温度まで昇温する開放型のヒートポンプと見なすことができるため，そのエネルギー効率を成績係数（coefficient of performance：COP）で評価する。COP は蒸発熱量を圧縮動力で除した値であり，その理論 COP_{th} は，蒸発絶対温度 T_e[K] と凝縮絶対温度 T_c[K] を用いて次式から計算できる。

$$COP_{th} = \frac{T_e}{T_c - T_e} \tag{1}$$

VCC 蒸発脱水の水蒸気圧縮サイクルは，水の圧力・エンタルピー線図上では図6のようになる。予熱は液相の水を室温から飽和水温まで昇温するエンタルピー差（顕熱）である。被乾燥物中の水分は，大気圧よりも僅かに低い圧力で蒸発しながらエンタルピーを増加（潜熱を吸収）して飽和水蒸気になり，圧縮過程のエンタルピーを得て，大気圧よりも高い圧力で凝縮しながらエンタルピーを減少（潜熱を放出）しながら飽和水に戻り，大気圧へ減圧して排出される。

従来の乾燥技術では，予熱に加えて，飽和水線から飽和水蒸気線へ至る蒸発のエンタルピー差を全て外部から加える必要があった。これに対してVCC技術は，蒸発部と凝縮部を熱交換して潜熱を内部的に回収利用するため，大きな省エネルギー効果を実現する。新たに圧縮仕事を必要とするが，そのエンタルピー量は蒸発潜熱に比較して少なく，この逆比が線図上のCOP$_{th}$になる。COP$_{th}$の向上は，凝縮と蒸発の圧力差を小さくして圧縮仕事を減らせば実現するが，これは凝縮と蒸発の温度差（昇温幅）を小さくすることでもあり，式(1)と整合する。そして，昇温幅を小さくするには熱交換能力を増大させる必要がある。

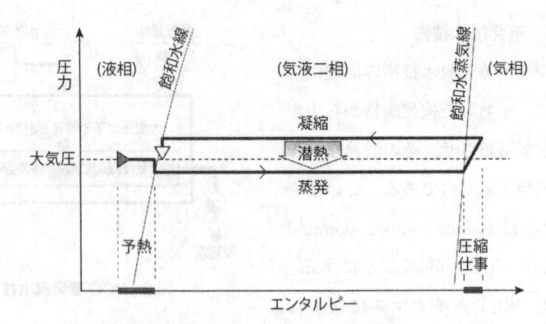

図6 水の圧力・エンタルピー線図上の蒸発脱水サイクル

写真1 VCC試作機（2000年）

 水蒸気を圧縮して潜熱を回収利用する技術は，古くからVRC（vapor recompression）として知られ，大規模な液体濃縮装置等に実施されている。WETバイオマスへの適用では，固体の湿潤物を乾燥でき，排出元にも設置可能な小型装置が求められる。しかし，こうした技術は国内外にも見出せないため，要素技術に遡った研究開発を実施して来たものである。写真1は，7.5kWの揺動式オイルフリー水蒸気圧縮機を用いたVCC実験装置で，乾燥容器内部でSUS管のコイル状水蒸気凝縮器を回転する構造（図7）を開発して，伝熱面積と撹拌機能の両面から熱交換能力を改善した試作機である[2]。

 運転はバッチ処理とし，実験では予熱ボイラーからの水蒸気で被乾燥物を100℃近くまで加熱し，以後はボイラーを停止して圧縮機の運転を継続した。蒸発脱水運転では，凝縮水の排出状況

第5章 バイオマス前処理・ガス化技術

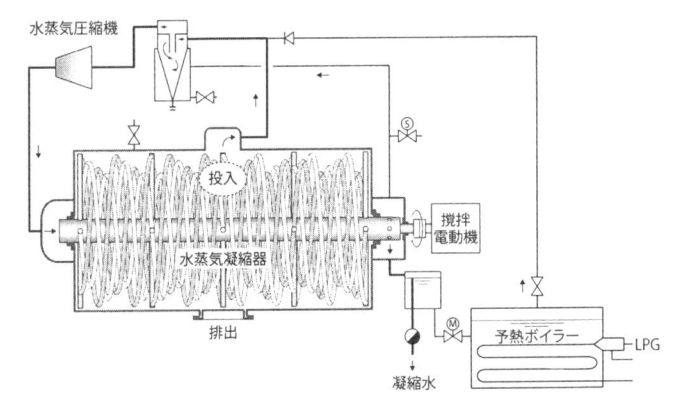

図7 VCC試作機の配管系統図

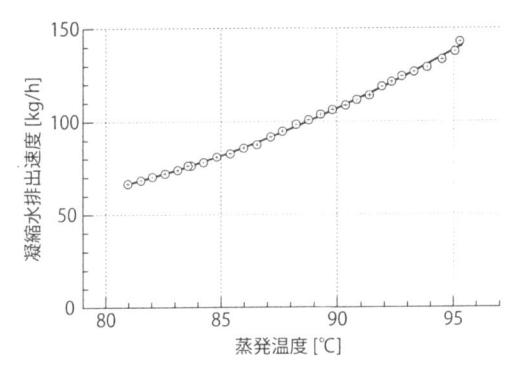

図8 蒸発温度と凝縮水排出速度の関係

（写真2）から，水蒸気の潜熱を完全に回収していることを確認した。乾燥容器は断熱されているが，装置全体の熱損失によって蒸発温度は徐々に下がり，これに連れて凝縮水の排出速度も低下した。図8は，約5時間の蒸発脱水運転における蒸発温度と凝縮水排出速度の関係をプロットしたものである。蒸発温度と凝縮水排出速度の関係は，主に容積形圧縮機の吸入状態における水蒸気密度の変化から説明できる[2]。

写真2 凝縮水の排出状況

図9 実測COPと昇温幅の関係

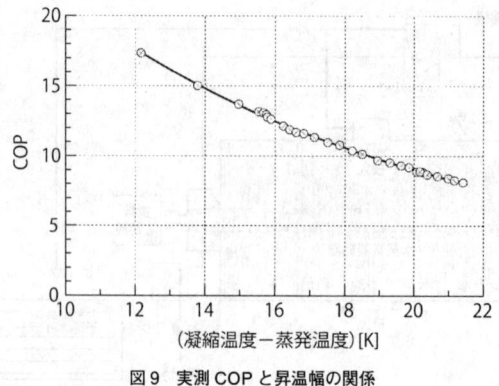

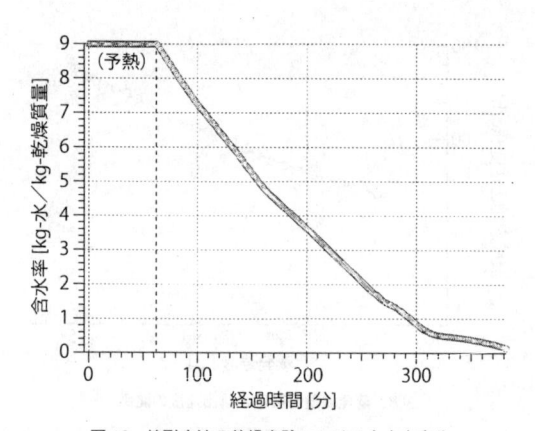

図10 焼酎廃液の乾燥実験における含水率変化

　凝縮水量と蒸発潜熱の積から蒸発熱量を求め，圧縮機消費電力量で除して実測COPを算出した。これを昇温幅（凝縮と蒸発の温度差）の関係で整理して図9を得た。実測COPは，式(1)から求める理論COP_{th}の約50％になっている。図9から，実測COPを10以上にするためには，昇温幅すなわち熱交換温度差を18K以下にすべきことが分かる。

　予熱量は，蒸発潜熱量の15％程度と少ないが，VCC蒸発脱水では蒸発に要するエネルギー量が大きく削減した結果，圧縮仕事と並ぶようになった。そのため，予熱のエネルギー削減が次の課題となる。この対応として，水蒸気圧縮機を内燃機関で駆動してその排熱を利用すること，連

第5章 バイオマス前処理・ガス化技術

続処理では凝縮水から熱回収すること,などが考えられる。
　乾燥実験として,焼酎廃液を用いた運転結果を図10に示す。含水率が9.0D. B.（乾量基準,水分90％W. B.）の焼酎廃液を97℃まで予熱してボイラーを停止し,圧縮機を約6時間運転して含水率を0.13D. B.（12％W. B.）まで下げることができた[2]。乾燥物の付着性などに問題を残すものの,WETバイオマスの燃料化に必要な乾燥能力は実証できたものと考えている。

3.3　WETバイオマスのVCC乾燥プロセス

　こうした実験結果から,VCC蒸発脱水技術を用いてWETバイオマスを20％W. B.まで乾燥し,そのCOPに10を見込むことは無理のない設定と思われる[3]。図11は,図4と同じWETバイオマスをVCC乾燥で前処理する発電プロセスのエネルギーバランスを試算した結果である。先ず750kgの水をCOP10のVCC乾燥機で蒸発脱水する電力消費量は47kWhになる。乾燥したバイオマス（HHV, 3.8GJ）を燃料にしてHHV基準の効率40％で発電すると約420kWhが得られ,両者の差373kWhがプロセスのエネルギー利得になる。ただし,実機では補機エネルギーや自家消費分を差し引く必要がある。
　ここで問題は,具体的な発電技術に何を選ぶかということである。直接燃焼による蒸気タービン発電では,数十万kWに大型化しなければ発電効率を高くできない。しかし,バイオマスは収集運搬の制約から大規模利用が難しい。そのため,石炭との混焼が注目されている。中小規模でも発電効率の高い技術として部分酸化によるガス化が研究開発されており,今後の進展に期待するところが大きい。
　現在のWETバイオマス利用はメタン発酵が主流になっているが,エネルギー利用手段として

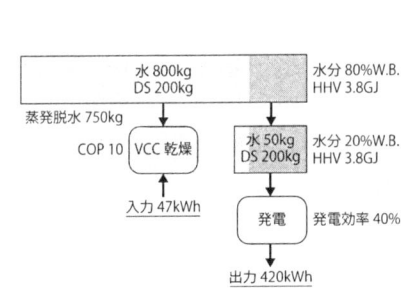

図11　VCC乾燥による発電プロセスのエネルギーバランス

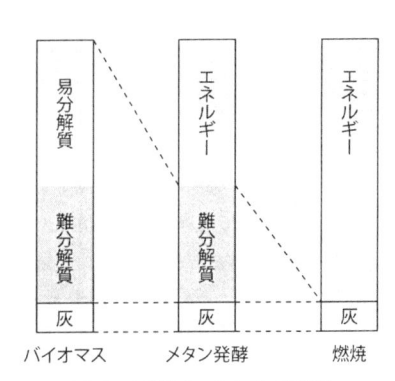

図12　有機物のエネルギー転換率

表1 WETバイオマスに用いるエネルギー化プロセスの比較

	VCC乾燥プロセス	メタン発酵プロセス
適用性	バイオマス全般	選択的
収集・運搬・貯蔵性	改善する	改善しない
エネルギー転換率	有機物全体	部分(易分解質)
残渣	少量(灰)	多量(汚泥と消化液)
経済性	コストダウンの可能性は高い	処理時間が長く設備と運転に経費を要する

は必ずしも優れたものとは言えない。理由の一つは,有機物全体をエネルギー化できないことである。すなわち,細菌による分解性は有機物の種類によって異なり,糖・デンプン・水溶性タンパク質などは易分解性,リグニン・ケラチン・結晶性セルロース・リグノセルロースなどは難分解性であり,中分解性の脂肪・ヘミセルロース・非結晶性セルロースなどもある。簡略に表現すれば,図12のように,メタン発酵によってエネルギー化できるのは易分解質を主体とする有機物であり,エネルギー転換率はバイオマスの種類によって異なるものとなる。これに対して,VCC乾燥を前処理とする熱化学的変換プロセス(VCC乾燥プロセス)は,基本的には燃焼と同じであるから,灰分を残して全てをエネルギー化できることになる。

VCC乾燥プロセスとメタン発酵プロセスの比較を表1にまとめた。VCC乾燥プロセスは,WETバイオマス全般を処理できるため手間のかかる分別作業を不要とし,乾燥減量化により収集・貯蔵・運搬等の取扱性も大きく改善する。エネルギー利用後の灰は山元還元すべき循環資源になる。こうしたことを勘案すれば,VCC乾燥プロセスの経済性には有利な要素が多い。VCC乾燥プロセスの問題は,技術が完成していないことである。

3.4 将来展望

図3に示した現状のバイオエネルギー転換技術については,WETバイオマスへの対応技術が少ないことに加えて,技術の細分化も問題であることを指摘したい。資源量が限られているバイオマスを分別して夫々に異なる技術を適用しては,コストアップを避け難いからである。WETバイオマスをVCC乾燥すれば,DRYバイオマスと混合して利用規模を拡大し,各種の熱化学的変換を適用できるようになり[3],さらにガス化すれば統合的でシンプルな利活用スキームが可能になる(図13)。その主旨を以下に概説する。

その主旨は以下のようなものである。
・多種類のバイオマスを混合処理できるため,地域的・季節的な偏在性を緩和し,経済性の成り立つ規模に拡大することができる。

第5章　バイオマス前処理・ガス化技術

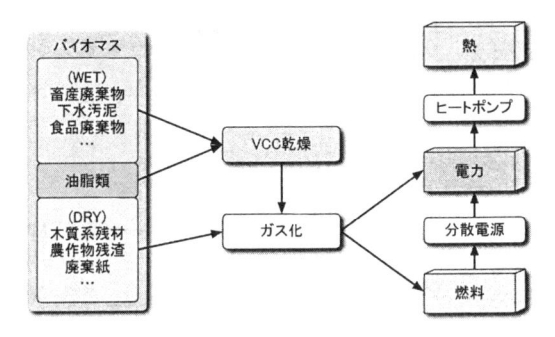

図13　VCC乾燥による統合的なバイオマス利活用スキーム

・廃食油等の油脂類を精製やエステル化せずに利用でき，VCC乾燥過程に混入すれば乾燥物の熱交換性と付着性の問題を改善する。
・収集したバイオマスは，各々の事業者がそのままで利用可能な形状と乾燥度に加工して地域のエネルギー転換施設（バイオエネルギープラント）へ持ち込み，発熱量に応じた価格で買い取られることが望ましい。
・WETバイオマスのなかでも取り扱いの難しい高含水廃棄物は，許可を得た専門業者が逆有償で引き取り（処理費をもらって収集）VCC乾燥加工してプラントへ売却すれば，収益性が高いため，バイオマス利用の嚆矢になる。
・バイオマス利用のインフラが出来れば，多くの人々の自発的な工夫により，収集運搬のコストダウンが実現するものと期待される。「需要があれば（バイオマスは）いくらでも出てくる」とは，地元の方々から聞く話である。
・バイオエネルギープラントは，廃棄物系，未利用，資源作物，新作物を問わないバイオマス資源を数十km圏内から集めて，数百トン/日の利用規模を目指す。運転管理は完全自動化して少人数で行うため，地域の雇用はバイオマスの収集・加工・運搬，そして将来は栽培，がメインになる。
・ガス化施設が1万kW級になれば，タール処理と冷ガス効率を改善でき，高効率なIGCC発電の採用が可能になる。将来的には，高温燃料電池とガスタービンのハイブリッドによる超高効率発電も期待できよう。
・ガス化では，熱分解生成ガスの一酸化炭素と水素からメタノールやジメチルエーテル（DME）などの燃料を合成できる。こうしたバイオマス由来のクリーン燃料は，炭素原子を持つために液化が容易で，可搬燃料として優れており，しかもカーボンニュートラルである。このため，

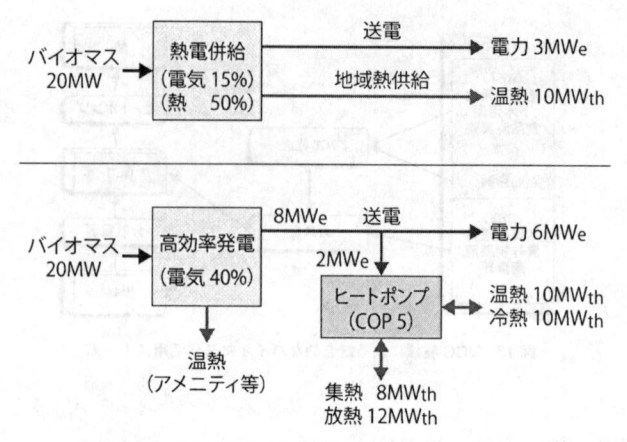

図14 熱電併給方式（上）と高効率発電＋ヒートポンプ方式（下）

燃料製造はバイオマスの特徴を活かした利用法になる。
・特にDMEは，液化ガスとして自動車燃料，LPG代替，化学原料など多目的に利用できるため，現在は石炭や天然ガスからの量産化が進められている。こうしてDMEの2次エネルギーインフラができれば，化石燃料とバイオマス燃料の無理ない共存，ならびに前者から後者へのスムーズな移行が可能になる。
・バイオマス由来のDMEを環境価値の高い商品として流通させれば，地域の産業と雇用を創出し，発展途上国からの貿易材にすればグローバルなバイオマス利用が実現する。因に，DMEの由来（化石資源かバイオマス資源か）を判別するには，炭素同位体の比率を分析すればよい。
・温室効果ガスを削減する合理的なエネルギー利用形態は，バイオマス由来のDMEをディーゼルハイブリッド車や燃料電池等分散電源などの可搬燃料とし，暖冷房給湯などの熱は，バイオマス・太陽光・風力・原子力の電力でヒートポンプを駆動して供給するものと考えている。

北欧などで実施されているバイオマス発電は，熱供給を重視したものであり，総合効率は高いが発電効率は低い。バイオマスの高効率発電が実現すれば，この電力で高COPヒートポンプを運転して熱供給する方がエネルギーの有効利用になる（図14）。これは，地域熱供給網が未整備で冷房が必要な我が国を始めとする多くの国々には，望ましい技術と言えよう。

VCC乾燥は，廃棄物系バイオマスのエネルギー化技術として有望なことを説明したが，未利用バイオマスや資源作物においても，エネルギーとマテリアルのリサイクル分野に貢献できるものと考えている。例えば，光合成生産量の高い微細藻類（図15）は水分も多いため，省エネルギー性の高いVCC乾燥は不可欠の技術になると思われる。

第5章 バイオマス前処理・ガス化技術

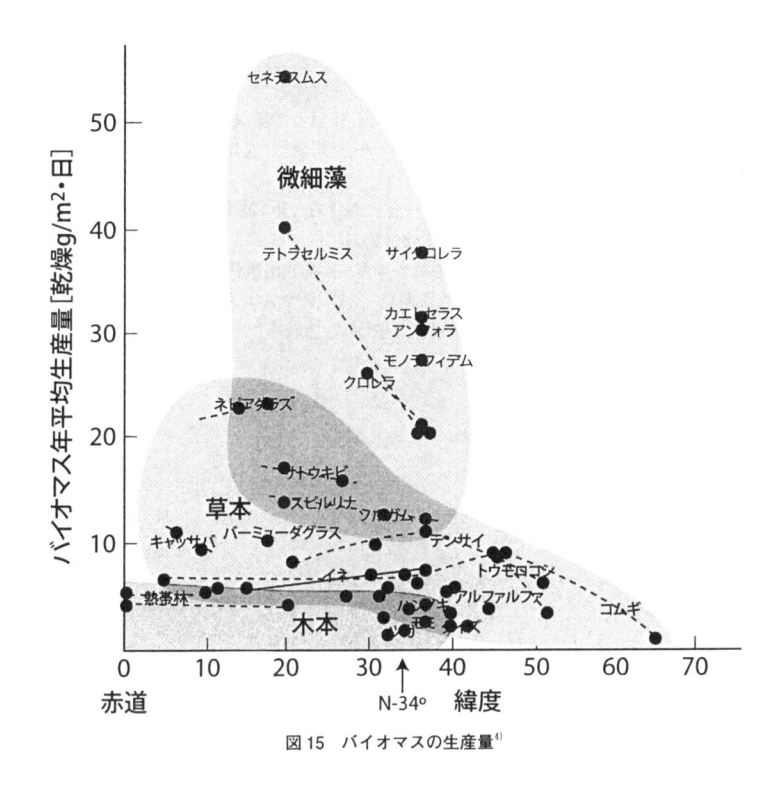

図15 バイオマスの生産量[4]

VCC蒸発脱水技術は，式(1)が示すように，二つの温度差を小さくすれば理論COP_{th}に上限はない。工学的にも，図9から判断されるように，熱交換能力を高くして昇温幅を小さくすることによるCOP向上の余地は大きい。ただし，実用化には熱交換器や連続処理などを含めた技術課題も残されているため，NEDO共研「高含水バイオマス省エネルギー蒸発脱水技術の研究開発」[5]として，平成17年度より3年間の予定で研究開発を進めているところである。

文　献

1) バイオマス・ニッポン総合戦略,平成18年3月31日　閣議決定
2) 日野俊之,"省エネルギー型蒸発脱水技術の研究開発",鹿島技術研究所年報,第50号,pp.151-156（2002）
3) 日野俊之,"Wetバイオマスのエネルギー化におけるVRC乾燥の可能性",*Journal of the Japan Institute of Energy*,**84**,pp.353-358（2005）
4) 坂井正康,バイオマスが拓く21世紀のエネルギー,森北出版㈱（2000）
5) 「バイオマスエネルギー高効率転換技術開発／バイオマスエネルギー転換要素技術開発」,㈱新エネルギー・産業技術総合開発機構（NEDO）,2006

4 油中脱水技術による高含水バイオマスの脱水

美藤 裕*

4.1 はじめに

バイオマスをエネルギー資源として利用するためには,まとまった量が確保できて供給が安定していることが必要であり,その要件を満たすものは有機性廃棄物と考えられる。我が国の有機性廃棄物の資源量は,表1に示すように約1億2,000万 t/年といわれている[1]。しかしながら図1に示すように,その大半が水分を50%以上含むものである。これら高含水有機廃棄物を処理するために焼却処理が一般に行われているが,重油などの助燃材を多量に消費してきた。それは,多量の水分を含むバイオマスを燃焼させる場合,水分が多いほど燃焼が困難になり,図2に示すように,灰分が多く水分の含有量が60%を越える下水汚泥などは自立燃焼ができなくなる[2]。その理由は,バイオマス自体の発熱量が小さいことと,水の蒸発潜熱が非常に大きいことによる。

これら高含水バイオマスのエネルギー転換利用を目的として,様々な技術開発が行われてきた。例えば,水溶液状態で発酵を進め,生成物が気体であることから水との分離が容易であるメタン発酵技術[3],高温高圧下の水の反応性を利用して高含水バイオマスを直接油化[4]あるいはガス化[5]することを目指した水熱反応技術などである。両技術とも製品である液化油あるいは生成ガスは水と容易に分離することができるので,分離にエネルギーを必要としないという利点がある。しかしながら,メタン発酵の場合,反応速度が遅いので大きな反応器を要すること,発酵残

表1 我が国におけるバイオマス賦存量

分類	バイオマス種	賦存量	含水率
木質系			
木質系①	林地残材	161 万 t/年	15%
木質系②	製材所廃材	595 万 t/年	45-55%
農業系	稲ワラ	920 万 t/年	10%
畜産系			
畜産系①	乳用牛ふん尿	2,099 万 t/年	82%
畜産系②	肉用牛ふん尿	905 万 t/年	78%
食品系			
食品系①	生活系厨芥類	1,109 万 t/年	80%
食品系②	事業系厨芥類	646 万 t/年	80%
汚泥系	下水汚泥(脱水汚泥)	5,235 万 t/年	70-90%
含水率50%以下のバイオマス		1,676 万 t/年	
含水率50%以上のバイオマス		9,994 万 t/年	
合計		11,670 万 t/年	

---

* Yutaka Mito ㈱神戸製鋼所 技術開発本部 石炭・エネルギープロジェクト室 次長

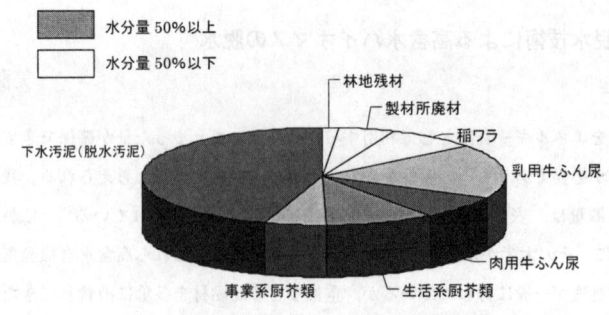

図1 水分量50％以上のバイオマスの占める割合

渣が多くエネルギー回収率が低いことなど難点がある。また，水熱反応は反応条件が高温高圧であるため，設備費，運転エネルギーが多大になること，排水中に多量の有機成分が残り，排水処理の負担が大きくなることなど解決すべき課題も多い。

また，最近の汚泥炭化技術[6]の例に見られるように，汚泥の熱分解工程で得られる熱分解ガスを燃焼させ，そのエネルギーを汚泥の乾燥に使うという工夫も試みられているが，回収されるバイオマスのエネルギーが少なくなるという課題が残る。

さらに，小木[7]らが指摘するように，発電効率は発電規模に比例して向上するので，バイオマスをエネルギー転換利用する効率の観点から，大量のバイオマスの処理が可能な技

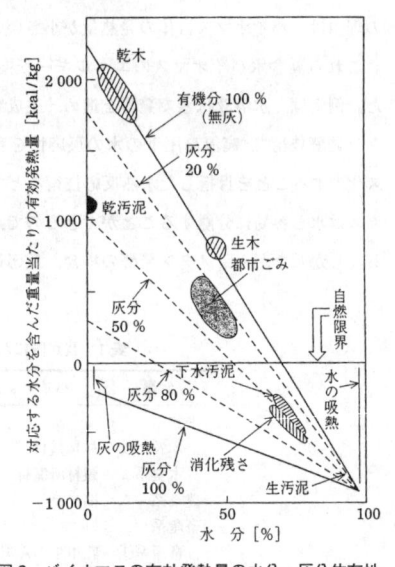

図2 バイオマスの有効発熱量の水分・灰分依存性

術であることが望ましい。最近報告された下水汚泥を気流乾燥して炭化するプロセス[8]では，脱水汚泥基準で40t/日以上の規模になると複数系列で対応するとされている。これは炭化炉の製造限界によるものと考えられるが，処理規模が大きくなるとプラントのスケールメリットが失われる。

ここでは，多量の水を効率良く除去し，スケールアップが容易であるため経済的なバイオマスのエネルギー転換が可能と期待される高含水バイオマスの油中脱水技術について紹介する。

第5章 バイオマス前処理・ガス化技術

4.2 油中脱水技術の概要

1980年代，㈱神戸製鋼所を含む日本褐炭液化㈱は新エネルギー・産業技術総合開発機構（NEDO）から豪州褐炭を対象とする石炭液化技術の開発を委託され[9]，約15年にわたって開発研究を行った。豪州褐炭は水分を65wt％も含むこと，石炭液化反応は循環油を用いたスラリー状態で行われることから，循環油中に原料褐炭を混合したスラリー状態で加熱脱水し，発生した水蒸気を再圧縮することによって水の蒸発潜熱を回収利用する油中脱水プロセスの原理が生まれた。そして，50t/日石炭液化パイロットプラントの運転研究の中で，6 t/dの連続装置によりその技術が実証された。

その後，水分を多量に含む低品位炭の脱水技術としてプロセス化が検討され，基礎技術が確立された[10]。この成果を基に，2001年から(財)石炭エネルギーセンター（JCOAL）が推進母体となって，インドネシア褐炭対象とした褐炭改質技術（UBCプロセス）実証プロジェクトが日本・インドネシア国家プロジェクトとして始まり，2003年に5 t/日のパイロットプラントによる実証試験を終えた[11]。また，石炭のみならず高含水バイオマスにもこの技術が適用可能であると考え，食品工場廃棄物を対象とした油中脱水技術の開発を2003年度から3年間NEDOの委託を受け実施した[12]。

高含水バイオマスの油中脱水プロセス[13]の基本フローを図3に示す。油中脱水技術の基本概念は，プロセス内で取り扱う固体バイオマスを油中に分散させスラリーとすることである。スラリー化によって，固体を準流体として扱えるのでハンドリングが容易となり，プラントは通常のポンプ，攪拌機，タンク，熱交換器などで構成することができる。また，水分の蒸発過程では沸騰伝熱状態になるので，従来の気流乾燥法，伝導乾燥法に比較して高い伝熱効率が期待される。

スラリー化するための媒体として，灯油，軽油，A重油など石油系，あるいは動植物に由来

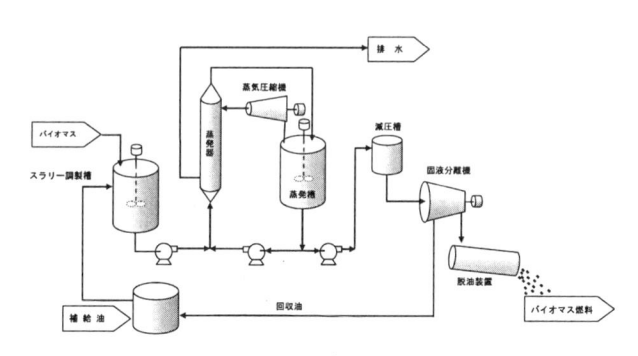

図3 油中脱水プロセスフロー

する油などが可能である。原料バイオマスを媒体油と混合してスラリー化した後,蒸発器に送る。蒸発器は,多管式熱交換器あるいはスパイラル式熱交換器などを用いることができ,ここで水の蒸発に必要なエネルギーを与える。蒸発槽内で発生した蒸気は蒸気圧縮機によって圧縮され,昇温された蒸気を蒸発器の熱源とする。昇温された蒸気が同じ温度の液体に変わることによって水の蒸発潜熱が放出され,新たに入ってくる原料の水の蒸発エネルギーとして利用される。なお,熱交換器内の粒子沈降を防ぐため,蒸発器内のスラリー流速をある一定以上の値に保つ必要があり,蒸発槽と蒸発器は循環ラインで結んでおく。

脱水されたスラリーは,循環ラインから減圧槽に抜き出され,大気圧まで減圧した後,遠心分離機などによってスラリーから固体を分離し,回収された媒体油は循環使用される。

灯油を用いた場合は,分離した脱水バイオマスに含まれる灯油をスチームチューブドライヤー(STD)などの伝導加熱脱油装置によって灯油をほぼ全量分離回収することができる。灯油の蒸発潜熱は水に比べて約1/7程度と小さいため,必要となるSTDの伝熱面積は非常に小さなもので良いことになる。

一方,沸点が高い軽油,A重油,動植物油を用いた場合は加熱による脱油が難しいので,これら媒体油を一部含有した状態で製品とすることもできる。この場合は,STD設備を省略できる。このように,製品の目的に応じた媒体油の選択が可能である。

4.3 高含水バイオマスの油中脱水実施例と特徴

飲料メーカーおよび砂糖メーカーから提供を受けたコーヒー抽出滓,お茶滓,バガスなどの油中脱水試験結果を紹介する。それぞれ原料の水分量が,65%,70%,45%である。試験には,脱水に関する基礎特性を測定する15Lのオートクレーブと,伝熱係数の実測,スラリー運転性の確認などの目的で大型脱水試験装置を用いた。大型脱水試験装置は,図4に示すように0.7m^{3}のスラリー調製槽,9m^{2}の伝熱面積を持つ多管熱交換器から成る。

4.3.1 高い脱水率の実現

代表的な脱水の過程を図5に示す。この例では,コーヒー抽出滓を灯油に混合し,圧力を0.1MPaGに保ったオートクレーブを用いて脱水した。この圧力における水の蒸発温度は約120℃である。水の蒸発が始まると,投入された熱量は全て水の蒸発に用いられるので,スラリーの温度は水の蒸発温度120℃に保たれる。そのため,入熱速度が一定であれば,水の蒸発量も図5に示すように一定となる。この期間を恒率脱水速度期間という。この期間のスラリー温度がその圧力における水の沸騰温度にほぼ等しいことから,この期間に蒸発する水はバイオマスに付着した自由水に相当するものと考えてよい。

自由水の脱離が終わると,水の脱離速度が低下し,スラリーの温度は徐々に上昇する。この期

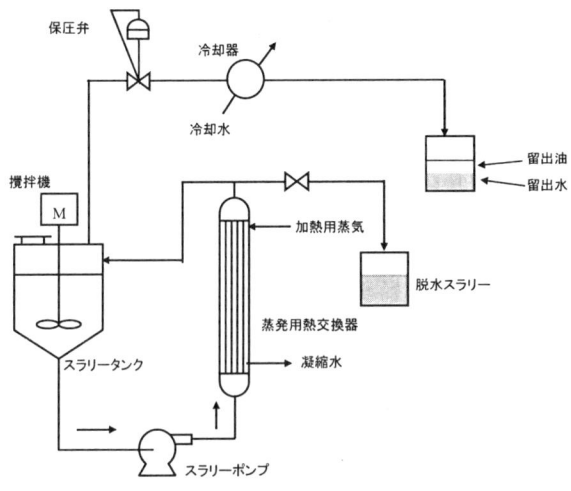

第5章 バイオマス前処理・ガス化技術

図4 大型脱水試験装置

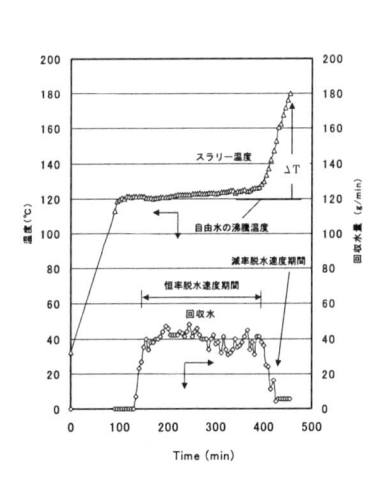

図5 オートクレーブによる脱水試験

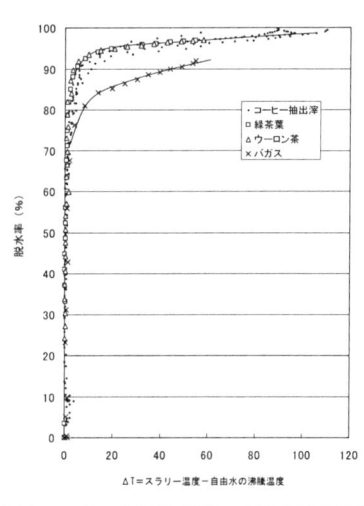

図6 コーヒー抽出滓,茶滓,バガスの脱水挙動

間を減率脱水速度期間と呼び，脱離しにくい水がこの期間に脱離する．例えば，細孔内の水，バイオマス細胞内の水といったバイオマスと相互作用の大きい水は，脱離するために大きなエネルギーを必要とする．そのため，スラリー温度が自由水の沸騰温度より高い温度になって初めて脱離するのである．

図5に示すように，任意の時間におけるスラリー温度と自由水の沸騰温度の差をΔTと定義し，種々のバイオマスに関するΔTと脱水率の関係を図6に示す．恒率脱水速度期間の間（$\Delta T=0$），脱水率は急激に上昇し，その後ゆっくりと脱水率が向上する．実験に用いた食品工場の含水廃棄物は，容易に90％以上の脱水率を達成できることが確認された．

4.3.2 高い伝熱効率の実現による装置のコンパクト化

先に述べたように，油中脱水プロセスでは水の蒸発に要するエネルギーを沸騰状態で伝達することができるので，気流乾燥，あるいはSTDに代表される伝導乾燥法に比べて伝熱係数が高くなることが期待される．伝熱面積9 m^2，管内径約16mmの多管式熱交換器を備える大型脱水試験装置を用いて，管内の流速を変えて脱水試験を行い，蒸気の凝縮量から伝熱係数を求めた．その結果を図7に示す．伝熱係数の実測値は熱交換器管内流速とともに向上し，300kcal/hr·m^2·℃以上の値が得られることを確認した．一般に報告されている伝導乾燥法の伝熱係数が60〜130kcal/hr·m^2·℃であること[14]に比べると，十分に大きな値であり，他のプロセスに比較して蒸発器の大きさをコンパクトにすることができる．

従来の気流乾燥法，伝導乾燥法では，乾燥速度を上げるために気流あるいは伝熱面の温度を高くとる必要があるが，バイオマスの場合は，発煙，発火などの観点から適用が難しいのが現状である．また，必要とする伝熱面積が大きくなるため，大型化が困難であると考えられる．

4.3.3 高いエネルギー回収効率の実現

乾燥プロセスにおいて次式で定義するエネルギー回収効率は重要である．

$$\text{エネルギー回収効率} = \frac{\text{乾燥バイオマスエネルギー}}{\text{乾燥に要するエネルギー} + \text{原料バイオマスエネルギー}}$$

油中脱水プラントに必要な動力（プロセスポンプの動力，蒸気圧縮機動力，攪拌機その他）および補助用蒸気などを得るのに必要なエネルギーを発電効率40％，ボイラー効率80％として見積り，エネルギー回収率と原料バイオマスの水分との関係を求めた．その結果を図8に示す．この例では，コーヒー抽出滓（高位発熱量5,500kcal/kg）を用いて，粉砕などの原料の前処理にかかるエネルギーを除いて算出した．また，同じ条件でSTD法を用いてコーヒー抽出滓を乾燥する場合を比較した．STD法では蒸発潜熱の回収はしないとし，伝熱係数を30kcal/hr·m^2·℃として伝熱面積を求め，装置の大きさからメーカーカタログに基づいて必要動力などを見積もった．

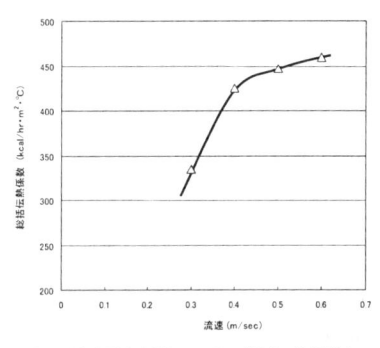

第5章 バイオマス前処理・ガス化技術

図7 油中脱水過程における総括伝熱係数と
熱交換器内流速の関係

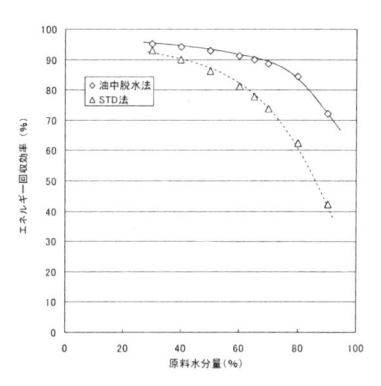

図8 エネルギー回収効率の比較

どちらの方法も原料の水分量が多くなるほどエネルギー回収効率は低下するが，蒸発潜熱を回収する油中脱水法の方が高含水の原料に対して有利であることがわかる。

4.3.4 スケールアップが容易

先にも述べたように，プロセスの大半の工程がスラリー流体を取扱い，特別な機器を必要としないので，スケールアップは比較的容易である。スラリーポンプ，撹拌機，熱交換器等の製作限界が本プロセスのスケールアップの制約になると考えられる。

4.3.5 課題

有機性廃棄物の総排出量は大きいが，個々の排出元の規模が小さいことがバイオマス資源の難点である。この問題を解決するためにも，種々のバイオマスの混合処理を可能とする技術の確立が望まれる。油中脱水技術はコーヒー抽出滓など食品廃棄物を対象として基礎試験を終えたところであるが，実用的なプロセスとするために，混合処理が可能となるよう対象バイオマスの拡大が必要であると考えている。

4.4 まとめ

油中脱水技術は，含水バイオマスをスラリー化することによって，蒸発過程における高い伝熱効率を実現し，流体プロセスに準じたシンプルなプラントを可能とした。また，蒸気再圧縮方式を採用することにより，エネルギー回収効率を高めることができ，特に含水率の高いバイオマスの脱水に適したプロセスとなる。さらに，スケールアップが容易であり，バイオマスをエネルギー資源として利用する前処理プロセスとして広く活用されることを期待する。

文　献

1) 井内正直, 「バイオマスエネルギー利用計画支援システムの開発」, 電中研報告　Y03023
2) 佐野寛, 「連続燃焼装置の高効率低公害設計研究分科会報告書 (II)」, 機械学会 (1986)
3) バイオマスハンドブック, 202p, ㈳エネルギー学会編 (2002)
4) 小木知子他, 「木質系バイオマスの直接液化反応に関する研究」, 資源環境技術総合研究所報告, 第5号 (1993)
5) 松村他, 「バイオマスの超臨界ガス化による水素製造プロセスのエクセルギー解析」, 水素エネルギーシステム, 25, 49p (2000)
6) 志村進, 「下水汚泥炭化燃料製造システム」, 資源環境対策, 42, No.5, 52p (2006)
7) 小木知子, 第1回エネルギー環境研究会・第73回北海道石炭研究会講演会, 15p (2002)
8) 神澤正樹, 「外熱式スクリュー炭化炉による下水汚泥の燃料化」, 資源環境対策, 42, No.5, 45p (2006)
9) 重久卓夫他, 化学工学論文集, 21, No.1, 1p (1995)
10) 平成10年度「高性能排煙処理技術等調査報告書－低品位炭改質技術に関する調査」, ㈶エネルギー総合工学研究所 (1999)
11) 杉田哲他, 「改質褐炭 (UBC) 製造プロセスの開発」, R&D 神戸製鋼所技報, 53, No.2, 41p (2003)
12) NEDO 受託研究, 「バイオマスエネルギー高効率転換技術開発・高含水バイオマスの高効率改質脱水技術を用いたガス化システムの開発・油中改質脱水技術の開発」(平成15年度～平成17年度)
13) ㈱神戸製鋼所, 「植物由来バイオマスの乾燥方法およびバイオマス燃料の製造方法」, 出願番号 2003-274479
14) 化学工学便覧, 改訂四版, 717p (1978)

5 超臨界水によるガス化プロセス

松村幸彦＊

5.1 概要

　バイオマスを高温高圧の水中で加熱分解し，可燃性のガスを得る技術が超臨界水によるガス化プロセスである。得られたガスはメタン，水素，一酸化炭素などを含み，これを用いてガスエンジンやマイクロガスタービン，あるいは燃料電池を用いて直接発電を行うこともできるし，生成ガスを燃焼して得られた熱によって水蒸気を作り，これを用いてスチームタービンを回して発電することも原理的には可能である。

　バイオマスのガス化には，固定床ガス化，流動層ガス化，噴流床ガス化などの高温ガス化技術があり，これらは通常大気圧か高々数MPa（数十気圧）で運転されるのに対し，超臨界水ガス化は25MPa程度の高圧での操作を行う。このため，高圧操作に伴う困難が生じ，装置コストも高くなるので，高温ガス化が適用できるならば高温ガス化を用いることが望ましい。例えば，建設発生木材や間伐材，製材工場等残材などの木質系バイオマスやネピアグラスを始めとする成長の早い草本系バイオマスを用いる場合には高温ガス化が適切である。

　これに対して，食品系廃棄物や下水汚泥，家畜排泄物などは含水率が高すぎて直接高温ガス化を行うことができない。脱水あるいは乾燥の前処理を行う必要があるが，現在の技術ではエネルギーとコストがかかりすぎて乾燥前処理は実用的ではない。このような含水系バイオマスをガス化するにはメタン発酵が用いられるが，生物化学的変換なので反応速度が遅く，また完全な変換ができずに残渣と排水の処理が大きな負担となる問題を有している。超臨界水ガス化は，高温高圧とは言え水の中で反応を進行させる物であり，乾燥の前処理は不要である。また，熱化学的変換であるために反応速度が大きく，ガス化率も高くできるので排水処理の負荷が小さくて済む。これらの利点のために，超臨界水ガス化はメタン発酵に代わる高速高効率な含水系バイオマスのガス化技術として開発が進められている。

　現在，商用機はまだないが，研究室規模の装置でバイオマスのガス化が行えること，代表的な反応，生成ガス組成などは1990年代に確認されており，これを受けて実証的なパイロットプラントの運転が各国で行われ，実績を積んでいる段階にある。以下，超臨界水ガス化の原理，反応，装置，開発状況，展望について記述する。このほか，日本エネルギー学会編の「バイオマス・ハンドブック」[1]にまとまった解説があり，また，近年，超臨界水ガス化の研究者が共著でレビュー論文を発表している[2]ので参照されたい。

＊　Yukihiko Matsumura　広島大学　大学院工学研究科　機械システム工学専攻　助教授

5.2 原理

　超臨界水ガス化は，前述したとおり高温高圧の水の中でバイオマスを分解・ガス化する技術であるが，正確には水の臨界温度である647K（374℃）以上の高温，臨界圧力である22.1MPa（218気圧）以上の高圧で分解を行う。これより温度が低くても圧力さえ高ければ同様の効果が得られるので，実際には臨界点以下の温度で操作を行うこともあるが，亜臨界条件になるので超臨界水ガス化と呼ぶのは正しくなく，これらの条件での操作も含めた場合には水熱ガス化と呼ぶ。

　バイオマスは糖が重合してできたセルロースやヘミセルロース，プロピルフェノールの重合したリグニン，アミノ酸の重合したタンパク質や脂肪酸のグリセリンエステルである油脂などから成っている。これらの物質は，高温高圧の水の中では加水分解や熱分解を受けるため，低分子化し，最終的には二酸化炭素，水素，メタンを主成分とする可燃性ガスを生成する。

　超臨界条件あるいは水熱条件であっても液相であることは重要であり，そうでないとバイオマスは蒸し焼きにされることになるのでガス化よりも炭化が進行することになる。高温高圧の水に対してはセルロースなどの高分子もかなり溶解するために均一反応となり，迅速かつ完全な反応の実現が容易となる。また，特に加水分解反応の進行は水の密度が高いほど有利なので高圧下で反応を進行させることは，このプロセスにおいて必須である。

　熱化学的な反応であるために反応速度は大きく，メタン発酵が2週間から1ヶ月程度の反応であるのに対し，数分程度で反応が完了するので，反応器の容積は3〜4桁小さくて済む。また，温度条件，原料の種類と濃度，触媒の種類と利用の有無によるが，ほぼ100％近い炭素ガス化率を得ることも可能で，残渣が残り，排水もBODが高いために処理が必要となるメタン発酵と対照的である。ただし，原料中の窒素濃度が高い家畜排泄物などでは，液相中に高濃度のアンモニアが含まれることとなり，この後処理は必要となる。

　高温高圧の反応器内で反応を進行させた後に，冷却を行えば生成ガスは自然に液相と分離する。さらに減圧すれば，液相に高圧のために溶解していたガスも気相に出てくる。この時に，タールなどの成分は液相にそのまま残存するので，得られるガスはタールをほとんど含まない利点がある。この点はメタン発酵と同様であるが，ガス中に含まれるタール成分が配管の閉塞の原因となり，後段の機器に悪影響を及ぼすために生成ガスの後処理を必要とする高温ガス化に比べて大きな利点である。さらに，高温ガス化では空気を用いた部分酸化を行うことが多く，このために得られるガスの発熱量が低くなる問題を有している。このため，ガスエンジンも特殊なものを用いる必要がある。これに対して，超臨界水ガス化では空気中の窒素による希釈がないために発熱量は比較的高く，後段のガス利用がしやすい。

第5章　バイオマス前処理・ガス化技術

5.3　反応

　超臨界水ガス化において進行する反応については，モデル化合物を用いた実験で確認されている。セルロースを用いた検討が多く行われているが，興味深いことにセルロースのような高分子であっても水熱条件の水には溶解し，均一相を形成することが確認されている[3]。均一相の形成は，反応速度の向上に大きく寄与し，また，反応率の向上にも貢献する。例えば，メタン発酵において反応時間が数週間かかるのは，固体の内部まで微生物が作用するのに時間がかかるためで，ビール工場排水のような水溶液のメタン発酵であれば数日で完了する。バイオマスの大部分を溶解する水熱条件は，迅速なガス化を実現する上で望ましいものである。

　超臨界水ガス化の反応器から出てくる生成物を調べると，目的とするガスの他に油状の成分が見られ，また，反応器内に炭素を主成分とする固体が残ることがある。これらの物質の生成過程を確認した結果，水熱条件の水に溶解した有機物がガス化するガス化反応と，重合して油状の物質や，さらに固体状の物質を生成する重合反応が競争的に進行していることが確認されている[4]。ガス化してしまえば，ガスからこれらの重合成分は生成しないし，逆に一度油状成分が生成すると，これはもうガス化することはできない。条件を変えて実験を行うと，濃度が高いほど，温度が低いほど，触媒がない時ほど，そして，原料の昇温速度が低いほど，重合反応生成物の収率が高くなることが確認できる。一方，圧力の影響はほとんど見られない[5]。重合反応の進行は，5-ヒドロキシメチルフルアルデヒドなどの脱水生成物が重合反応を進行させているものと考えられている[6]。

　反応を促進するため，あるいは重合反応生成物の生成を抑制するために触媒は有効である。主に用いられる触媒は金属系の触媒[7]と炭素系の触媒である。金属系の触媒はきわめて高性能であり，特にニッケルを高濃度で分散させた触媒などは亜臨界温度域でも効率よくバイオマスの分解を実現する。しかしながら，高温高圧の条件下では金属触媒そのものが腐蝕されてしまい，活性を失うほか，硫黄成分があると硫化物などを生成してやはり失活し，塩分の析出によっても触媒活性が失われる問題があり，実用的な寿命が得られるには至っていない。ニッケルの他，ルテニウムも有効である[8]。炭素系触媒は，高温ガス化のダウンドラフトガス化炉で炭化したバイオマス層にタールを含んだ生成ガスを通すことによって生成ガス中のタール濃度をかなり下げることができることを参考に試されたものであるが，モデル化合物であるグルコースでは20wt%相当の1.2 mol/dm^{3}の水溶液でも600℃で完全にガス化することができる[5]。このほか，水溶性のアルカリ触媒を用いる例[9]もあるが，これは水に溶解しているため回収が容易ではない問題がある。また，回収しない場合には排水のpH調整が必要となる。

　生成ガスの組成は，十分な触媒量あるいは滞留時間が得られれば，ほぼ反応器内の熱力学的平衡によって推算できる。大量の水があるために水性ガスシフト反応はほぼ完全に二酸化炭素生成

側に偏り，一酸化炭素濃度は低い。水素は二酸化炭素と反応してメタンを生成するが，この反応はガスの総モル量を減少させる反応であるので高圧ほど進行する。代表的な生成ガスの組成は，二酸化炭素が50％，水素が25％，メタンが25％程度であるが，条件によって大きく異なり，原料の組成や濃度によっては50％以上を水素が占めることもある。生成ガスの組成は高温ほど，低濃度ほど，低圧ほど水素の濃度が高い。熱力学的な計算によって確認すると，水素が生成するほど吸熱反応となり，このことは高温において水素の生成が促進される結果と一致する。全体の反応熱は多少吸熱反応となるが，一般的な高温ガス化で見られるほどの大きな吸熱ではなく，0次近似としては反応熱の出入りがないと考えてもよい程度である。

原料の昇温速度が遅いほど望まれない副反応生成物である重合反応生成物の収率が高くなることから，重合反応は低温で進行しやすく，高温ではガス化反応が主として進行していることが予想される。実際，高温高圧とした反応器に，原料を少量ずつ供給して急速に反応温度に上げることによって重合反応を抑制し，ほぼ完全なガス化を行うことが可能である。しかしながら，この場合には後で述べる熱回収が難しく，実用的なプロセスを構築することは困難である。

5.4 装置

超臨界水ガス化反応は，適切な量の水と原料バイオマスを封入した反応容器を反応温度まで昇温することによって進行させることが可能である。このときに，反応容器の容積は一定なので，水の量を変えれば，反応温度における圧力を変えることができる。封入する水量を，目的とする反応温度と圧力における水の密度から決定して，適切な量を導入することが必要で，多すぎると反応器内が液相で満たされて急速に圧力が増加し，危険である。少なすぎると水が全て蒸発してしまうため，超臨界水ガス化の反応が進行しない。さらに，この方法では処理量を一定量以上にすると反応容器の耐圧を確保するために容器の肉厚が大きくなり，系の熱容量が大きくなるために反応温度までの昇温に時間がかかる。また，生成ガスを回収するときには反応容器を冷却することになるが，昇温のために供給した熱量がこの時に失われてしまうためにプロセスのエネルギー効率が大きく低下する。これらの理由のために，このような回分操作は実験室での基礎反応の検討には用いられるが，パイロットプラントや実機では不適切と考えられている。

商用プロセスで適切と考えられているのは連続式の反応器であり，大きく，原料供給部，反応部，回収部からなる。

原料供給部は，バイオマス原料を高圧で送り出す仕組みを有するが，通常の高圧ポンプは水や液体は送ることができても固体のバイオマスを供給することができない。一方，通常固体粒子を連続的に供給するのに用いられるスクリューフィーダは25MPaの圧力を持たせることができない。このため，まずバイオマスを粉砕してスラリー状とし，これをピストンを有するシリンダー

第5章　バイオマス前処理・ガス化技術

に詰めて，ピストンの反対側から高圧で水を送り，原料バイオマスを押し出す方法が用いられる。木質系バイオマスなどのドライバイオマスでは粉砕動力が大きくなるために細かい粉砕は避けることが望まれるが，ここで対象とするウェットバイオマスは水を多く含んでいるために粉砕も比較的容易にできる。また，前処理として180℃程度で反応させることによって流動性を大きく向上できることが知られている。これは水熱前処理と呼ばれる技術であるが，固いジャガイモやキャベツでもコトコトと長時間煮ることによって柔らかくなる現象を，より高温高圧で効率よく実現するものと考えればよい。現象的にはヘミセルロースの溶出とこれに続く細胞構造の破壊である。超臨界水ガス化の場合，水熱前処理の熱源には，超臨界ガス化プロセスの廃熱を用いることが可能である。

　反応部は供給された原料を反応温度まで昇温し，加水分解と熱分解による低分子化を進行させる部分であり，反応温度において反応圧力に耐える厚みを有する金属製の管が用いられる。触媒を用いる場合には，この中に充填層の形で触媒を設置することが一般的である。金属の降伏応力は温度が上がると共に低下する。実際に耐圧計算を行うと，ステンレスのような安価な金属では大きい肉厚が必要となり，多少高価なようでもインコネルやハステロイといったニッケル系の金属を用いる方が現実的となる。原料の濃度によるが，原料とともに送られる水を反応条件である超臨界条件まで昇温するには，ほぼ原料のバイオマスの乾燥重量の有する発熱量に匹敵する熱量が必要となる。この熱を外部から供給すると，原料バイオマスから取り出せる熱以上の熱を供給することになり，エネルギープロセスとしての意義が失われてしまうので，熱回収を行うことが必須となる。これが連続式反応器を用いる一つの重要な理由である。高温高圧で熱交換を行う必要があり，高温での耐圧を考えると二重管型熱交換器が適切である。この熱交換器の製造技術そのものは確立しており，同じ超臨界水技術である超臨界水酸化プラントで80％程度の熱回収の実績はある。

　回収部では反応器の出口流れがまず室温まで冷却される。上記の二重管型熱交換器で出口流れの有する熱量の大部分を入口流れに渡し，室温近くまで冷却する。ただし，天然ガスのパイプライン輸送で知られているように，生成ガスの種類についてはクラスレートを生成して管を閉塞するおそれがあるので，場合によっては減圧弁の許す範囲で高温のまま減圧することも考えられる。減圧すると生成ガスが自然に相分離するので，これを回収して必要な処理を行い，後段で利用する。一方，液相はバイオマス原料の種類や反応条件によっては重合反応生成物やアンモニアが残存しているのでやはり必要な処理を行う。

　反応器の中で閉塞が起きることがあり，特に炭素を主成分とする析出物が問題となる。一定時間運転したら水に切り替えて析出物を処理するか，あるいは析出物による閉塞が確認されたら減圧して空気を送るなどの対応も行われている。また，高圧の状態では二酸化炭素が水中に多く溶

存することを用いて,高圧で第一段のガス分離を行い,水素を多く含む発熱量の高いガスを得る提案もされている。

5.5 開発状況

　超臨界水ガス化のプロセスそのものは1970年代に提案され,基礎的な試験が行われている[10]。しかしながら,各種の反応特性が確認され,また研究室規模での連続装置が運転されたのは1990年代に入ってからである。超臨界水を用いた技術の開発は,超臨界水中で難分解性の有害有機廃棄物を酸化分解する超臨界水酸化技術の方が先行して研究され,1990年代にはいくつかの実用機も作成された。これに対して超臨界水ガス化は1990年代にようやく各種の物質の反応特性が小型の反応器やオートクレーブを用いて検討され,米国のパシフィック・ノースウェスト研究所,ハワイ大学ハワイ自然エネルギー研究所,ドイツのカールスルーエ研究所,日本の東京大学などで研究室規模での連続操作が行われた。温度,圧力,反応時間,各種触媒の影響などが確認され,パイロットプラント建設のための基礎データが収集された。

　これらの知見に基づいて,2000年代になってパイロットプラントの建設と運転が進められた。ドイツのカールスルーエ研究所では2.4 t/日のプラントVERENAが建設され,メタノールで試運転を行った後,各種のバイオマス原料を粉砕希釈してガス化する実証試験が進められている[11]。米国ではパシフィック・ノースウェスト研究所で1 t/日のトレーラで移動することができる可搬型のパイロットプラントを作成,食品工場排水を含む各種の廃液の反応特性の検討を進めている。これらの運転を通して,触媒の劣化の問題や,原料供給の問題などが確認され,対応が進められている。

　我が国においては,新エネルギー産業技術総合開発機構(NEDO)の果たした役割が大きい。1990年代末から提案公募事業において東京大学を中心とした事業を支援し,研究室規模での連続的なバイオマスガス化の実証を行った。この事業において,水熱前処理が超臨界水ガス化に有効であること,部分酸化が低温でのガス化率向上に有効であることなどを確認した。また,2000年代に入ると,日本ガス協会との共同研究で実用化に向けての実証試験を行った。液状化より厳しい条件で原料バイオマスを水溶液の形とする水熱可溶化を行い,これを超臨界水中でさらにガス化するプロセスで,触媒の劣化が問題となることを確認している。同じく2000年代にはトウェンテ大学,産業技術総合研究所,BTG社,東京大学の共同研究による国際共同研究である流動層型超臨界水ガス化の共同研究を行った。これは反応器内の閉塞を防止し,ホットスポットのない均一反応場でガス化を進行させるもので,超臨界水中でも超臨界水の物性を用いれば常温常圧の流動層の設計と同様にして流動化開始速度の推算ができること,超臨界水を用いた場合には通常であればスラッギングになるような細い管でも比較的安定に流動化が進行することなどを確認

第5章 バイオマス前処理・ガス化技術

している。これと併せて,糖とタンパク質成分を同時に処理するとメイラード反応が進行してタール状の成分が生成するが,これは比較的容易にガス化することも確認された。

特筆すべきこととしては,このNEDOの事業予算をきっかけにして超臨界水ガス化のワークショップが開催されたことである。各国の超臨界水ガス化の研究者で情報交換を行う場を立ち上げることができ,この結果として,研究者の共著によるレビュー論文も発表された[2]。この時に立ち上げられたワークショップは,その後は各メンバーの持ち出しで国際学会がある時に集まれるメンバーで集まって年に1回のペースで現在も続けられている。

また,NEDOは,2005年度からはバイオマス高効率転換技術開発の要素技術開発事業において中国電力との共同研究を行い,触媒粒子が懸濁したバイオマス原料を用いて超臨界水ガス化を行うプロセスの検討を進めている。1t/日のパイロットプラントを建設し,2006年度には実証運転を行う予定で研究が進められている。

5.6 展望

含水性のバイオマスは我が国においては利用可能なバイオマスエネルギー量の半分を占めており,今後の利用が期待されているが,メタン発酵は反応時間が遅く,その排水処理ならびに発酵残渣処理は高コストであり,より迅速により完全にガス化する技術の開発が求められている。バイオマスの超臨界水ガス化はこれらの問題点を解決できる利点を有しており,経済的なプラントが実現できれば,十分に実用化が期待される。上記の通り,バイオマスの超臨界水ガス化技術は,現在日本を含む世界各国でパイロットプラントによる実証段階に入っている。ここで得られた知見を生かし,数年後には実用化することが期待される。

ただし,他のどのプロセスでも同様だが,バイオマスは技術があれば導入される状況にはなく,全体の利用システムをうまく構築することによって経済性を出していく必要がある。超臨界水ガス化も,適切な利用システムを併せて構築することによって導入を進めていくことが求められよう。

文　　献

1) 松村幸彦「水熱ガス化」,日本エネルギー学会編『バイオマスハンドブック』pp.125-130,オーム社(2002)
2) Matsumura, Y.; Minowa, T.; Potic, B.; Kersten, S. R. A.; Prins, W.; van Swaaij, W.

P. M. ; van de Beld, B. ; Elliott, D. C. ; Neuenschwander, G. G. ; Kruse, A. ; Antal, M. J., Jr., "Biomass gasification in near-and super-critical water : Status and prospects", *Biomass and Bioenergy*, **29** (4), 269-292 (2005)

3) Sasaki, M. ; Fang, Z. ; Fukushima, Y. ; Adschiri, T. ; Arai, K., "Dissolution and hydrolysis of cellulose in subcritical and supercritical water" *Ind. Eng. Chem. Res.* **39** (8) 2883-2890 (2000)

4) Minowa, T. ; Fang, Z., "Hydrogen production from cellulose in hot compressed water using reduced nickel catalyst : product distribution at different reaction temperatures", *J. Chem. Eng. Jpn.*, **31**, 488-491 (1998)

5) Xu, X. ; Matsumura, Y. ; Stenberg, J. ; Antal, M. J., Jr., "Carbon Catalysed Gasification of Organic Feedstocks in Supercritical Water", *Ind. Eng. Chem. Res.*, **35**, 2522-2530 (1996)

6) Matsumura, Y. ; Harada, M. ; Nagata, K. ; Kikuchi, Y. "Effect of Heating Rate of Biomass Feedstock on Carbon Gasification Efficiency in Supercritical Water Gasification", *Chem. Eng. Commun.*, **193** (5), 649-659 (2006)

7) Nakagawa, H. ; Namba, A. ; Bohlmann, M. ; Miura, K. "Hydrothermal dewatering of brown coal and catalytic hydrothermal gasification of the organic compounds dissolving in the water using a novel Ni/carbon catalyst", *Fuel* **83** (6), 719-725 (2004)

8) Elliott, D. C. ; Newenschwander, G. G. ; Phelps, M. R. ; Hart, T. R., ; Zacher, A. H. ; Silva, L. J., "Chemical processing in high-pressure aqueous environments. 6. Demonstration of catalytic gasification for chemical manufacturing wastewater cleanup in industrial plants" *Ind. Eng. Chem. Res.*, **38**, 879-883 (1999)

9) Kruse, A. ; Meier, D. ; Rimbrecht, P. ; Schacht, M. "Gasification of pyrocatechol in supercritical wtaer in the presence of potassium hydroxide" *Ind. Eng. Chem. Res.*, **39**, 4842-4848 (2000)

10) Amin, S. ; Reid, R. C. ; Modell, M. "Reforming and decomposition of glucose in an aqueous phase", ASME Paper No.75-ENAs-21 (1975)

11) Boukis, N. ; Diem, V. ; Dinjus, E. ; Galla, U. ; Kruse, A. "Biomass Gasification in Supercritical Water", Proc. 12th European Conf. on Biomass for Energy, Industry and Climate Protection, 17-21 June 2002, Amsterdam Vol.1 pp.396-399 (2002)

第6章 バイオマス消化ガス発電技術

1 生ごみ等廃棄物系バイオマスのバイオガス化発電

多田羅昌浩[*1], 後藤雅史[*2]

1.1 はじめに

カーボンニュートラルであり,かつ,再生可能な物質資源・エネルギー資源であるバイオマスは,化石燃料由来のエネルギーや製品を代替し大気中の二酸化炭素の増加を抑制できるほか,持続的な発展が可能な社会の確立,さらには新たな産業の育成に資するものである。

このため,エネルギーや製品としてバイオマスを総合的に最大限に活用し,持続的に発展可能な社会「バイオマス・ニッポン」をできる限り早期に実現することを目標に,2002年12月27日にバイオマス・ニッポン総合戦略が閣議決定された。この中で,2010年までに廃棄物系バイオマス(日常生活や産業活動から排出される有機性廃棄物)を炭素量換算で80%以上,未利用バイオマス(農地にすき込まれたり山林に放置されるなどほとんど利用されていない農作物の非食用部や林地残材)を炭素量換算で25%以上利活用することが目標とされている[1]。

2002年度から2005年度におけるバイオマス・ニッポン総合戦略が掲げる目標の達成状況は,廃棄物系バイオマスの利活用割合は炭素量換算で68%から72%に向上しているものの,廃棄物系バイオマスの一つである食品廃棄物の利活用割合は20%にとどまっている(表1)[1]。

「バイオマス・ニッポン」実現に向けた具体的目標の中で,いわゆるウェットバイオマスと呼ばれる含水率の高いバイオマスをエネルギーへ変換する技術については,バイオマスの日処理量5トン程度のプラント(集落から市町村規模を想定)におけるエネルギー変換効率が電力として10%あるいは熱として40%程度を実現できる技術を開発するとされている。ウェットバイオマスは,ドライバイオマスである木質系廃棄物のように自燃させることが困難であり,直接燃焼法は適用が難しい。バイオガス化などの,含水率の高いバイオマスにも適用可能なエネルギー変換技術の開発が望まれる。

ここでは,このような廃棄物系ウェットバイオマスの中でも,特に生ごみなどの食品廃棄物のバイオガス化発電技術について述べる。

---

* 1 Masahiro Tatara 鹿島建設㈱ 技術研究所 地球環境・バイオグループ 主任研究員
* 2 Masafumi Goto 鹿島建設㈱ 技術研究所 地球環境・バイオグループ グループ長/上席研究員

表1 主なバイオマスの発生量と利用状況の変化[1]

廃棄物種	2002年度		2005年度	
	発生量 [万トン]	利活用率 [%]	発生量 [万トン]	利活用率 [%]
家畜排泄物	9,100	80	8,900	90
食品廃棄物	1,900	<10	2,200	20
製材工場等残材	600	90	500	90
建設発生木材	480	40	460	60
下水汚泥	7,600	60	7,500	64
林地残材	390	0	370	0
農作物非食用部	1,300	30	1,200	30

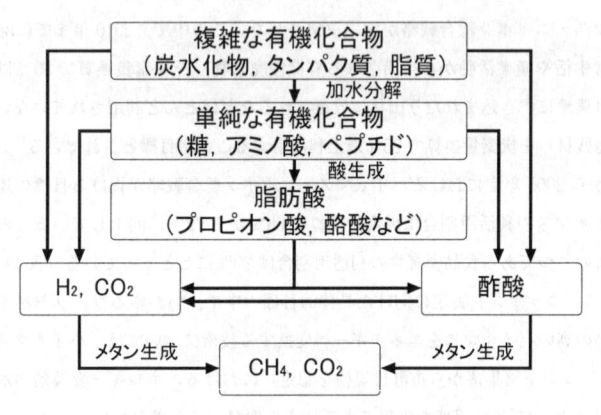

図1 メタン生成に至る有機物の代謝経路

1.2 生ごみのバイオガス化技術

嫌気性微生物によるバイオガス化プロセス（メタン発酵プロセス）は，有機物を分解しメタンや二酸化炭素などを主成分とするバイオガスが回収可能なプロセスであり（図1），衛生工学・環境工学分野では古くから使われている技術である。1875年のM. Louis Murasの自動分解装置がその始まりとされており[2]，19世紀末までには生物的廃水処理技術の一つとして確立され，以来，改良・改善されながら下水処理や下水汚泥の処理システムとして長く使われてきている実績がある。メタン発酵プロセスの特徴の一つは，主役を担う微生物が酸素を必要としない嫌気性微

第6章 バイオマス消化ガス発電技術

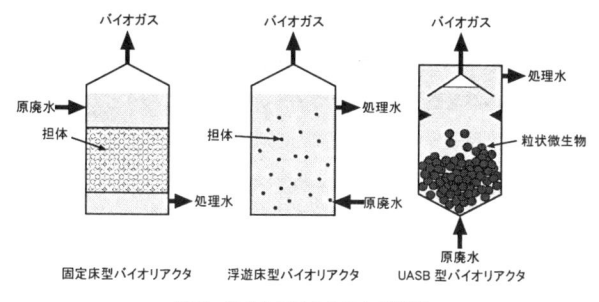

図2 バイオリアクタの主な種類
（固定床型バイオリアクタ／浮遊床型バイオリアクタ／UASB型バイオリアクタ）

生物であるため，曝気のための送風エネルギーが不必要な省エネルギー型のプロセスであることである。さらに，メタン発酵処理で発生するバイオガスは50～70％程度のメタンを含んでいるが，天然ガスの主成分でもあるメタンは約 8,600Kcal/Nm^3 の発熱量（LHV）を有しているので，バイオガスも燃料的な価値を持っている。

　バイオガス化システムは，かつてのオイルショック時にエネルギー回収技術として注目を集めたが，好気的なプロセスに較べて処理速度が遅いなどの理由によりその後徐々に導入数が減少する傾向が見られた。しかし，近年，環境問題への関心から再度見直され，下水や下水汚泥の減量・減容・安定化のための中間処理としてだけではなく，より積極的にバイオガスをエネルギー資源としてリサイクルしようとする動きが顕著になってきた。食品リサイクル法などの法令が整備され，バイオガス化システムがリサイクル施設として国庫補助の対象になり得ることも，バイオガス化システム導入を検討する積極的な動機付けの一つになっていると考えられる。しかし，従来のメタン発酵システムは有機物濃度が1％から5％程度の廃水や汚泥などに適用されてきた技術であり，中温発酵法（37℃前後）が中心であったため微生物反応速度が遅く，容積効率（有機物負荷）が高いものではなかった。そこで，このような欠点を改善する一つの手法として，微生物を高濃度に留める機構を組み込んだリアクタが開発された（図2）。その1つが廃水処理用リアクタとして現在広く普及している UASB（upflow anaerobic sludge blanket）法である。この方法は，嫌気性微生物の自己集魂作用を利用して，活性の高い菌体を沈降性に優れたグラニュールとしてリアクタ内に保持する方法で，1970年代末にオランダの Lettinga らにより開発された技術である[3]。UASB法は高負荷での処理が可能で，処理効率が高いことから，国内でも廃水負荷の絶対量が多いビール，甜菜糖，コーンスターチ，異性化糖などの製造施設の廃水処理分野での利用が進んでいる。しかし，UASB法は，生ごみなどのように大量に固形分を含むスラリへの適用は，固形物によるグラニュールの押し出し，閉塞などの問題があり困難であった。

一方，微生物の処理速度を向上するための技術開発も進み，中温メタン発酵に比べ処理速度が速い高温メタン発酵システムが実規模の施設にも適用されるようになってきた。高温メタン発酵システムとは，55℃前後の高温嫌気雰囲気下でメタン発酵をおこなうもので，従来の中温メタン発酵に比べて発酵速度や容積負荷率の大幅な向上を期待できるものである。しかし，中温メタン発酵システムに比べて，リアクタ内に微生物を高密度に維持する技術が確立されておらず，実用化のためには付着担体の開発や高温での自己集魂技術の開発が必要であった。そこで筆者らは，バイオリアクタ内に微生物を高密度に維持する技術として新な微生物付着担体を開発し，高温メタン発酵法による高効率処理を実現した。その結果，固形分を高濃度に含む廃水の直接処理が可能となった。また，中温メタン発酵システムに比べて，バイオリアクタにおける滞留時間の大幅な短縮，および有機物容積負荷の増大が可能となった。

1.3 バイオガス利用発電技術

バイオガスを燃料とした発電システムとしては，現状ではガスエンジン（GE），マイクロガスタービン（MGT），リン酸形燃料電池（PAFC），固体高分子形燃料電池（PEFC），溶融炭酸塩形燃料電池（MCFC）などが実施設あるいは実証試験施設で用いられている。

GEは古くからバイオガス発電に利用されてきたが，日本では，バイオガス化施設の減少とともに小型のGE発電機の開発，販売中断が余儀なくされていた。しかし，ここ数年間で再度バイオガス化技術が注目され，施設の建設が増加するにしたがって高効率GE発電機の開発がおこなわれるようになった。GEのメリットは，他の発電施設に比べ低コストであり，発電効率，信頼性が高いことが上げられる。MGTは2001年から実証試験が開始され，近年急速に普及し始めている。MGTのメリットとしては，GE同様に低コストなこと，起動，停止が比較的容易におこなえることがあげられる。燃料電池は発電効率の高さ，有害な物質を排出しないなどのメリットから注目を集めているが，現状ではコスト高から実証設備及び一部の限られた施設で使用されているに過ぎない。今後の量産化による低コスト化が大きな課題となっている。

1.4 実施例

一般的なバイオガス化発電システムの概略フローを図3に示す。システムは①前処理プロセス，②メタン発酵プロセス，③バイオガス利用プロセス，④発酵廃液二次処理プロセスから構成されている。

筆者らは，回収したバイオガスを燃料とする発電システムとして，PAFC，PEFC，MGTの実装，実証試験を実施してきた。1999年には，通産省（現．経済産業省）の即効型提案公募事業として，事業系生ごみの高温メタン発酵によって回収したバイオガスと商用PAFCの組み合

第6章 バイオマス消化ガス発電技術

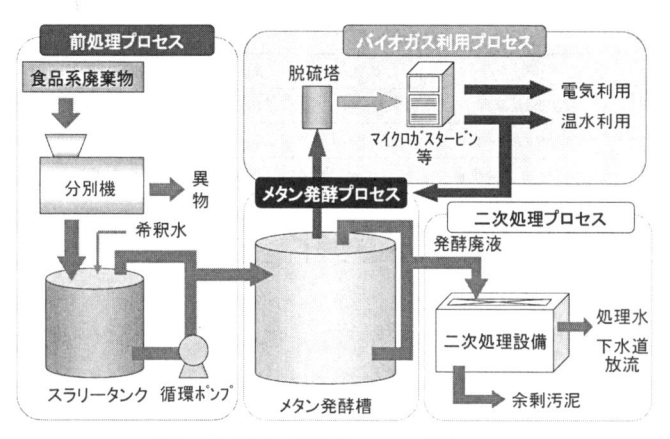

図3 バイオガス化発電システムの概略フロー

写真1 PAFC による発電実証試験プラント（神戸市ポートアイランド）

写真2 MGT による発電実証試験（「うつくしま未来博」会場：福島県須賀川市）

わせで発電が可能であることを初めて実証した[4]。本実証試験では，事業系生ごみ投入量1トン/日あたりに換算すると約1.8GJ（500kWh）の電力を回収することが可能であることが示されたが，これは一般的な家庭が消費する電力の約50～60日分に相当する。

その後，2003年度夏まで実施していた環境省・地球温暖化対策実施検証事業では，神戸市ポートアイランドに建設した事業系生ごみ計画日処理量6トンの固定床型高温メタン発酵プロセスおよび定格出力100kWのPAFCによる有機性廃棄物バイオガス化・連続発電の実証試験をおこなった（写真1）。環境省の燃料電池活用戦略検討会の報告によると，本実証試験施設は化石燃料由来の二酸化炭素削減に有効であるが，廃棄物の中間処理施設としては処理単価が割高である

表2　各施設の運転状況（2003年度平均）

	砂川	富山	白石
施設能力	22t/日	24t/日	3t/日
受入食品系廃棄物量	3,600t/年	4,000t/年	490t/年
バイオガス発生量	567,000m^3/年	450,000m^3/年	62,500m^3/年
平均メタン濃度	64%	61%	62%
平均日発電量	1,950kWh	1,650kWh	180kWh

と評価されている[5]。

MGTによる発電は，2001年7月から開催された「うつくしま未来博」会場内で実証試験をおこなった。生ごみは会場内のレストランから排出されたものを使用し，発電した電力は夜間照明に利用した（写真2）。本実証試験により，生ごみ由来のバイオガスを燃料とするMGT発電が可能であることが示された。その後，北海道，富山県，宮城県に，本格的な有機性廃棄物のエネルギー資源化施設が2003年春前後に相次いで竣工し，順調に稼動している（表2）。これらの施設では，いずれも発生したバイオガスを燃料とするMGT発電をおこなっている。これらの例に見られるとおり，有機物濃度が比較的高く，かつ，ある程度の生分解性が期待できる生ごみのバイオガス化発電技術はほぼ実用化の段階に達していると判断される。

1.5　バイオガス化発電施設のLCOO$_2$評価

これまでの実験データに基づき，バイオガス化施設のLCOO$_2$による評価を行った。評価対象として，生ごみを1日に50トン処理するシステムを想定した。LCOO$_2$評価に用いた主要パラメータを表3に示す。運用時における温室効果ガス排出量解析結果を図4に示す。

解析結果から，施設建設・解体時に発生する温暖化ガスは60ton-C/ton-生ごみと試算された。また，運用時における温暖化ガス発生量は-21.2kg-C/ton-生ごみ/年と試算された。すなわち，運用段階では，発生温暖化ガス量の削減が可能であることが分かる。本試算から，建設・解体時に発生する温暖化ガスを全て回収するためにかかる期間（回収期間）は7.7年となった。

今回の試算では，発電効率を30%として試算を行ったが，発電効率の設定値により回収期間は大きく変化する（図5）。しかし，発電効率が40%を超えてくると，発電効率の向上に伴う回収期間の短縮への影響は小さくなってくることが分かる。そのため，発電効率の向上だけでなく，バイオガス化プロセスの高効率化，小型化も重要になってくると考えられる。

第6章 バイオマス消化ガス発電技術

表3 LCA評価に用いた主要パラメータ

建設・解体時

項目	温暖化ガス排出量 CO_2	参考文献
土木工事	1.54kg-C/千円	6
土木・建設工事	1.2kg-C/千円	6
整備補修	0.84kg-C/千円	6
ブルドーザ (15t)	0.818kg-C/千円	6
ごみ収集車 (10t)	0.859kg-C/千円	6
残渣輸送車 (10t)	0.859kg-C/千円	6

運用時

項目	温暖化ガス排出量 CO_2	参考文献
収集に伴う CO_2 排出	5.3kg-CO_2/ton 生ごみ	7
購入電力 CO_2 原単位	0.378kg-CO_2/kWh	7
発電効率	30%	7
亜酸化窒素転換率	0.02kg-N_2O-N/kg-N	7
買電電力 CO_2 原単位	0.378kg-CO_2/kWh	7
亜酸化窒素排出	50gN_2O/ton ごみ	7
搬出に伴う CO_2 排出	0.6kg-CO_2/ton 生ごみ	7
埋立に伴う CO_2 排出	0.2kg-CO_2/ton 生ごみ	7

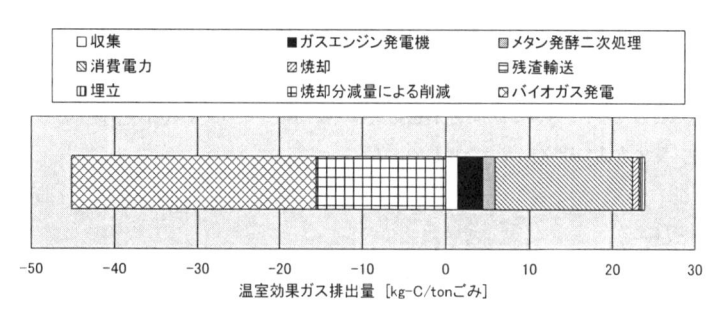

図4 運用時の温室効果ガス排出量解析結果

1.6 バイオガス化発電の問題点

バイオガスは燃料ガスとして有効利用することができる。しかし，その発熱量は天然ガスに比べると1/3程度低い値である。また，バイオガスは必ず硫化水素やアンモニアなどの不純成分を含んでおり，エネルギー資源として有効利活用を図るためにはこれらの効率的な除去が必要であ

図5 発電効率と回収期間の関係

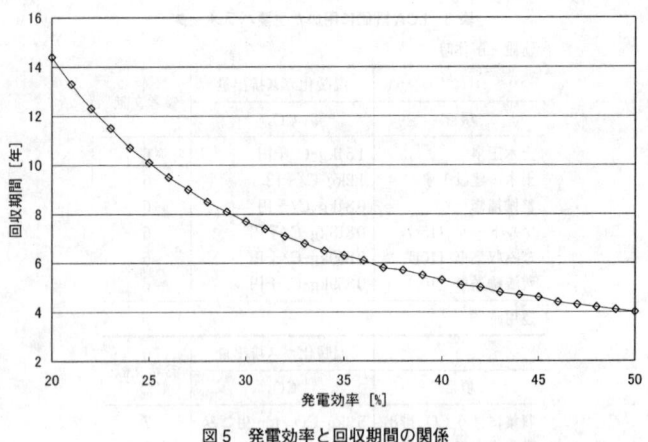

る。一方，微生物反応産物であるバイオガスの発生量を時間単位で制御することは難しく，バイオガスは一日を通じて持続的に発生するものと考えなければならない。したがって，無駄のない有効利活用を実現するためには，回収したエネルギーを消費する機器類の稼動状況と余剰バイオガス一時貯留設備の容量とのバランスをうまく調整する必要がある。しかし，同時に，その性状や発生量は常に変動する可能性があり，バイオガスの特性に適した制御系の開発が求められる。

また，メタン発酵廃液の二次処理コストや余剰汚泥処理コストがバイオガス化プラントのランニングコストに大きく影響しており，これらのコストの軽減も課題となっている。最終放流先を公共用水域とした場合，窒素，リン，着色物質などが問題となってくる場合もあり，これらの安価な処理，除去方法の確立が大きな課題である。

1.7 おわりに

バイオマスタウン構想については，2005年度から取り組みが開始されたばかりであり，2010年度までに500ヶ所程度を構築するという目標がある。これに対し，2006年2月末時点でバイオマス構想を公表した市町村は35自治体となっている[1]。この中で，廃棄物系バイオマスのバイオガス化発電構想が掲げられている市町村は7自治体に過ぎない。

廃棄物系バイオマスについては，家畜排泄物や製材工場残材などを中心に再利用率の向上が着実に進んでいるが，今後はバイオガス化発電などのエネルギー変換技術によってエネルギー資源としての利用量の拡大を図ることが効率的・効果的な利活用を進めるために重要であると考える。また，依然として再利用の割合の低い食品廃棄物については，コンポストや飼料などの再商

第6章 バイオマス消化ガス発電技術

品化製品の品質確保などリサイクルに取り組みやすい環境整備を図りつつ，普及啓発活動を通じて，原料化・分別を促進することによって，物質資源化ならびにエネルギー資源化を図ることが重要であると考える。

近年，有機物の分解過程で発生する電子を直接回収し，電力として取り出す微生物燃料電池に関する研究が進められている。現状では，酢酸，グルコースなどの単一物質からの電力回収技術の研究段階であり，廃水，廃棄物からの電力回収技術として完成するまでには時間がかかると考えられる。しかし，バイオガス化リアクタが直接発電施設となる微生物燃料電池技術の実用化は廃棄物系バイオマスからの発電施設の普及をさらに早めると考えられる。

文　献

1) 農林水産省政策評価報告書，"農林水産省におけるバイオマス利活用の推進状況の検証"，(2006)，http://www.maff.go.jp/soshiki/kambou/kikaku/hyoka/17/17biomass_sougou.pdf
2) MacCarty, P. L.："One hundred years of anaerobic treatment" Anaerobic Digestion, Elsevier Biomedical Press B. V. (1981)
3) Lettinga, G., A. M. F. van Veisen, S. W. Hobma, W. de Zeeuw and A. Klapwijk., *Biotech. Bioeng*, **22**, 699-734 (1980)
4) 東郷芳孝，多田羅昌浩，後藤雅史，"生ごみのバイオガス化と燃料電池発電の組合わせシステム"，鹿島技術研究所年報，**48**，pp.131-136 (2000)
5) 燃料電池活用戦略検討会，"バイオマス資源の有効利用に資する燃料電池活用戦略"，環境省 (2003)
6) 渡辺勇，小松俊哉，姫野修司，藤田昌一，"生ごみと下水汚泥の同時嫌気性消化システムのLCAによる評価"，環境工学研究論文集，**40**，pp.311-320 (2003)
7) 酒井伸一，平井康宏，吉川克彦，出口晋吾，"バイオ資源・廃棄物の賦存量分布と温室効果ガスの視点からみた厨芥利用システム解析"，廃棄物学会論文誌，**16**，No.2，pp.173-187 (2005)

2 マイクロガスタービンによる消化ガスコージェネレーションシステム

浜野信彦[*1], 渡邊昌次郎[*2]

2.1 はじめに

循環型社会の構築を目指す「バイオマス・ニッポン総合戦略」が閣議決定（2002年）し，京都議定書が発効（2005年2月）された今日，化石燃料の消費削減および新エネルギー導入の必要性が高まっている。再生可能な生物由来の有機性資源（バイオマス）に分類される下水汚泥は，バイオマスエネルギーとして高いポテンシャルを有しているとともに，カーボンニュートラルとして二酸化炭素排出抑制の有望な手段でその活用が期待されている。

下水処理場では，下水汚泥の嫌気性発酵処理の過程で発生する消化ガスの有効利用として，発電設備およびコージェネレーション設備の導入が進められている。さらに近年，エネルギー自給率を高めるため有機性廃棄物を処理場に集約する新たな消化システムの検討も進められている。これまで消化ガス発電の現状は大規模処理場が中心で，中小規模処理場の消化ガス有効利用はあまり進んでいなかった。今後は中小規模処理場への普及が進むと考えられる。この中小処理場で発生する消化ガス量はマイクロガスタービンの出力規模（300kW未満）に適合している。本節では消化ガスを燃料とするマイクロガスタービンとその利用方法について解説する。

2.2 消化ガスの現状

2.2.1 下水処理場の電力消費量

2002年度に下水処理場で使用した電力量は約67億kwh/年で，日本の総電力消費量の約0.7%を占めており，下水処理場は水処理過程等で大量の電力を消費している[1]。また年々下水処理場で消費される電力は増加傾向にあるとされる。そこで消化ガスを発電に利用すれば，下水処理場における電力消費量削減を通じて，日本の総電力消費量削減に貢献できる。

2.2.2 消化ガスの利用状況

図1に消化ガスの利用状況を示す。全国の総消化ガス発生量は年間約2.8億m^3で消化タンクの加温や焼却炉の燃料，発電などに利用されているが，約47%（1.3億m^3）が未利用のまま余剰ガスとして燃焼放出されている。これを消化ガスの発熱量（低位発熱量22,000kJ/Nm^3）からエネルギー換算すると約8億kwh/年となり，下水道施設で消費する電力量約67億kwh/年の約

[*1] Nobuhiko Hamano　㈱荏原製作所　風水力機械カンパニー　民需営業統括部　営業企画室　MGT営業グループ　副参事

[*2] Shojiro Watanabe　荏原環境エンジニアリング㈱　環境エンジニアリング事業統括部　主任

第 6 章 バイオマス消化ガス発電技術

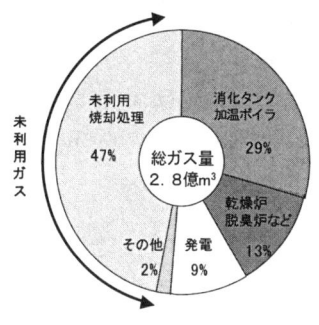

図 1 消化ガスの利用状況

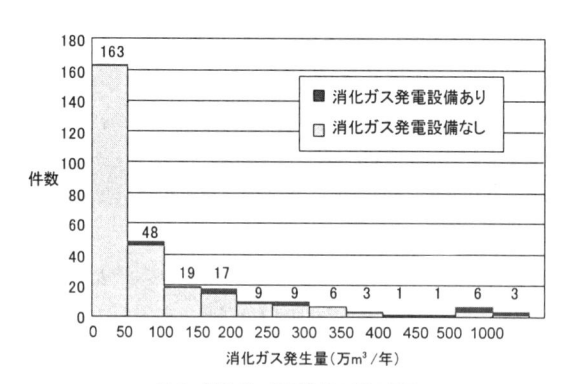

未利用ガス
未利用 焼却処理 47%
消化タンク加温ボイラ 29%
総ガス量 2.8億m³
乾燥炉 脱臭炉など 13%
発電 9%
その他 2%

図 2 消化ガス発電設備の普及状況

件数 — 消化ガス発生量(万m³/年)
0: 163、50: 48、100: 19、150: 17、200: 9、250: 9、300: 6、350: 3、400: 1、450: 1、500: 6、1000: 3
■ 消化ガス発電設備あり
□ 消化ガス発電設備なし

12%となる[1]。

2.2.3 消化ガス発電の現状

全国約 1,600 箇所の下水処理場のうち,汚泥消化設備は約 320 箇所(約 20%)で発電設備を有する処理場は 20 箇所程度である。図 2 は汚泥消化設備を有する下水処理場の件数と,消化ガス発電設備を有する下水処理場の件数を消化ガス発生量の規模で分類したものである。これから汚泥消化設備を有する下水処理場の件数は,消化ガス発生量 100 万 m³/年以下の規模に集中しているが,消化ガス発電設備はこの規模の処理場ではほとんど普及していないことが分る[1]。これに対してマイクロガスタービンは消化ガス発生量 20 万〜100 万 m³/年の規模の処理場に適している。

2.3 マイクロガスタービンの概要
2.3.1 マイクロガスタービンの定義
　電気事業法では，以下の全ての条件を満たすガスタービン設備についてはボイラー・タービン主任技術者の選任が不要となる．一般には発電出力 300kW 未満のガスタービンをマイクロガスタービンと呼ぶことが多い．
① 電気出力が 300kW 未満
② 最高使用圧力が 1,000kPa 未満
③ 最高使用温度が 1,400℃ 未満
④ 発電機と一体化して収納・設置されているもの（燃料設備，ばい煙設備は除く）
⑤ 損壊事故が発生した場合に破片が当該設備の外部に飛散しないもの
　尚，消化ガス対応のマイクロガスタービンは現在のところ定格出力 30kW～80kW のものが製品化されている．

2.3.2 マイクロガスタービンの特長
　マイクロガスタービンの特長は①小型軽量，②単純構造，③低公害性，④冷却水不要，⑤多種燃料への対応，などがある．特にガスタービンは連続燃焼であることから高発熱量ガスから消化ガスに代表される低発熱量ガスまで対応でき，さらに消化ガスのメタン濃度変動による熱量変化にも追随することが可能である．
　また消化ガスによるコージェネレーションは発電・温水又は蒸気供給・ガス焼却の 3 機能を同時に実現し，CO_2 削減効果により地球温暖化防止に貢献することや，処理場の既設ボイラー設備・余剰ガス燃焼設備の補完・代替設備にもなる．

2.3.3 マイクロガスタービンの機器構成，原理
　圧縮機，タービン，燃焼器，再生器，軸受，発電機，周波数変換装置（インバータ・コンバータ）および制御装置から構成されている．図3にマイクロガスタービンコージェネレーションパッケージの外観と機器構成を示す．
　マイクロガスタービンの原理を図4に示す．マイクロガスタービンのサイクルは，ブレイトンサイクルと呼ばれるガスタービンサイクルを基本原理としている．圧縮機により大気から取り込んだ空気を，0.3MPa（圧力比 4）程度に圧縮，燃焼用空気として燃焼器に供給する．燃料は燃焼器に噴射，燃焼され，900℃程度になった燃焼ガスはタービンを高速回転させ動力を得ることが出来る．マイクロガスタービンの主要部の発電機，圧縮機およびタービンは1つの軸に組み込まれている．タービンで得られた仕事から圧縮機動力を差し引いたものが発電機で発生する電力となる．高速回転によって発生した電力は，高周波交流となるため，コンバータ/インバータで商用電力周波数に変換する．タービンから排出される排ガスは 600℃程度で高い熱エネルギーを

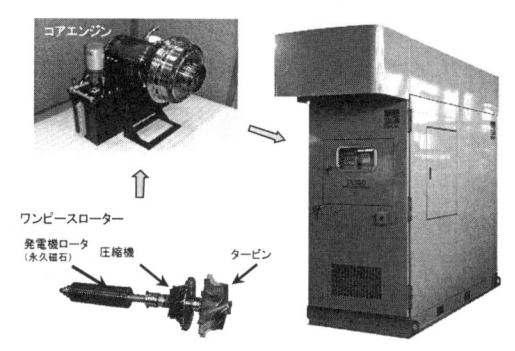

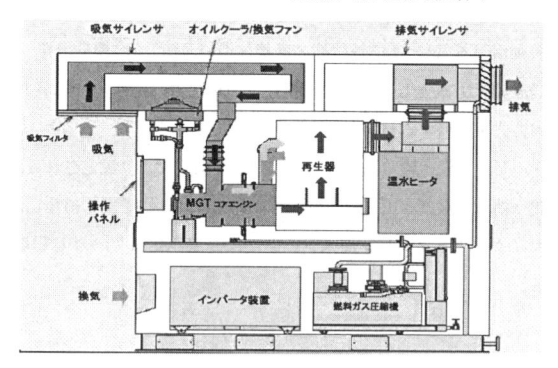

第6章 バイオマス消化ガス発電技術

図3 マイクロガスタービンコージェネレーションパッケージの外観と機器構成

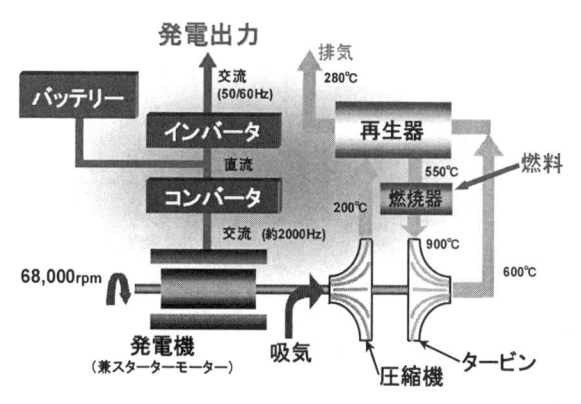

図4 マイクロガスタービンの原理

持っているため，再生器と呼ばれる熱交換器で前述の燃焼用空気と熱交換することにより燃焼用空気は550℃程度に加熱され，排ガスは280℃程度に減温される。このことにより，熱の有効利用，つまり発電効率の向上が図られている。

2.4 消化ガスコージェネレーションシステム
2.4.1 排熱回収用途と消化槽加温方式

マイクロガスタービン排ガスを熱回収して製造される温水，もしくは蒸気の利用用途として，①消化槽の加温，②事務棟の暖房，③冷温水機へ投入し冷温水の製造（事務所棟の冷暖房），などがある。

主な排熱利用形態である消化槽の加温について，消化槽の攪拌方式，加温方式の技術変遷は，①ガス攪拌・直接加温（蒸気），②機械攪拌・直接加温（蒸気），③機械攪拌・間接加温（温水）の順であり，高効率消化方式として③の機械攪拌・間接加温（温水）方式が10年程前から採用されており近年本方式を採用する傾向がある。

マイクロガスタービンの温水供給温度は消化槽の消化温度により設定される。消化温度の種別として，高温消化（消化槽温度55℃前後），中温消化（消化槽温度35℃前後）がある。尚，各消化温度に対するマイクロガスタービン温水供給温度は高温消化で70〜80℃程度，中温消化で50〜60℃程度となる。

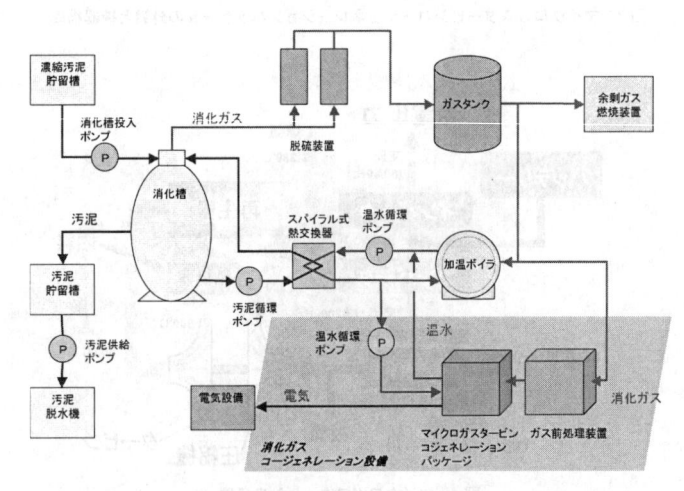

図5 マイクロガスタービン消化ガスコージェネレーションシステムの例

第6章 バイオマス消化ガス発電技術

2.4.2 システムフロー

マイクロガスタービンによる消化ガスコージェネレーションシステムの一例を図5に示す。図は消化プロセスにマイクロガスタービン温水を利用して，消化槽を加温する熱交換器（間接加温）を設置したフローである。

余剰ガス燃焼装置で燃焼処分していた消化ガスを脱硫塔，除湿機，シロキサン除去装置を経由し前処理を行なった後，ガス圧縮機にて所要圧力に昇圧後，マイクロガスタービンに供給する。マイクロガスタービンは消化ガスを燃焼してタービン，発電機にて動力回収し発電する。発電した電力は商用系統と系統連系し，場内消費電力の一部を賄い，電力料金の節減と処理場の環境負荷を軽減させる。

マイクロガスタービン排ガス出口温度は約300℃程度とまだ高いため，排ガスエネルギーをパッケージ内の排熱回収装置にて温水としてエネルギー回収を行う。温水は既設熱交換器に供給して消化槽汚泥を加温する。これにより発電と排熱利用により高い総合効率を得ることが出来る。尚，外気温度が高く消化槽加温の温水熱が不要な時期（夏季）は排熱回収装置をバイパス運転し，排熱回収を行わないことも可能である。

2.4.3 消化ガスの成分

ガスホルダより供給される消化ガスの一般的成分として，メタン60％，炭酸ガス40％の他，微量の水分，微量の有害性成分（硫化水素，シロキサン）が含まれている。シロキサンはシャンプーやリンス等に含まれる珪素化合物であり，燃焼により白いパウダー状の二酸化ケイ素（SiO_2）を生成する。二酸化ケイ素は燃焼器ライナー内面に付着，高温部品の磨耗や熱交換器の

表1　消化ガス成分の例（前処理前後）

			原ガス	前処理後ガス
主成分	CH_4	Vol%	59.4	60.6
	CO_2	Vol%	38.5	37.7
	CO	Vol%	<0.5	<0.5
	O_2	Vol%	<0.5	<0.5
	N_2	Vol%	0.8	1.1
	H_2O	Vol%	0.8	0.3
有害ガス成分	H_2S	ppm	149	<0.1
	NH_3	ppm	0.14	<0.05
	SiO_2	$\mu g/m^3$	<20	<20
	Siloxane	ppm	2.8	<0.01
低位発熱量		MJ/Nm^3	21.5	

効率低下の原因となりやすい。硫化水素は温水ヒータ部の低温腐食や水分結合により硫酸となり機器の腐食を引き起こす。また水分は圧縮機の作動不良やシロキサン除去吸着剤の性能低下を引き起こす原因となる。表1に消化ガスの前処理前後の成分一例を示す[2]。

2.4.4 消化ガスの前処理装置

消化ガスの前処理装置には以下が必要となる。

(1) 脱硫装置

消化ガス中には数百～数千 ppm の硫化水素が含まれており,処理場には消化ガス消費機器を保護するため消化ガス供給ラインに通常脱硫設備が設けられている。方式には水洗浄などの湿式脱硫装置と,酸化鉄などの脱硫剤を用いた乾式脱硫がある。

(2) 除湿装置

消化ガス中の水分を除去するものでガス圧縮機の吸込側もしくは吐出側に設置される。方式には消化ガスを冷却しガス中の水分を凝縮・除去するアフタークーラー(水冷式,空冷式)や,塩の潮解作用を利用する吸湿剤などがある。

(3) シロキサン除去装置

消化ガス中には数～数十 ppm のシロキサンが含まれており,除去方式としては活性炭による吸着除去や熱スイング法による吸着剤再生方式がある。

2.5 マイクロガスタービン消化ガスコージェネレーションシステムの実例[3]

本例は余剰ガスの割合が高い九州地区某下水処理場(流入下水量約 2,100m³/日)において,荏原製 80kW マイクロガスタービン消化ガスコージェネレーションシステムを導入した実例を示す。

2.5.1 システム構成・仕様

表2に荏原製マイクロガスタービン消化ガスコージェネレーションシステムの設備概略仕様を示す。MGT は24時間運転,遠隔監視による無人運転を行っている(システム構成は図5と同じ)。

2.5.2 性能

図6に定格 80kW 一定出力時の発電効率,総合効率の時系列を示す。発電効率:約25%,総合効率:約70%である。排熱回収装置の熱回収効率の変化が大きいのは,処理場の汚泥循環ポンプの間欠運転により温水供給温度が変動しているためである。参考までに図7にマイクロガスタービン消化ガスコージェネレーションシステム導入前後の消化槽汚泥温度変化の一例を示す。温水ボイラ運用からマイクロガスタービン単独運転に切り替えた後における消化槽汚泥温度の変化はほとんどみられず,マイクロガスタービン排熱の利用が有効に行われていることを示してい

第6章 バイオマス消化ガス発電技術

表2 マイクロガスタービン消化ガスコージェネレーションシステム設備概略仕様の例

機器	項目	概略仕様	備考
マイクロガスタービン消化ガスコージェネレーションシステム			
MGT消化ガスコージェネレーションパッケージ	発電出力	80kW	
	発電効率	25%	
	温水熱出力	150kW	
	消化ガス消費量	55Nm^3/h	メタン濃度60%
	総合効率	70%	
シロキサン除去装置	除去性能	95%以上	
脱硫塔	脱硫性能	95%以上	
補機消費電力		15kW	ガス圧縮機,シロキサン除去装置など
既存設備			
・汚泥熱交換器	交換熱量	290kW	
・温水ボイラ	温水熱出力	1163kW	空気・ガスブロワ消費動力1kW
・余剰ガス燃焼装置	処理ガス流量	200Nm^3/h	消費動力5kW

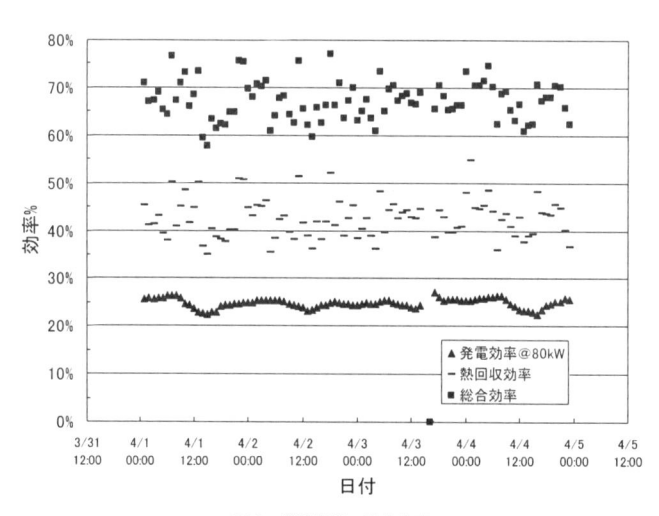

図6 発電効率,総合効率

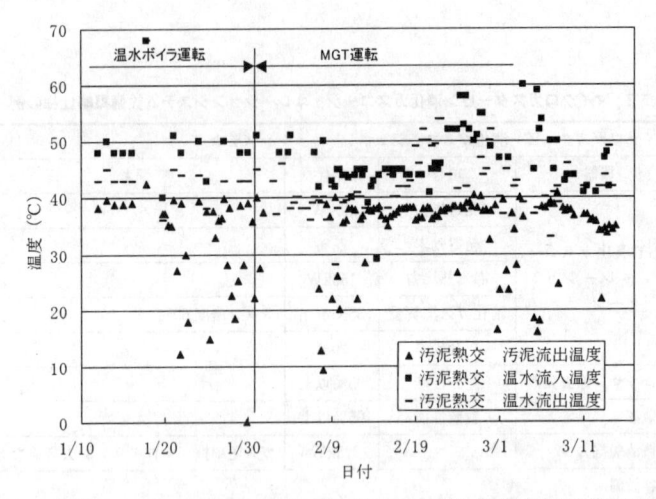

図7 消化ガスコージェネレーションシステム導入前後の消化槽汚泥温度変化状況の例

表3 排ガス成分表

測定項目	単位	16%O_2換算値
一酸化炭素	ppm	87
窒素酸化物	ppm	<16
硫黄酸化物	ppm	<2

る。

表3に排ガス成分表を示す。窒素酸化物濃度は16ppm未満（酸素濃度16%換算）となっており，大気汚染防止法（NO_x 70ppm 酸素濃度16%）を十分クリアしている。

2.5.3 維持管理

これまでの累積運転時間は10,000hr以上になる。維持管理は，簡易点検（吸気フィルタ，潤滑油フィルタ，補機類点検），高温部品点検（燃焼器・タービン・再生器）を定期的に行っている。マイクロガスタービン本体およびシロキサン除去装置・ガス圧縮機などの補機に硫化水素，シロキサンによる影響はまったく見られていない。これにより適切な前処理を行うことで消化ガスに十分適用出来ることが検証されている。

2.5.4 導入効果

・図8に熱収支の例を示す。本図は従来焼却処分されていた余剰の消化ガスをマイクロガスター

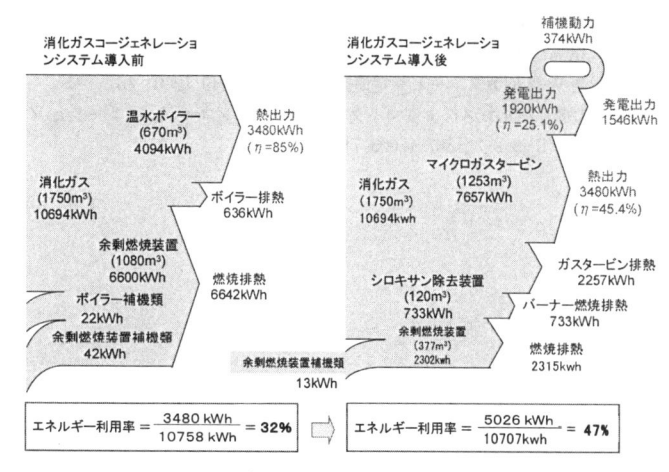

図8　間接加温（温水）における熱収支の例

ビンコージェネレーションシステムに導入することにより，未利用エネルギーを有効利用した発電および消化槽加温が可能であることを示している。

・80kW機を年間8,000hr運転した場合，場内使用電力削減量およびCO_2削減量は約520,000kwh，約200CO_2-tonとなる（電気の使用に伴うCO_2排出係数0.378kg-CO_2/kwh，環境省）。
・消化ガス発電以外に余剰ガス燃焼装置および温水ボイラの機能も具備しており建設コスト削減に貢献できる。

2.6 おわりに

京都議定書の約束期間2008年～2012年が迫るにつれ，国産エネルギーである消化ガスの有効利用が加速していくのは間違いないと思われる。今後マイクロガスタービンはこれまで述べた特長を生かして中小処理場に導入され，消化ガス有効利用および地球温暖化防止のキーテクノロジーとなることを期待している。

文　　献

1) ㈶下水道新技術推進機構　「マイクロガスタービンを用いた消化ガスコージェネレーション

システム技術資料」p.7, 26（2005.3）
2) 浜野, 大橋, 児玉「マイクロガスタービンによる消化ガスコージェネレーション」, 日本ガスタービン学会第32回ガスタービン定期講演会 B-16 p.249（2004.10）
3) 片岡, 浜野, 大橋「消化ガスによるマイクロガスタービンコージェネレーション実証試験」, 下水道研究発表会Ⅱ-3-2-2 p.507（2005.7）

3 バイオマス発電への燃料電池の適用

吉岡 浩*

3.1 はじめに

地球温暖化対策としての京都議定書が2005年2月に発効したことを受け、わが国でも温暖化ガスであるCO_2の削減への本格的な取り組みが求められている。京都議定書はその発効までに、1997年12月のCOP3（気候変動枠組み条約第3回締約国会議）から7年余りがたち、米国の不参加などの問題点はあるものの、地球規模での環境問題である温暖化対策の必要性と世界的な協調の第一歩として意味のあるものである。バイオマス発電は、生物由来の炭素源であるためカーボンニュートラルと位置づけられており、2002年12月に閣議決定されたバイオマス・ニッポン総合戦略の中でもその重要性が認識され、将来的な拡大が見込まれている。またRPS法（電気事業者による新エネルギー等の利用に関する特別措置法）の中でも、バイオマス発電は新エネルギー発電の一つとして位置づけられた。

バイオマスはその含水率の高低で、水分を多く含むウェットバイオマス（汚泥や食品残渣、畜産糞尿など）と、比較的水分の少ないドライバイオマス（木質系など）に分類される。バイオマスをガス化して出てくるガスをバイオガスと呼ぶが、ウェットバイオマスの場合はその含水率の高さから、嫌気性処理を行ってメタン主成分のガスにして発電に利用する場合が多い。一方、ドライバイオマスでは、そのまま燃焼させてボイラーで水蒸気を発生させてスチームタービンで発電する場合と、熱分解などのガス化を行い、ガスエンジン発電機などで発電する場合がある。

本節では燃料電池の中でもバイオマス発電などで最も実績のあるリン酸型燃料電池の概要を述べた後に、ウェットバイオマスからのバイオガス（メタン約60％、CO_2約40％）をリン酸型燃料電池に適用した事例を2例紹介し、今後バイオマス発電を計画される際の参考に供したい。

3.2 リン酸型燃料電池発電システム

燃料電池は水素と酸素を電気化学的に反応させて、直接電気エネルギーに変換する発電方式で、小容量でも高い発電効率と優れた環境性で注目されている。燃料電池は電解質の種類により図1に示すように主に4つの種類に分類されるが、バイオマス発電として実用化されているのはリン酸型燃料電池が多い。富士電機システムズ㈱では100kWのリン酸型燃料電池を商用化し、バイオガス発電でも運転実績がある。

100kWリン酸型燃料電池発電装置の総合効率を図2に、内部機器構成を図3に、標準仕様を

---

* Hiroshi Yoshioka　富士電機アドバンストテクノロジー㈱　環境技術研究所　グループマネージャー

図1 燃料電池の種類と用途

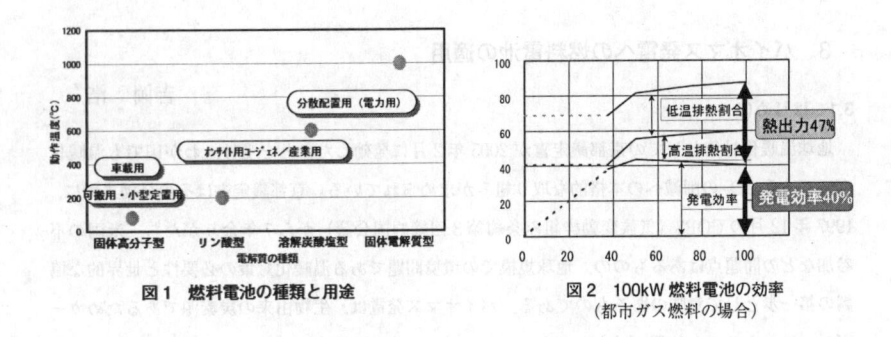

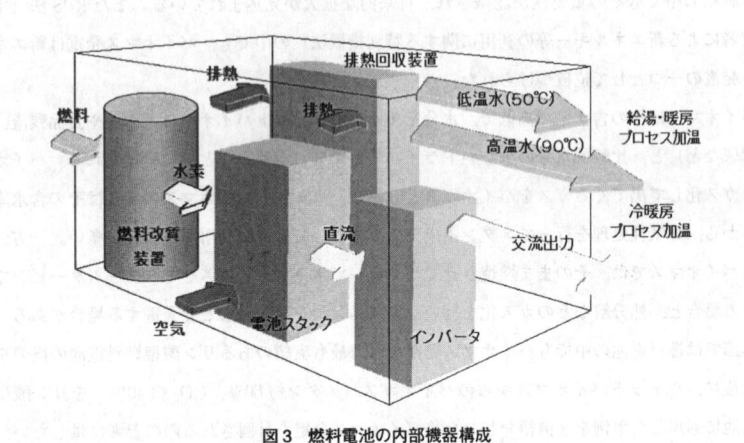

図2 100kW燃料電池の効率
(都市ガス燃料の場合)

図3 燃料電池の内部機器構成

表1に,外観写真を図4に示す。発電効率が40%と高く,部分負荷効率も高いこと,排熱と電力の熱電比が1であることなどが,ガスエンジンやガスタービンなどの他のコージェネレーション機器よりも優れている点である。

3.3 生ごみバイオガス化燃料電池発電設備

現在,国内の食品廃棄物は一般廃棄物と産業廃棄物を合わせ年間約2,200万トンが排出されており,その約9割が焼却,埋め立て処分されている。これらのリサイクル推進のため「食品循環資源の再生利用等の促進に関する法律」(通称,食品リサイクル法) が2001年に施行され,5年間の猶予期間ののち2006年から完全施行されることになる。

こうした背景から,環境省では,温室効果ガス削減と廃棄物の適正処理をめざした「地球温暖

第6章 バイオマス消化ガス発電技術

表1 富士電機100kW燃料電池の標準仕様

項　目	仕　様
定格出力	100kW（交流送電端）
出力電圧・周波数	200V（50Hz），220V（60Hz）
発電効率	40%（LHV，交流送電端）
熱利用効率/熱供給形態	47%（LHV）/90℃温水，50℃温水*
燃料仕様/消費量	都市ガス13A*/22m³/h（Normal）
排気特性	NO_x：5 ppm以下，SO_x：検出限界以下
騒音特性	65dB（A）（機側1m平均値）
排　水	排水量：ほぼゼロ
ユーティリティー	
補給水	水道水または純水，補給量：ほぼゼロ
窒素	1回の起動・停止で7Nm³ボンベ3本相当を使用
代表寸法・重量	2.2m（W）×3.8m（L）×3.0m（H）　10トン
設置場所	屋外・屋内
運転・出力方式	全自動運転，系統連系

*オプション仕様を設定
LHV：低位発熱量基準

図4　外観写真　　　　　図5　施設外観写真

化対策実施検証事業」として「生ごみバイオガス化燃料電池発電設備」を建設した。富士電機は本実施検証事業において施設建設を受注，施工し，2001年7月に完成させ，その後約2年間にわたり運営管理を行った。施設外観写真を図5に示す。また本設備の概要図を図6に示す。

① 施設名称：神戸生ごみバイオガス化燃料電池発電施設
② 実施場所：神戸市中央区港島9（ポートアイランド2期工事地区）
③ 施設完成：2001年7月
④ 実証期間：2001年9月〜2003年8月

バイオマス発電の最新技術

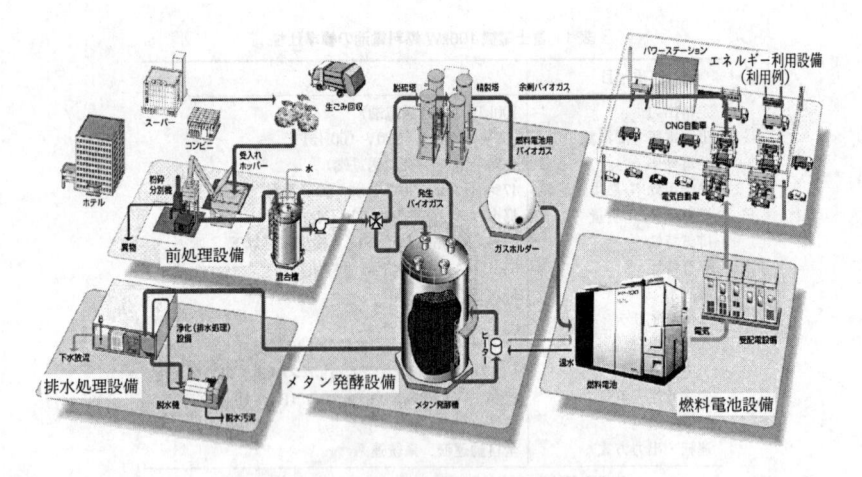

図6 生ごみバイオガス化燃料電池発電設備の概要図

⑤ 対象生ごみ：事業系生ごみ6トン/日（定格）
⑥ バイオガス発生量：約1,200Nm^3/日（定格）
⑦ 発電量：約2,400kWh/日（定格）
⑧ 敷地面積：約2,000m^2

　対象生ごみである事業系生ごみは排出元で分別をお願いしたもので、専用の収集袋に入れられパッカー車により収集・運搬され、トラックスケールで計量後、袋に入れられたまま受け入れホッパーに投入される。破袋機で袋を破り、粉砕分別機で発酵不適物を取り除き、混合槽で有機物と同量の希釈水を加えたのち、粉砕ポンプで微粉砕されメタン発酵槽へ送られる。
　メタン発酵槽では高温（55℃）発酵が採用され、平均滞留時間10日でバイオガスが発生する。発生したバイオガスには硫化水素やアンモニアなどが含まれるため、後段の燃料電池発電設備に送る前に脱硫塔と精製塔を通して、不純物成分を除去する。また、脱硫、精製されたバイオガスはガスホルダーに貯留され、ガス流量の変動調整を行っている。
　メタン発酵廃液は、排水処理設備で下水放流基準以下まで浄化して下水道に放流する。
　バイオガスは約60％のメタンと約40％の二酸化炭素の混合ガスで、脱硫、精製されたのちリン酸型燃料電池発電設備に供給される。本100kWリン酸型燃料電池発電設備は、都市ガスに比較して低カロリーなバイオガスが利用できるよう改質系を設計したものである。パッケージ内部に脱硫器、改質器、CO変成器の反応器が入っており、水素濃度約64％の改質ガスとして燃料電池に供給され、発電に利用される。

246

第6章　バイオマス消化ガス発電技術

　燃料電池の発電量は定格100kW（2,400kWh/日）で，そのうち約半分を施設内で消費するが，残りの半分は余剰電力として施設外での利用が可能である。また燃料電池で発生する熱は温水となり，メタン発酵槽の加温に利用される。

　実証期間中の最初の半年はメタン発酵の立ち上げに時間を要した。発電を開始した2002年4月以降は燃料電池に由来する故障，運転停止はなく，リン酸型燃料電池の総発電時間は1万793時間であり，工事などによる計画的な運転停止期間を除いた燃料電池の稼働時間率は約98％と安定的な運転が行われた。平均出力は44kWと低かったが，これは原料となる生ごみが定格の1日6トンに達せず，発生するバイオガス量に従って発電出力を変動させていたためである。バイオガス中のメタン濃度は55％から60％と変動し，ガス量も収集ごみ量につれて変動したが，リン酸型燃料電池の出力制御をすることで追従して運転することができた。実証期間中の燃料電池による総発電電力量は約56万kWhであった。

　生ごみが1日6トンの定格処理量に達しなかったため発生するバイオガス量が少なくなり，燃料電池の平均負荷が低かったが，通常のごみ処理施設として3割から4割の余裕をみるのは普通である。このため発生バイオガスの大部分を燃料電池が消費し，残りの変動部分を起動停止の容易なガスエンジンやボイラーなどで負担できるよう冗長性を有するように計画するのがよいと考える。発生バイオガス量は主にごみ処理量に，ガス成分は主にごみの種類によるが，成分の変動はメタン発酵槽の滞留日数が長いこともあり，十分に追従できる変動であった。

3.4　下水消化ガス燃料電池発電設備

　国内の下水処理場には，下水汚泥の嫌気性処理施設が約300ヵ所ある。下水汚泥の嫌気性処理により発生するガスを消化ガスと呼んでいるが，これはメタン約60％，CO_2約40％のバイオガスであり，年間の総発生量は約2億6,000万m^3に上る。消化ガス発電を行っているのは2002年度には全国で18施設にとどまっていたが，昨今のバイオマス発電の見直しから再度注目され，2005年度には26施設に増加し，ガスエンジンよりも発電効率が高く，環境性能の優れている燃料電池の導入を検討する場合が増えている。

　富士電機では2002年3月に，山形市浄化センター向けに消化ガス燃料電池発電設備（100kW×2台）を納入した。山形市浄化センターは処理人口約6万9,000人，流入下水量（日最大）5万2,000m^3の下水処理場であり，1989年に消化ガスエンジン発電機を導入したが，処理能力増加に伴う余剰消化ガスの処理のために消化ガス発電機の増設を計画し，その際に環境面に優れたリン酸型燃料電池発電を選択したものである。本設備のフローを図7に示す。山形市内から流入してくる下水は，沈砂池，沈殿池，エアレーションタンクによって浄化され，河川に放流されているが，その際に発生する汚泥は濃縮設備および消化槽により減容化されている。消化槽から発

247

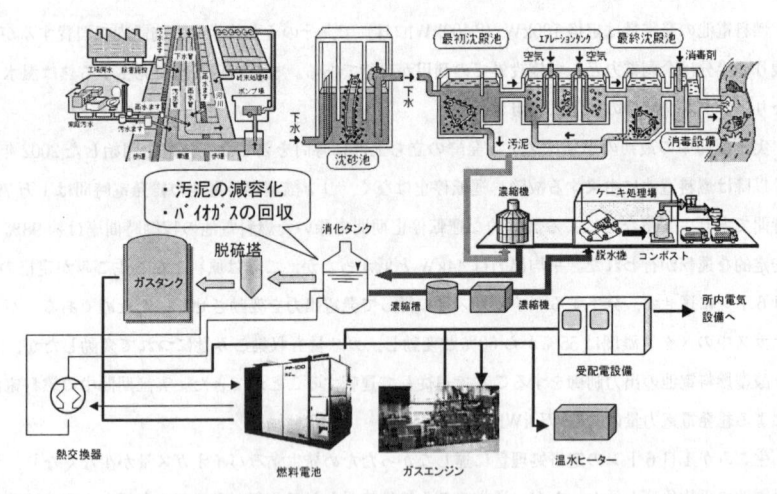

図7 山形市浄化センターの下水処理プラントフロー

生する消化ガスの性状はメタン約60％，CO_2約40％で，硫化水素などの不純物を含んでおり，既存の脱硫塔の後段に前処理装置を設置して，燃料電池にて利用可能なまで処理を行っている。燃料電池で発電される電力は系統連系され，所内電力として利用される。また発生する熱は高温排熱（90℃），低温排熱（50℃）ともに消化槽の加温に利用されている。本システムのエネルギーフローを図8に示す。発電効率は約39％，排熱の利用効率は約46％で，総合効率としては約85％と高効率なコージェネレーション設備となっている。

2005年3月末までの運転時間と発電電力量は，1号機が2万5,220時間/236万kWh，2号機が2万5,779時間/244万kWhとなっており，時間稼働率，負荷率ともに非常に高い運転を行っている。これは下水消化ガスが200kWの燃料電池発電に必要な量よりも十分に大量にあり，ガス量の変動は併設しているガスエンジンの起動停止で吸収しているからである。燃料電池は発電効率が高いので，定格負荷で連続して運転するのが最も経済的である。

3.5 おわりに

バイオマス発電にリン酸型燃料電池を適用した2例を紹介した。ウェットバイオマスなどからのバイオガスはその主成分がメタンであり，リン酸型燃料電池の燃料としてそのまま利用できるが，ドライバイオマスを熱分解したバイオガスは主成分がCOでありリン酸型燃料電池への適用は困難である。

第6章 バイオマス消化ガス発電技術

消化ガス発熱量LHV (MJ/m³)
=802.91 (kJ/mol)×0.5807×1000 (l/m³)/22.414 (l/mol)/1000
=20.80 (MJ/m³)
消化ガス入力熱量 (kW)
=44.83 (m³/h Normal)×20.80 (MJ/m³)/3.6 (MJ/kW)
=259.0 (kW)

図8 エネルギーフロー

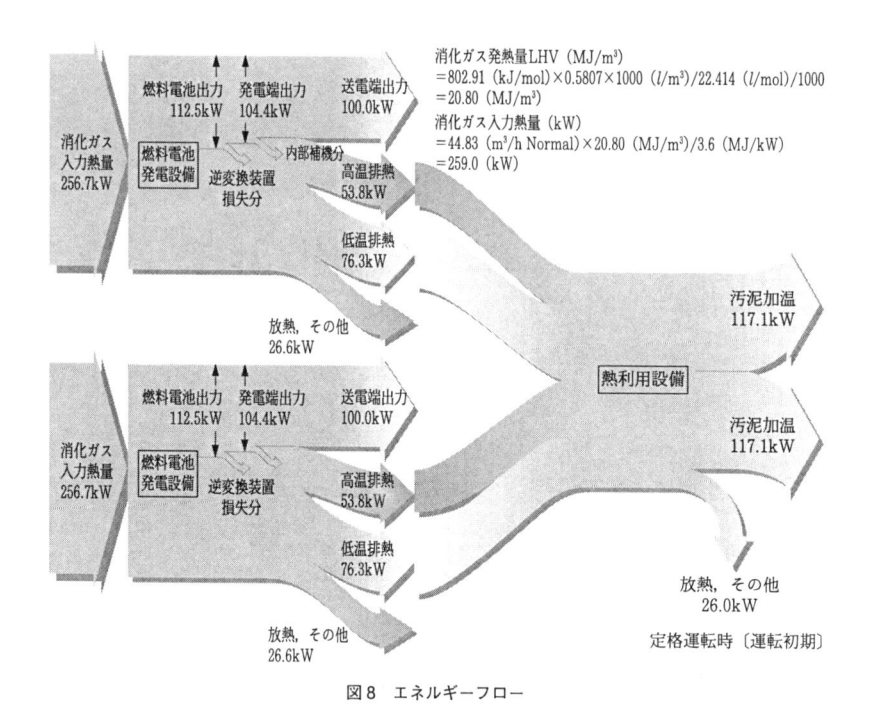

　リン酸型燃料電池は前述の2例で示すように，技術的には十分バイオマス発電の一翼を担っていける段階にある。今年度からはランニングコストの低減をめざして，オーバーホールを4万時間から6万時間に延ばした新機種も発表される予定である。バイオマス発電は小規模なものが多く，今後燃料電池の適用が増えることを期待したい。

謝　辞

　これまでの公的機関およびユーザー各位のご指導，ご協力に感謝するとともに，今後ともなおいっそうのご理解とご支援をお願いするものである。

249

《CMCテクニカルライブラリー》発行にあたって

弊社は、1961年創立以来、多くの技術レポートを発行してまいりました。これらの多くは、その時代の最先端情報を企業や研究機関などの法人に提供することを目的としたもので、価格も一般の理工書に比べて遙かに高価なものでした。

一方、ある時代に最先端であった技術も、実用化され、応用展開されるにあたって普及期、成熟期を迎えていきます。ところが、最先端の時代に一流の研究者によって書かれたレポートの内容は、時代を経ても当該技術を学ぶ技術書、理工書としていささかも遜色のないことを、多くの方々が指摘されています。

弊社では過去に発行した技術レポートを個人向けの廉価な普及版《CMCテクニカルライブラリー》として発行することとしました。このシリーズが、21世紀の科学技術の発展にいささかでも貢献できれば幸いです。

2000年12月

株式会社　シーエムシー出版

バイオマスを利用した発電技術　(B0979)

2006年 7月31日　初　版　第1刷発行
2011年10月 5日　普及版　第1刷発行

監　修　吉川　邦夫　　　　　　　Printed in Japan
　　　　森塚　秀人
発行者　辻　　賢司
発行所　株式会社　シーエムシー出版
　　　　東京都千代田区内神田1-13-1
　　　　電話 03(3293)2061
　　　　http://www.cmcbooks.co.jp/

〔印刷　倉敷印刷株式会社〕　　© K. Yoshikawa, H. Moritsuka, 2011

定価はカバーに表示してあります。
落丁・乱丁本はお取替えいたします。

ISBN978-4-7813-0437-3 C3058 ¥3800E

本書の内容の一部あるいは全部を無断で複写（コピー）することは，法律で認められた場合を除き，著作者および出版社の権利の侵害になります。

CMCテクニカルライブラリー のご案内

金属ナノ粒子インクの配線技術
―インクジェット技術を中心に―
監修／菅沼克昭
ISBN978-4-7813-0344-4　B970
A5判・289頁　本体4,400円＋税（〒380円）
初版2006年3月　普及版2011年6月

構成および内容：【金属ナノ粒子の合成と配線用ペースト化】金属ナノ粒子合成の歴史と概要 他【ナノ粒子微細配線技術】インクジェット印刷技術 他【ナノ粒子と配線特性評価方法】ペーストキュアの熱分析法 他【応用技術】フッ素系パターン化単分子膜を基板に用いた超微細薄膜作製技術／インクジェット印刷有機デバイス 他
執筆者：米澤 徹／小田正明／松葉頼重 他44名

医療分野における材料と機能膜
監修／樋口亜紺
ISBN978-4-7813-0335-2　B965
A5判・328頁　本体5,000円＋税（〒380円）
初版2005年5月　普及版2011年6月

構成および内容：【バイオマテリアルの基礎】血液適合性評価法 他【人工臓器】人工腎臓／人工心臓膜 他【バイオセパレーション】白血球除去フィルター／ウイルス除去膜 他【医療用センサーと診断技術】医療・診断用バイオセンサー 他【治療用バイオマテリアル】高分子ミセルを用いた標的治療／ナノ粒子とバイオメディカル 他
執筆者：川上浩良／大矢裕一／石原一彦 他45名

透明酸化物機能材料の開発と応用
監修／細野秀雄／平野正浩
ISBN978-4-7813-0334-5　B964
A5判・340頁　本体5,000円＋税（〒380円）
初版2006年11月　普及版2011年6月

構成および内容：【透明酸化物半導体】層状化合物 他【アモルファス酸化物半導体】アモルファス半導体とフレキシブルデバイス 他【ナノポーラス複合酸化物$12CaO \cdot 7Al_2O_3$】エレクトライド 他【シリカガラス】深紫外透明光ファイバー 他【フェムト秒レーザーによる透明材料のナノ加工】フェムト秒レーザーを用いた材料加工の特徴 他
執筆者：神谷利夫／柳 博／太田裕道 他24名

プラズモンナノ材料の開発と応用
監修／山田 淳
ISBN978-4-7813-0332-1　B963
A5判・340頁　本体5,000円＋税（〒380円）
初版2006年6月　普及版2011年5月

構成および内容：伝播型表面プラズモンと局在型表面プラズモン【合成と色材としての応用】金ナノ粒子のボトムアップ作製法【金属ナノ構造】金ナノ構造電極の設計と光電変換 他【ナノ粒子の光・電子特性】近接場イメージング 他【センシング応用】単一分子感度ラマン分光技術の生体分子分析への応用／金ナノロッド 他
執筆者：林 真至／桑原 穣／寺崎 正 他34名

機能膜技術の応用展開
監修／吉川正和
ISBN978-4-7813-0331-4　B962
A5判・241頁　本体3,600円＋税（〒380円）
初版2005年3月　普及版2011年5月

構成および内容：【概論編】機能性高分子膜／機能性無機膜【機能編】圧力を分離駆動力とする液相系分離膜／気体分離膜／有機液体分離膜／イオン交換膜／液体膜／触媒機能膜／膜性能推算法【応用編】水処理用膜（浄水、下水処理）／固体高分子型燃料電池用電解質膜／医療用膜／食品用膜／味・匂いセンサー膜／環境保全膜
執筆者：清水剛夫／喜多英敏／中尾真一 他14名

環境調和型複合材料
―開発から応用まで―
監修／藤井 透／西野 孝／合田公一／岡本 忠
ISBN978-4-7813-0330-7　B961
A5判・276頁　本体4,000円＋税（〒380円）
初版2005年11月　普及版2011年5月

構成および内容：植物繊維充てん複合材料（セルロースの構造と物性 他）／木質系複合材料（木質／プラスチック複合体 他）／動物由来高分子複合材料（ケラチン他）／天然由来高分子／同種異形複合材料／環境調和複合材料の特性／再生可能資源を用いた複合材料のLCAと社会受容性評価／天然繊維の供給、規格、国際市場／工業展開
執筆者：大窪和也／黒田真一／矢野浩之 他28名

積層セラミックデバイスの材料開発と応用
監修／山本 孝
ISBN978-4-7813-0313-0　B959
A5判・279頁　本体4,200円＋税（〒380円）
初版2006年8月　普及版2011年4月

構成および内容：【材料】コンデンサ材料（高純度超微粒子TiO_2 他）／磁性材料（低温焼結用）／圧電材料（低温焼結用）／電極材料【作製機器】スロットダイ法／粉砕・分級技術【デバイス】積層セラミックコンデンサ／チップインダクタ／積層バリスタ／$BaTiO_3$系半導体の積層化／積層サーミスタ／積層圧電／部品内蔵配線板技術
執筆者：日高一久／式田尚志／大釜信治 他25名

エレクトロニクス高品質スクリーン印刷の基礎と応用
監修 染谷隆夫／編集 佐野 康
ISBN978-4-7813-0312-3　B958
A5判・271頁　本体4,000円＋税（〒380円）
初版2005年12月　普及版2011年4月

構成および内容：概要／スクリーンメッシュメーカー／製版（スクリーンマスク）／装置メーカー／スキージ及びスキージ研磨装置／インキ，ペースト（厚膜ペースト／低温焼結型ペースト 他）／周辺機器（スクリーン洗浄／乾燥機 他）／応用（チップコンデンサMLCC／LTCC／有機トランジスタ 他）／はじめての高品質スクリーン印刷
執筆者：浅田茂雄／佐野裕樹／住田勲勇 他30名

※書籍をご購入の際は、最寄りの書店にご注文いただくか、
㈱シーエムシー出版のホームページ（http://www.cmcbooks.co.jp/）にてお申し込み下さい。

CMCテクニカルライブラリーのご案内

環状・筒状超分子の応用展開
編集／髙田十志和
ISBN978-4-7813-0311-6　　　　B957
A5判・246頁　本体3,600円＋税（〒380円）
初版2006年1月　普及版2011年4月

構成および内容：【基礎編】ロタキサン，カテナン／ポリロタキサン，ポリロタキナン／有機ナノチューブ【応用編】（ポリ）ロタキサン，（ポリ）カテナン（分子素子・分子モーター／可逆的架橋ポリロタキサン　他）／ナノチューブ（シクロデキストリンナノチューブ　他）／カーボンナノチューブ（可溶性カーボンナノチューブ　他）　他

執筆者：須崎裕司／小坂田耕太郎／木原伸浩　他19名

電力貯蔵の技術と開発動向
監修／伊瀬敏史／田中祀捷
ISBN978-4-7813-0309-3　　　　B956
A5判・216頁　本体3,200円＋税（〒380円）
初版2006年2月　普及版2011年3月

構成および内容：開発動向／市場展望（自然エネルギーの導入と電力貯蔵　他）／ナトリウム硫黄電池／レドックスフロー電池／シール鉛蓄電池／リチウムイオン電池／電気二重層キャパシタ／フライホイール／超伝導コイル（SMESの原理　他）／パワーエレクトロニクス技術（二次電池電力貯蔵／超伝導電力貯蔵／フライホイール電力貯蔵　他）

執筆者：大和田野 芳郎／諸住 哲／中林 喬　他10名

導電性ナノフィラーの開発技術と応用
監修／小林征男
ISBN978-4-7813-0308-6　　　　B955
A5判・311頁　本体4,600円＋税（〒380円）
初版2005年12月　普及版2011年3月

構成および内容：【序論】開発動向と将来展望／導電性コンポジットの導電機構【導電性フィラーと応用】カーボンブラック／金属系フィラー／金属酸化物系／ピッチ系炭素繊維【導電性ナノ材料】金属ナノ粒子／カーボンナノチューブ／フラーレン　他【応用製品】無機透明導電膜／有機透明導電膜／導電性接着剤／帯電防止剤　他

執筆者：金子郁夫／金子 核／住田雅大　他23名

電子部材用途におけるエポキシ樹脂
監修／越智光一／沼田俊一
ISBN978-4-7813-0307-9　　　　B954
A5判・290頁　本体4,400円＋税（〒380円）
初版2006年1月　普及版2011年3月

構成および内容：【エポキシ樹脂と副資材】エポキシ樹脂（ノボラック型／ビフェニル型　他）／硬化剤（フェノール系／酸無水物類　他）／添加剤（フィラー／難燃剤　他）【配合物の機能化】力学的機能（高強靱化／低応力化）／熱的機能【環境対応】リサイクル／健康障害と環境管理【用途と要求物性】機能性封止材／実装材料／PWB基板材料

執筆者：押見克彦／村田保幸／梶 正史　他36名

ナノインプリント技術および装置の開発
監修／松井真二／古室昌徳
ISBN978-4-7813-0302-4　　　　B952
A5判・213頁　本体3,200円＋税（〒380円）
初版2005年8月　普及版2011年2月

構成および内容：転写方式（熱ナノインプリント／室温ナノインプリント／光ナノインプリント／ソフトリソグラフィ／直接ナノプリント・ナノ電極リソグラフィ　他）装置と関連部材（装置／モールド／離型剤／感光樹脂）デバイス応用（電子・磁気・光学デバイス／光デバイス／バイオデバイス／マイクロ流体デバイス　他）

執筆者：平井義彦／廣島 洋／横尾 篤　他15名

有機結晶材料の基礎と応用
監修／中西八郎
ISBN978-4-7813-0301-7　　　　B951
A5判・301頁　本体4,600円＋税（〒380円）
初版2005年12月　普及版2011年2月

構成および内容：【構造解析編】X線解析／電子顕微鏡／プローブ顕微鏡／構造予測　他【化学編】キラル結晶／分子間相互作用／包接結晶　他【基礎技術編】バルク結晶成長／有機薄膜結晶成長／ナノ結晶成長／結晶の加工　他【応用編】フォトクロミック材料／顔料結晶／非線形光学結晶／磁性結晶／分子素子／有機固体レーザ　他

執筆者：大橋裕二／植草秀裕／八瀬清志　他33名

環境保全のための分析・測定技術
監修／酒井忠雄／小熊幸一／本水昌二
ISBN978-4-7813-0298-0　　　　B950
A5判・315頁　本体4,800円＋税（〒380円）
初版2005年6月　普及版2011年1月

構成および内容：【総論】環境汚染と公定分析法／測定規格の国際標準／欧州規制と分析法／試料の取り扱い／試料の採取／試料の前処理【機器分析】原理・構成・特徴／環境計測のための自動計測法／データ解析のための技術【新しい技術・装置】オンライン前処理デバイス／誘導体化法／オンラインおよびオンサイトモニタリングシステム　他

執筆者：野々村 進／中村 進／恩田宣彦　他22名

ヨウ素化合物の機能と応用展開
監修／横山正孝
ISBN978-4-7813-0297-3　　　　B949
A5判・266頁　本体4,000円＋税（〒380円）
初版2005年10月　普及版2011年1月

構成および内容：ヨウ素とヨウ素化合物（製造とリサイクル／化学反応　他）／超原子価ヨウ素化合物／分析／材料（ガラス／アルミニウム）／ヨウ素と光（レーザー／偏光板　他）／ヨウ素とエレクトロニクス（有機伝導体／太陽電池　他）／ヨウ素と医薬品／ヨウ素と生物（甲状腺ホルモン／ヨウ素サイクルとバクテリア　他）

執筆者：村松康行／佐久間 昭／東郷秀雄　他24名

※ 書籍をご購入の際は、最寄りの書店にご注文いただくか、
㈱シーエムシー出版のホームページ（http://www.cmcbooks.co.jp/）にてお申し込み下さい。

CMCテクニカルライブラリーのご案内

きのこの生理活性と機能性の研究
監修／河岸洋和
ISBN978-4-7813-0296-6　　　B948
A5判・286頁　本体4,400円＋税（〒380円）
初版2005年10月　普及版2011年1月

構成および内容：【基礎編】種類と利用状況／きのこの持つ機能／安全性（毒きのこ）／きのこの可能性／育種技術 他【素材編】カワリハラタケ／エノキタケ／エリンギ／カバノアナタケ／シイタケ／ブナシメジ／ハタケシメジ／ハナビラタケ／ブクリョウ／ブナハリタケ／マイタケ／マツタケ／メシマコブ／ナメコ／霊芝／冬虫夏草 他
執筆者：関谷 敦／江口文陽／石原光朗 他20名

水素エネルギー技術の展開
監修／秋葉悦男
ISBN978-4-7813-0287-4　　　B947
A5判・239頁　本体3,600円＋税（〒380円）
初版2005年4月　普及版2010年12月

構成および内容：水素製造技術（炭化水素からの水素製造技術／水の光分解／バイオマスからの水素製造 他）／水素貯蔵技術（高圧水素／液体水素）／水素貯蔵材料（合金系材料／無機系材料／炭素系材料 他）／インフラストラクチャー（水素ステーション／安全技術／国際標準）／燃料電池（自動車用燃料電池開発／家庭用燃料電池 他）
執筆者：安田 勇／寺村謙太郎／堂免一成 他23名

ユビキタス・バイオセンシングによる健康医療科学
監修／三林浩二
ISBN978-4-7813-0286-7　　　B946
A5判・291頁　本体4,400円＋税（〒380円）
初版2006年1月　普及版2010年12月

構成および内容：【第1編】ウエアラブルメディカルセンサ／マイクロ加工技術／触覚センサによる触診検査の自動化 他【第2編】健康診断／自動採血システム／モーションキャプチャーシステム 他【第3編】画像によるドライバ状態モニタリング／高感度匂いセンサ 他【第4編】セキュリティシステム／ストレスチェッカー 他
執筆者：工藤寛之／鈴木正康／菊池良彦 他29名

カラーフィルターのプロセス技術とケミカルス
監修／市村國宏
ISBN978-4-7813-0285-0　　　B945
A5判・300頁　本体4,600円＋税（〒380円）
初版2006年1月　普及版2010年12月

構成および内容：フォトリソグラフィー法（カラーレジスト法 他）／印刷法（平版、凹版、凸版印刷 他）／ブラックマトリックスの形成／カラーレジスト用材料と顔料分散／カラーレジスト法によるプロセス技術／カラーフィルターの特性評価／カラーフィルターにおける課題／カラーフィルターと構成部材料の市場／海外展開 他
執筆者：佐々木 学／大谷薫明／小島正好 他25名

水環境の浄化・改善技術
監修／菅原正孝
ISBN978-4-7813-0280-5　　　B944
A5判・196頁　本体3,600円＋税（〒380円）
初版2004年12月　普及版2010年11月

構成および内容：【理論】環境水浄化技術の現状と展望／土壌浸透浄化技術／微生物による水質浄化（石油汚染海洋環境浄化 他）／植物による水質浄化（バイオマス利用 他）／底質改善による水質浄化（底泥置換磨砂工法 他）【材料・システム】水質浄化材料（廃棄物利用の吸着材 他）／水質浄化システム（河川浄化システム 他）
執筆者：濱崎竜英／笠井由紀／渡邉一哉 他18名

固体酸化物形燃料電池（SOFC）の開発と展望
監修／江口浩一
ISBN978-4-7813-0279-9　　　B943
A5判・238頁　本体3,600円＋税（〒380円）
初版2005年10月　普及版2010年11月

構成および内容：原理と基礎研究／開発動向／NEDOプロジェクトのSOFC開発経緯／電力事業から見たSOFC（コージェネレーション 他）／ガス会社の取り組み／情報通信サービス事業における取り組み／SOFC発電システム（円筒型燃料電池の開発 他）／SOFCの構成材料（金属セパレータ材料 他）／SOFCの課題（標準化／劣化要因について 他）
執筆者：横川晴美／堀田照久／氏家 修 他18名

フルオラスケミストリーの基礎と応用
監修／大寺純蔵
ISBN978-4-7813-0278-2　　　B942
A5判・277頁　本体4,200円＋税（〒380円）
初版2005年11月　普及版2010年11月

構成および内容：【総論】フルオラスの範囲と定義／ライトフルオラスケミストリー【合成】フルオラス・タグを用いた糖鎖およびペプチドの合成／細胞内糖鎖伸長反応／DNAの化学合成／フルオラス試薬類の開発／海洋天然物の合成 他【触媒・その他】メソポーラスシリカ／再利用可能な酸触媒／フルオラスルイス酸触媒反応 他
執筆者：柳 日馨／John A. Gladysz／坂倉 彰 他35名

有機薄膜太陽電池の開発動向
監修／上原 赫／吉川 遥
ISBN978-4-7813-0274-4　　　B941
A5判・313頁　本体4,600円＋税（〒380円）
初版2005年11月　普及版2010年10月

構成および内容：有機光電変換系の可能性と課題／基礎理論と光合成（人工光合成系の構築 他）／有機薄膜太陽電池のコンセプトとアーキテクチャー／光電変換材料／キャリアー移動材料と電極／有機ELと有機薄膜太陽電池の周辺領域（フレキシブル有機EL素子とその光集積デバイスへの応用 他）／応用（透明太陽電池／宇宙太陽光発電 他）
執筆者：三室 守／内藤裕義／藤枝卓也 他62名

※書籍をご購入の際は、最寄りの書店にご注文いただくか、
㈱シーエムシー出版のホームページ（http://www.cmcbooks.co.jp/）にてお申し込み下さい。

CMCテクニカルライブラリー のご案内

結晶多形の基礎と応用
監修／松岡正邦
ISBN978-4-7813-0273-7　　　　　B940
A5判・307頁　本体4,600円＋税（〒380円）

初版2005年8月　普及版2010年10月

構成および内容：結晶多形と結晶構造の基礎－晶系,空間群,ミラー指数,晶癖－／分子シミュレーションと多形の析出／結晶化操作の基礎／実験と測定法／スクリーニング／予測アルゴリズム／多形間の転移機構と転移速度論／医薬品における研究実例／抗潰瘍薬の結晶多形制御／バミカミド塩酸塩水和物結晶／結晶多形のデータベース 他
執筆者：佐藤清隆／北村光孝／J.H.ter Horst　他16名

可視光応答型光触媒の実用化技術
監修／多賀康訓
ISBN978-4-7813-0272-0　　　　　B939
A5判・290頁　本体4,400円＋税（〒380円）

初版2005年9月　普及版2010年10月

構成および内容：光触媒の動作機構と特性／設計（バンドギャップ狭窄法による可視光応答化 他）／作製プロセス技術（湿式プロセス／薄膜プロセス 他）／ゾル-ゲル溶液の化学／特性と物性（Ti-O-N系／層間化合物光触媒 他）／性能・安全性（生体安全性 他）／実用化技術（合成皮革応用／壁紙応用 他）／光触媒の物性解析／課題（高性能化 他）
執筆者：村上能規／野坂芳雄／旭　良司　他43名

マリンバイオテクノロジー
－海洋生物成分の有効利用－
監修／伏谷伸宏
ISBN978-4-7813-0267-6　　　　　B938
A5判・304頁　本体4,600円＋税（〒380円）

初版2005年3月　普及版2010年9月

構成および内容：海洋成分の研究開発（医薬開発 他）／医薬素材および研究用試薬（藻類／酵素阻害剤 他）／化粧品（海洋成分由来の化粧品原料 他）／機能性食品素材（マリンビタミン／カロテノイド 他）／ハイドロコロイド（海藻多糖類 他）／レクチン（海藻レクチン／動物レクチン）／その他（防汚剤／海洋タンパク質 他）
執筆者：浪越通夫／沖野龍文／塚本佐知子　他22名

RNA工学の基礎と応用
監修／中村義一／大内将司
ISBN978-4-7813-0266-9　　　　　B937
A5判・268頁　本体4,000円＋税（〒380円）

初版2005年12月　普及版2010年9月

構成および内容：RNA入門（RNAの物性と代謝／非翻訳型RNA 他）／RNAiとmiRNA（siRNA医薬品 他）／アプタマー／（翻訳開始因子に対するアプタマーによる制がん戦略 他）／リボザイム（RNAアーキテクチャと人工リボザイム創製への応用 他）／RNA工学プラットホーム（核酸医薬品のデリバリーシステム／人工RNA結合ペプチド 他）
執筆者：稲田利文／川崎幸治／三好啓太　他40名

ポリウレタン創製への道
－材料から応用まで－
監修／松永勝治
ISBN978-4-7813-0265-2　　　　　B936
A5判・233頁　本体3,400円＋税（〒380円）

初版2005年9月　普及版2010年9月

構成および内容：【原材料】イソシアナート／第三成分（アミン系硬化剤／発泡剤 他）【素材】フォーム（軟質ポリウレタンフォーム 他）／エラストマー／印刷インキ用ポリウレタン樹脂【大学での研究動向】関東学院大学-機能性ポリウレタンの合成と特性-／慶應義塾大学-酵素によるケミカルリサイクル可能なグリーンポリウレタンの創成-他
執筆者：長谷山龍二／友定　強／大原輝彦　他24名

プロジェクターの技術と応用
監修／西田信夫
ISBN978-4-7813-0260-7　　　　　B935
A5判・240頁　本体3,600円＋税（〒380円）

初版2005年6月　普及版2010年8月

構成および内容：プロジェクターの基本原理と種類／CRTプロジェクター（背面投型と前面投型 他）／液晶プロジェクター（液晶ライトバルブ 他）／ライトスイッチ式プロジェクター／コンポーネント・要素技術（マイクロレンズアレイ 他）／応用システム（デジタルシネマ 他）／視機能から見たプロジェクターの評価（CBUの機序 他）
執筆者：福田京平／菊池　宏／東　忠利　他18名

有機トランジスタ－評価と応用技術－
監修／工藤一浩
ISBN978-4-7813-0259-1　　　　　B934
A5判・189頁　本体2,800円＋税（〒380円）

初版2005年7月　普及版2010年8月

構成および内容：【総論】【評価】材料（有機トランジスタ材料の基礎評価他）／電気物性（局所電気・電子物性他）／FET（有機薄膜FETの物性 他）／薄膜形成【応用】大面積センサー／ディスプレイ応用／印刷技術による情報タグとその周辺機器【技術】遺伝子トランジスタによる分子認識の電気的検出／単一分子エレクトロニクス　他
執筆者：鎌田俊英／風間　収／南方　尚　他17名

昆虫テクノロジー－産業利用への可能性－
監修／川崎建次郎／野田博明／木内　信
ISBN978-4-7813-0258-4　　　　　B933
A5判・296頁　本体4,400円＋税（〒380円）

初版2005年6月　普及版2010年8月

構成および内容：【総論】昆虫テクノロジーの研究開発動向【基礎】昆虫の飼育法／昆虫ゲノム情報の利用【技術各論】昆虫を利用した有用物質生産（プロテインチップの開発 他）／カイコ等の絹タンパク質の利用／昆虫の特異機能の解析とその利用／害虫制御技術等農業現場への応用／昆虫の体、運動機能、情報処理機能の利用　他
執筆者：鈴木幸一／竹田　敏／三田和英　他43名

※ 書籍をご購入の際は、最寄りの書店にご注文いただくか、㈱シーエムシー出版のホームページ（http://www.cmcbooks.co.jp/）にてお申し込み下さい。

CMCテクニカルライブラリーのご案内

界面活性剤と両親媒性高分子の機能と応用
監修／國枝博信／坂本一民
ISBN978-4-7813-0250-8　　B932
A5判・305頁　本体4,600円＋税（〒380円）
初版2005年6月　普及版2010年7月

構成および内容：自己組織化及び最新の構造測定法／バイオサーファクタントの特性と機能利用／ジェミニ型界面活性剤の特性と応用／界面制御と DDS／超臨界状態の二酸化炭素を活用したリポソームの調製／両親媒性高分子の機能設計と応用／メソポーラス材料開発／食べるナノテクノロジー-食品の界面制御技術によるアプローチ　他
執筆者：荒牧賢治／佐藤高彰／北本　大 他31名

キラル医薬品・医薬中間体の研究・開発
監修／大橋武久
ISBN978-4-7813-0249-2　　B931
A5判・270頁　本体4,200円＋税（〒380円）
初版2005年7月　普及版2010年7月

構成および内容：不斉合成技術の展開（不斉エポキシ化反応の工業化　他）／バイオ法によるキラル化合物の開発（生体触媒による光学活性カルボン酸の創製　他）／光学活性体の光学分割技術（クロマト法による光学活性体の分離・生産　他）／キラル医薬中間体開発（キラルテクノロジーによるジルチアゼムの製法開発　他）／展望
執筆者：齊藤隆夫／鈴木謙二／古川喜朗 他24名

糖鎖化学の基礎と実用化
監修／小林一清／正田晋一郎
ISBN978-4-7813-0210-2　　B921
A5判・318頁　本体4,800円＋税（〒380円）
初版2005年4月　普及版2010年7月

構成および内容：【糖鎖ライブラリー構築のための基礎研究】生体触媒による糖鎖の構築　他【多糖および糖クラスターの設計と機能化】セルロース応用／人工複合糖鎖高分子／側鎖型糖質高分子　他【糖鎖工学における実用化技術】酵素反応によるグルコースポリマーの工業生産／N-アセチルグルコサミンの工業生産と応用　他
執筆者：比能 洋／西村紳一郎／佐藤智典 他41名

LTCCの開発技術
監修／山本 孝
ISBN978-4-7813-0219-5　　B926
A5判・263頁　本体4,000円＋税（〒380円）
初版2005年5月　普及版2010年6月

構成および内容：【材料供給】LTCC用ガラスセラミックス／低温焼結ガラスセラミックグリーンシート／低温焼成多層基板用ペースト／LTCC用導電性ペースト　他【LTCCの設計・製造】回路と電磁界シミュレータの連携によるLTCC設計技術 他【応用製品】車載用セラミック基板およびベアチップ実装技術／携帯端末用 Tx モジュールの開発　他
執筆者：馬庭原芳夫／小林吉伸／富田秀幸 他23名

エレクトロニクス実装用基板材料の開発
監修／柿本雅明／高橋昭雄
ISBN978-4-7813-0218-8　　B925
A5判・260頁　本体4,000円＋税（〒380円）
初版2005年1月　普及版2010年6月

構成および内容：【総論】プリント配線板および技術動向【素材】プリント配線基板の構成材料（ガラス繊維とガラスクロス　他）【基材】エポキシ樹脂銅張積層板／耐熱性材料（BTレジン材料）／高周波材料（熱硬化型 PPE 樹脂　他）／低熱膨張性材料-LCPフィルム／高発伝導性材料／ビルドアップ用材料【受動素子内蔵基板】
執筆者：高木 清／坂本 勝／宮里桂太 他20名

木質系有機資源の有効利用技術
監修／舩岡正光
ISBN978-4-7813-0217-1　　B924
A5判・271頁　本体4,000円＋税（〒380円）
初版2005年1月　普及版2010年6月

構成および内容：木質系有機資源の潜在量と循環資源としての視点／細胞壁分子複合系／植物細胞壁の精密リファイニング／リグニン応用技術（機能性バイオポリマー他）／糖質の応用技術（バイオナノファイバー　他）／抽出成分（生理機能性物質　他）／炭素骨格の利用技術／エネルギー変換技術／持続的工業システムの展開
執筆者：永松ゆきこ／坂 志朗／青柳 充 他28名

難燃剤・難燃材料の活用技術
著者／西澤 仁
ISBN978-4-7813-0231-7　　B927
A5判・353頁　本体5,200円＋税（〒380円）
初版2004年8月　普及版2010年5月

構成および内容：解説（国内外の規格、規制の動向／難燃材料、難燃技術の動向／難燃化技術の動向）／難燃剤データ（総論／臭素系難燃剤／塩素系難燃剤／りん系難燃剤／無機系難燃剤／窒素系難燃剤、窒素-りん系難燃剤／シリコーン系難燃剤　他）／難燃材料データ（高分子材料と難燃材料の動向／難燃性 PE／難燃性 ABS／難燃性 PET／難燃性変性 PPE 樹脂／難燃性エポキシ樹脂　他）
執筆者：西澤 仁

プリンター開発技術の動向
監修／髙橋恭介
ISBN978-4-7813-0212-6　　B923
A5判・215頁　本体3,600円＋税（〒380円）
初版2005年2月　普及版2010年5月

構成および内容：【総論】【オフィスプリンター】IPSiO Color レーザープリンタ　他【携帯・業務用プリンター】カメラ付き携帯電話用プリンターNP-1　他【オンデマンド印刷機】デジタルドキュメントパブリッシャー（DDP）　他【ファインパターン形成】インクジェット分注技術　他【材料・ケミカルスと記録媒体】重合トナー／情報用紙　他
執筆者：日高重助／佐藤眞澄／醒井雅裕 他26名

※ 書籍をご購入の際は、最寄りの書店にご注文いただくか、
㈱シーエムシー出版のホームページ(http://www.cmcbooks.co.jp/)にてお申し込み下さい。